非裔美国人的饮食如何改变了美国

A Culinary Journey from Africa to America

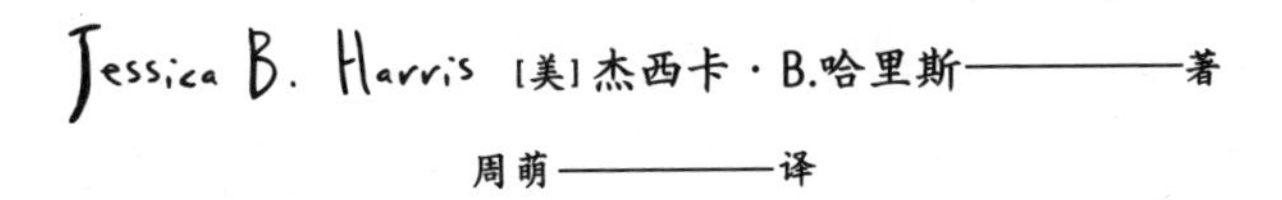

[美] 杰西卡 · B.哈里斯——著

周萌——译

SPM 南方传媒 广东人民出版社

·广州·

首先献给我已故的父母

杰西·布朗·哈里斯和罗达·阿莱塞·琼斯·哈里斯，

永远感谢他们；

其次，

献给那些被奴役的、服务于人的、幸存下来的，以及

能用一只猪耳朵创造出美味的先辈；

献给往日那些用食物滋养了家庭、

创造了财富、连接起不同团体的人；

还有，

献给现在和未来的

非裔美国厨师、主厨和餐饮企业家们，

他们尊重食物，骄傲地端出佳肴，并且

让这个圈子保持完整。

目录 CONTENTS

前言 FOREWORD

玛雅·安杰卢

著名的厨师兼烹饪书作家杰西卡·哈里斯进行了一次冒险。她在描述她的菜谱时所表现的一丝不苟已经赢得了人们的高度尊敬，她会如实地列出有时会用到的一些异国风情的食材，并告知哪里可以买到它们。但是，在这本新书里，她只给出了20个菜谱。尽管每一个菜谱都写得很清楚，且解释得很详细。然而，《大餐》这本书是由精心打磨的散文体书写而成的，它的大部分内容是关于食物的故事与随笔，书中讲述了它们如何历经千山万水影响了这个世界。

哈里斯选择以非洲的烹饪方式作为主题，追踪了它对于美国、南美洲以及加勒比海地区的影响。她明确无误地展示了在烹饪方面的努力如何改变了每个地方的风俗、文化，以及当地的居民。她的发现如此完美，几乎无可指摘。我很好奇，哈里斯女士是否想要就此改变她的写作方向了？

因为几年前我也写了很多书，教了很多课，我曾经以为我是一个可以教书的作家。当我冒险接受了一份固定的教职工作时，我才发现，我不是一个可以教书的作家，而是一个可以写作的老师。

如果哈里斯决定自己要做一个散文作家而不是一个烹饪书作家，那么世上的烹饪书使用者和读者们就要值得同情了。无论如何，她写得如此之好，相信所有读者都会受益匪浅的。

我将成为那些人中的一个。

引言 INTRODUCTION

我是一名非裔美国人。我的家庭来自这里，并且可以追溯到本书中所讲的大部分时期。因此，我天生就知道，甚至是血液里就与生俱来地晓得，猪肉和玉米粉的味道是美国非裔烹饪传统的一部分。我曾经花了三十多年的时间写作关于非裔美国人的饮食，以及它是如何与东半球乃至全球的其他菜系发生联系的，因此我也知道，非洲大陆及其美国侨民的饮食文化对于大多数人来说还是未知的。

非裔美国人在美国的历史是相当漫长的，事实上可以回溯到地理大发现时期。我们的名字中间常常出现的连字符，在它所有的复杂性背后，暗示着我们错综复杂、纠缠交织的过往。我们是一个之前从未存在过的种族：一个由非洲、欧洲、美洲拼凑在一起的混合体。我们前无古人后无来者，我们和谁都不一样。我们被迫离开了故土，在奴隶制的熔炉中接受考验，在剥夺公民权的火焰中被锻造，然后又在迁徙中变得温和。在这唯一属于我们的土地上，我们却常常是陌生人。尽管如此，我们创造了一种足以标志这个国家饮食的烹饪传统，我们做得比任何人都好。我们的烹饪历史充满了与奴隶制、种族和阶级有关的一切，这些都是美国带给我们的。正是出于这个原因，我们许多人共有的源于奴隶制历史的传统饮食习惯，往往被认为是不健康的、不优雅的，而且无可救药地跟不上如今对于健康饮食的定义标准。

然而，几个世纪以来，黑人的双手曾经照料过盆盆罐罐，喂养过婴儿，也曾经在这个国家最气派、最卫生的厨房里工作过。对于我们的食物和对于做这些食物的人的无礼，如同一场持续了几十年的斗争。《乌木》杂志的第一任美食编辑弗蕾达·德奈特，曾在她 1948 年出版的烹饪书《与美食的约会》的前言中写道:“这是一个谬论，早就被推翻了，那就是人们认为凡是黑人，从厨子、主厨、餐饮业者到家庭主妇，都只会做标准的南方菜，比如烤鸡、绿叶菜、玉米饼和面包。”这本书出版大半个世纪之后，在这个大厨已经变成帝国缔造者和媒体大亨的时代，这样的争论仍然很激烈。当然，关于奴隶市场我有很多话要说，包括我的先辈被买卖的市场，以及我的祖先和他们的同伴买卖自家种植或自制的食物的市场。我会讲到一些类似猪肉和玉米粥这样微不足道的食物，讲到普通人变成餐饮企业家的故事，比如目不识丁的“猪脚”玛丽，她在一个搭在婴儿车后面的简易炉子上，用她做出的食物创造了一个房地产帝国！

我还会写到总统大厨的故事，比如乔治·华盛顿的大厨赫尔克里士和托马斯·杰斐逊的大厨海明兹，以及交织于我们食物织布上的另一条非裔美国人的烹饪线。这条并行的纬线是很强大的，它包含了那些制作奢华筵席的大宅厨师，那些在 19 世纪的费城创造了餐饮合作企业的餐饮服务商，还有一大批黑人酒店经营者和餐饮精英，以及正在崛起的黑人中上层阶级。

我的家庭就属于这个中产阶级的一部分，它囊括了这两条烹饪线。1989 年，我在《铁锅和木勺：非洲给新世界的烹饪礼物》中写道："命运把我放在了两种黑人烹饪传统的交界处—— 大宅子和南方乡村之间。"家庭里，"琼斯"这边总是在餐桌上聚会。我早期的童年记忆中充满了山珍海味的画面，什么腌桃子、腌糖梨[1]、腌西瓜皮之类的"泡菜"啦，什么薄荷柠檬水之类的"清凉饮料"啦，新鲜出炉的吃豆人餐包[2]和酵母面包[3]啦。而"哈里斯"这边在"大吃大喝"方面也毫不含糊。哈里斯祖母总是坚持使用新鲜的食材，我儿时的记忆里，她总在自己家的一小块菜地里忙东忙西。

书写关于非裔美国人的食物让我和祖先联系在了一起。家族的一边是塞缪尔 · 菲尔波特，他出生于弗吉尼亚州，生来就是奴隶，在他三十多岁的时候遇上了大解放时代。我母亲认识他，我也有几张他的照片，因为他活了一百多岁。据说他是一个大家族的仆人，有一次他还伺候过亚伯拉罕 · 林肯吃晚餐。他娶了一个有色人种的自由人的女

1. 糖梨：也叫赛克尔梨，是一种小而甜的梨品种，据说原产于宾夕法尼亚州。（全书脚注均为译者添加。）

2. 吃豆人餐包（parker house rolls）：由波士顿欧尼派克豪斯酒店餐厅在 19 世纪 70 年代发明的一种松软美味的小面包。两个因素造就了它的特别之处：首先，在烘烤之前要将小面饼蘸裹黄油；其次，折叠手法让它看起来像个可爱的小口袋，也很像著名游戏《吃豆人》。

3. 酵母面包：一种依靠活性干酵母发酵并制作而成的面包。

儿，定居在了弗吉尼亚州，靠近罗阿诺克，并且成为我的家族“琼斯”这一边的老祖宗。在“哈里斯”这边，我的曾祖母美伦迪·安德森在解放后拥有了一个果园，她在里面种满果树——李树、桃树和别的果树——然后把果子卖给她田纳西州小镇上的邻居。离我更近的则是我的两位祖母，她们代表了各自家族的烹饪传统。哈里斯祖母很少做饭，而且做得不太好，但是她会做敲打饼干[1]，还热衷于捣鼓各种乱七八糟的蔬菜。她会读她的《圣经》，她还会写诗，但是写的都是大白话，这是她认字过程中艰难奋斗的痕迹。琼斯祖母的文采则要好些；19世纪晚期，她在弗吉尼亚的一所女子神学院上过学，并且表现出该州在餐桌上要求的所有风度和优雅。

由于这本书是我认识她俩的直接结果，因此我写的时候想象她们还在世，就好像她们能够读到一样。我故意没有遵循传统学术的模式让这场冒险之旅跟着我的教学一步步推进。因为《大餐》是一趟进入非裔美国人食物王国的旅程，但它无意成为权威性的著作（那样的著作需要大量的注释，重要的作品还未出现，那将是另一个人的工作）。毋宁说，这是一个纵观非裔美国人饮食文化的个人视角的故事，讲故事的方式也很简单，就是介绍一批丰富多彩的人物，用一些东拉西扯的叙述来展现主题。

每一个章节分成三个部分。一段简介，设定好时期，然后讲述我

1. 敲打饼干：起源于美国南部。这种饼干在19世纪很流行，不含任何发酵剂，如小苏打或发酵粉。敲打饼干的主要成分是面粉、盐、猪油、牛奶或水。这种饼干之所以得名，是因为人们在制作过程中必须使出全身力气来打面团。传统的制作方法要求面团要打15分钟到1小时。

个人也是今天人们对于这趟旅程某个站点的看法。每一章的主要部分一开始是按照时间顺序介绍那一时期非裔美国人的历史，提出问题，列出一些光荣的参与者，然后往下推进旅程。最后，每一章都有一个小结，以便对那一时期的食物作一些近距离观察，这很像是路易斯安那州被称作“lagniappe”（小赠品）的食物。然后有一个食谱集——有些是档案里的，有些是从我自己的烹饪书里摘录的——展示出非裔美国人烹饪大全中的一些主打菜。最后还按照时间顺序简单列出了非裔美国人烹饪书的精选目录，以及一张扩展阅读的书单，供有需要的藏书家留用。

这本书代表着结束和开始，因为这本书的写作，我走上了我的征程。我生活的大门，乃至我的头脑和心灵都被打开，我将在往后的日子里继续探险，经历从肘子到后腿的旅程，并且让我自己的生活上升到“猪的高度”[1]之上。

老主人每年要杀四五十头猪。他让约翰来帮忙。准备付报酬时他说：“约翰，这是你的猪头、猪蹄和猪耳朵。”约翰说：“谢谢你，主人。”

于是，约翰这样杀了五年的猪，那些东西就是他得到的报酬。然

1. 猪的高度（high on the hog）：俚语，意思是由于巨大的财富或经济保障而舒适或奢侈地生活。

后约翰奋发图强，给自己搞了三头猪。老主人甚至不知道他有一头猪。下一个冬天，又到了杀猪的时候，老主人去找约翰。老主人说："约翰。"

约翰来到门前——"我在呢，主人。"老主人说："早点儿到我屋里来，我要去杀猪——大概五点三刻的样子。"约翰说："可是，主人，你拿什么付给我呢？""我会像以前一样给你报酬。我会给你所有的猪头、猪耳朵、猪蹄，还有猪尾巴。"

约翰说："这个，主人，我没法去，因为我现在吃猪已经吃得比之前高级了。我有三头自己的猪，我吃小排、龙骨、肋排、咸肉、火腿和各种各样的肉。现在我已经把猪肉吃出了新的高度！"

■ CHAPTER I

OUT OF AFRICA

第一章

走出非洲

非洲大陆的食物、
厨艺和仪式

阿散蒂人的厨房

西非，贝宁，科托努，丹－托帕市场。

三十年前，我第一次和母亲来到了非洲的菜市场。那是达喀尔的一个大晴天。我们离开南十字勋章旅馆——一座有着殖民时期残留下来的装饰艺术风格的宏伟建筑——准备去领略一下这个城市里的欧洲风情。才出来不一会儿，我们就发现自己已置身于凯梅尔市场中，这是市区诸多市场中的一个。那时我还不了解它，但是在贝宁独立之前，这个熙熙攘攘的菜市场是专供欧洲人使用的。我们在市场里闲逛，看看摊开的物品，对屠宰摊位耸耸鼻子。我们全然被卖花的小贩迷住了，他们为了占位互相推推搡搡，并且冲所有拍照的人嚷嚷，要求对方付钱。（事实上，他们卖照片几乎要比卖那些娇艳的鲜花还多。）那时我还不知道，我第一次在凯梅尔市场中的经历会开启我对非洲大陆菜市场的热爱，并且让我爱上大西洋两岸那些菜市场中源源不断的食物。

我永远都不会忘记我第一次去非洲菜市场的经历，对我而言，贝宁的丹－托帕市场才是所有非洲菜市场的母亲。不论来过这里多少次，我总是惊讶于它的活力与生机。经过多年的旅行，在非洲大陆各地菜市场的泥浆弄脏我的多条围裙之后，我仍会感到震惊——这个大型社区市场怎么会在一夜之间变成一个供应商的小城市？每个人都有自己的客户，并且都在努力叫卖他们的商品。

尽管丹－托帕市场（本地人亲切地叫它“托帕”）一年365天都在营业，但每隔四天它都会迸发新生，成为规模三倍大的一个大型集市。托帕不仅仅是一个菜市场，从印刷精美的布料到易燃的细口小塑料瓶装的汽油，在这里都可以买到。然而，食品区的繁荣和食物的多样性说明了食物对于非洲大陆的重要性。

巨型蜗牛堆在一个摊位的垫子上，看上去像是打了激素的法国蜗牛。在另一个摊位上，用来调味的烟熏虾子散发的刺鼻气味在空中弥漫。鼓鼓囊囊的粗麻袋里装满了木薯，或是木薯粉，这是当地一种主要的淀粉食品。各种形状、尺寸的陶制砂锅和葫芦碗应有尽有。常见的绿叶菜、番茄和辣椒也有售，尽管它们的品种和名称并不常见。目之所及都是西非饮食的庆典。在多样性上，托帕可以与马拉喀什露天市场中的异国风情和肯尼亚蒙巴萨岛蜿蜒小巷中的贸易集市相提并论。不过大部分出售的货物——秋葵、黑眼豆、西瓜等等——都很亲切，让我想起我在美国的家。

非洲大陆的市场是永恒不变的。我收集了一些19世纪和20世纪早期非洲市场的明信片，我总是被那些相似的衣着、手势和食材弄得目瞪口呆，不知所措。即使到了今天，尽管超市和家用冰柜正在中产阶层中扩散，可对集市的热爱依然生生不息，而由它所创造的社群文化会驱使最时髦的西非家庭主妇钻入人堆里去寻找一种最合适的食材。

多年以来，我脑海里积累了一本西非市场的食谱索引簿，从贝宁的“poisson braisé”（烤鱼）到科特迪瓦的“aloco”（油炸香蕉），还有淋了辛辣酱汁的烤肉——忙碌的主妇会用搪瓷盆将它们端回家，以及能让从乡下来的劳工吃饱肚子的一锅炖。这里还有各种油炸小吃，可以当作放学后的零食；还有供白领人士食用的餐前小点——在铺满沙子的浅盘上烤熟的花生、滴着棕榈油的橘色油炸小馅饼等等。托帕市场尘土飞扬的街道似乎是开始这趟烹饪之旅的绝佳起点。随着非洲大陆美食的闪亮登场，我们得以去了解几个世纪以来，这些食物如何改变了人们的烹饪方式，以及如何改变了美利坚合众国的口味。

非洲的烹饪仍有待美食家的雷达去发现。除了南部地中海沿岸和南非的食物之外，我们似乎很满足于对这个大洲的饮食风味保持无知。可是，那些尝过亚萨[1]——塞内加尔柠檬味洋葱炖鸡肉配上松软的白米饭，或是一种叫作“kédjenou”的文火慢炖的科特迪瓦珍珠鸡，或是那种在贝宁称作“moyau”的烤鱼（用刚钓起来的鱼烤制，配上洋葱和番茄为基础的酱汁）的人就会知道，这是多么目光短浅。许多非洲

1. 亚萨（yassa）：一道用腌制的鸡肉或鱼肉和洋葱、柠檬制成的料理，口味辛辣。起源于塞内加尔南部的卡萨芒斯地区，尤以鸡肉口味的亚萨最为著名，现普遍见于西非各地。

食物是非常可口的。传统的非洲饮食也可以反映出这个世界最古老的一些饮食习惯，因为，就像詹姆斯 · L. 纽曼在《非洲的祖先：一种地理的解释》一书中所说："所有人类都拥有同一个由非洲锻造的基因组。"一些大洲的食物甚至吃起来都惊人地相似，那是因为经过几百年被迫或是自愿的迁徙，西非食物的影响力已遍布整个世界，改变着东西方国家的口味与菜式，而这种影响对美国尤甚。

目前非洲大陆被认为是人类的起源之地。如果这是真的，那么非洲也就是人类最早开始搜寻食物的地方。早在 18 000 年以前，在上埃及地区的尼罗河流域，人们就已经在频繁地使用植物的块茎。后来，人类开始培育野草。直到公元前 6000 年才有了真正意义上的种植业，那时的人开始驯化植物和动物，并且渐渐改变了游牧的生活方式。他们种的许多作物都是非洲本地植物，并且今天仍在种植。这其中包括一些薯类、非洲大米，还有像高粱和小米那样的谷物。甚至在撒哈拉沙漠里也能找到早期农业的证据，那里曾经有过比较湿润的气候。随着时间的推移，受撒哈拉荒漠化的驱使，那里的人不断向南迁徙。在这片大洲的西边，他们主要在三个不同的地区定居，每一个地区都依赖于一种主要的谷物或其他粮食作物作为营养的来源。

在撒哈拉沙漠下方是一片宽阔的区域，从东部的苏丹延伸到西部的塞内加尔，这里依靠种植高粱和几种不同的黍类植物发展起来。其次是沿海地区和尼日尔三角洲地区，包括今天的塞内加尔和几内亚共和国，这片区域依赖大米和福尼奥米（fonio，一种本地禾本植物，它的种子像是细小的芥末籽）。第三个区域，也是沿海地区，从今天的科特迪瓦到喀麦隆，种植的是薯蓣[1]。谷物、大米和薯类这三口大锅也标志了三个不同的地区，被奴役的非洲人就是从这些地方被带到了美国。每一个地区都有自己的传统菜肴，这些菜肴是以他们各自偏好的淀粉类主食为中心的。在大米这口锅里吃饭的人，有些通过最早的跨大西洋奴隶买卖，来到后来成为美利坚合众国的地方。他们带去了大米种植的知识和与大米有关的食谱的记忆，就像今天的塞内加尔，那儿爱打趣的人会说，上帝的祈祷词应该这样重写："请赐予我们今天的米饭吧！"吃薯类这口锅的人稍后抵达，因为贪婪的奴隶贸易开始从塞内加尔沿着西非海岸蔓延到了黄金海岸，然后向南延伸到了贝宁湾和更远处。他们给美国带来了新大陆的红薯和旧大陆的块茎之间的永恒困惑，那块茎的名字叫作——薯蓣。吃谷物这口锅的是内陆人，因此在奴隶贸易出现之前他们并没有对美国的口味产生直接的影响。他们赖以生存的是小米和福尼奥米，这些是传统的食物，而当他们卷入奴隶贸易后，他们也开始把美国玉米当作主食。

西方世界第一次听说撒哈拉以南的非洲食物，是因为一个在 14 世纪中叶航海到过那儿的人。他叫阿卜杜拉·伊本·巴图塔，是一位著名的丹吉尔[2]旅行家，他 1352 年离开马拉喀什，前往被称为"Bilad al Sudan"（黑人的土地）的地方。他被摩洛哥的苏丹派去马里王国，这个柏柏尔人商队的主要目的之一就是考察那个王国。和古往今来的许多旅行者一样，他很在意自己的胃，常常写到他这两年旅行中遇到的

1. 薯蓣：一种非洲山药。

2. 丹吉尔：摩洛哥北部古城、海港，丹吉尔省省会，全国最大的旅游中心，人口约 31 万。

食物，这让他成为第一批记录早期非洲饮食方式的人之一。他认为马里北部西吉尔马萨的海枣是他吃过最甜的，他还暗示沙漠里都是松露(尽管这可能是另一种可食用的真菌)。他随着商队穿越撒哈拉沙漠，参观了盐矿，那里的盐是用巨大的平板从地下运上来的。他讲到人们用装饰精美的葫芦来吃饭和装东西。伊本·巴图塔的叙述对于研究非裔美国人的食物起源和饮食习惯的人来说是非常有趣的，因为差不多七百年以前，他就注意到了非洲饮食的元素，这些元素至今仍反映在美洲大陆的美国后裔身上。他不仅讲到了食材和储物器皿，还提到了烹饪技巧，他提到了一个由女性主导的集市，讲到了热情好客的传统和进餐礼仪的重要性。

伊本·巴图塔的旅行比哥伦布的航海几乎早了一个半世纪。又过了一个半世纪，在跨大西洋奴隶贸易的早些年里，非洲大陆已经处于如今被称作“哥伦布大交换”的影响之下。“哥伦布大发现”之后，一个新大陆的食品柜被打开了。新大陆的农作物如番茄、玉米、辣椒、花生和木薯来到了非洲大陆，改变了这里的饭菜，也改变了这里的饮食习惯。许多新大陆的新品种，尤其是玉米、辣椒和木薯，成为这个大陆如此有标志性的食物，以至于你几乎无法想象没有它们的饭菜会是什么样。

跨越大西洋而来的不仅是食物，还有烹饪技术。不论是煎炸，还是用叶子包着蒸、烧烤、炙烤、烘焙或是沸煮，都要反复用到灶台，那是欧洲厨房的标配。用火焰、木炭或灰来烹饪的方式消失了。不再有炒和炖，而大部分传统菜肴，即使尽可能详细地说明了食材和准备过程，还是要依赖某种形式的明火烹饪，直到今天依然如此。从北方的摩洛哥到南非，从东部的肯尼亚到西部的喀麦隆，这个大洲的传统菜很像是各种各样的汤汁炖菜，要么是淀粉类植物炖菜，要么是烤过或炸过的肉类炖菜，配上一种蔬菜调味汁或是淀粉类主食。主食有各种变化。例如伊本·巴图塔描述过的、用粗麦粉做的古斯古斯[1]，在马里则是用小米做的，当地人叫它“tiéré”；或在加纳被叫作“kenkey”的发酵玉米面糊用的是香蕉叶包裹，而它的变种“akankye”用的是拍打过的芭蕉叶。在塞内加尔可能单纯用白米饭来配亚萨。可以在主食上淋上浓汤，或是把主食做成一个个丸子，弄成小块，也可以用手挖起来蘸着汤汁食用。这种方式已经存在几百年了，今天依然如此。任何一个美国南方人，只要用一片玉米面包蘸上煮完各种蔬菜后的涮锅汤[2]，立刻就有了回家的感觉。

我们对非洲饮食的了解不仅来自像伊本·巴图塔那样的航海者，也来自探险家和传教士。蒙戈·帕克在18世纪晚期来到这片大陆，他是第一个看到尼日尔河源头的欧洲人。和伊本·巴图塔一样，他很关心自己的胃，他仔细描述了一些他吃到的食物。在帕克开启探索之旅的时候，美国玉米已经取代了伊本·巴图塔提到的小米和福尼奥米，而不管主食是什么，古斯古斯仍然保留了传统的烹饪方式。帕克在他的旅行记录中如此详尽地描述了制作一份古斯古斯的步骤，以至于它可以被当成一份食谱。

1. 古斯古斯（couscous）：北非的蒸粗麦粉食物。

2. 原文“potlikker”，也写作“Pot liquor”，指煮沸蔬菜（羽衣甘蓝、芥菜、萝卜）或豆类后留下的汤汁。有时用盐和胡椒粉、熏猪肉或熏火鸡调味。

在为某些食物制备玉米时，当地人会用一个叫作“paloon”（帕隆）的大木头研钵来舂种子，直到它的外壳脱落，或者说去皮，然后借助风力，分离出干净的谷粒，这和英国给小麦脱壳的方法相似。之后，把去了壳的玉米重新装回研钵，磨成粗粉。在不同的国家，人们会把这种玉米粗粉做成不同的食物，不过在冈比亚土著这里最常见的是做成一种布丁，他们称其为“古斯古斯”。做法是把玉米粉倒在一个大葫芦碗或是匏瓜里，加水将玉米粉弄湿，然后边搅边摇，直到把它们粘在一起，变成小颗粒，呈西米状。然后把它们放进一个陶锅，这个陶锅的底部打了一个个小孔；这个锅要放在另一个锅上面，两个锅之间用面糊或者牛粪粘在一起。把它们放在火上。下面的那个锅里通常加了水和肉，蒸汽会上升，通过上面的锅底部的小孔，让玉米粉粒软化，这样古斯古斯就做好了。古斯古斯在我走过的所有国家都是备受推崇的。

帕克也提到了米饭类的菜肴、玉米布丁，还有蔬菜种类繁多的事实。家禽应有尽有，包括珍珠鸡和山鹑，它们是在非洲大陆土生土长的。

和伊本·巴图塔一样，这些探险家都惊奇于人们的热情好客，不论是富人还是穷人，他们对客人和来访者都一样地慷慨。热内·凯莱，从摩洛哥横跨大陆穿过马里来到几内亚，谈到了他在1830年的旅行中吃到的食物。他提到了一顿“有鸡肉和牛奶的丰盛午宴”，他吃得很高兴，而它们也填饱了这趟旅行中其他旅行者的肚子。他还详细记录了在一个村庄里一个穷人家庭给他吃的一顿饭，里面包括了一种古斯古斯，搭配一种蔬菜酱汁。当凯莱尽情享用他丰盛的饭菜时，主人却拌着一种不加盐的酱汁吃煮熟的薯蓣。事实上，类似惊人的好客之道几乎所有作家都写到过。不过，一些更喜欢美食的法国游客，就像凯莱和其他一些人，则在惊讶于当地人慷慨好客的同时，还惊讶于食物本身如此复杂而精致的味道。西奥菲勒斯·科诺，另一个法国人，记录了他在 1827 年 8 月品尝到的一道极其美味的晚餐菜肴：

> ……一道浓郁的炖菜，法国厨师可能会称之为白酱。我尝了一口之后就停不下来了。这一锅乱炖的做法是，把切碎的羊肉和烤过的坚果碎（或花生碎）混合后卷成肉丸状，然后与牛奶黄油和一点马拉吉塔（malaguetta，原文如此）、胡椒一起炖。如果再配上米饭，这就是一道丰盛的炖肉饭了。这道佳肴就算是由巴黎的福托尼先生（Fortoni，原文如此）端给他意大利大道上的贵族美食家，也不会有失体面。

这确实是一个法国人的高度评价了。

伊本·巴图塔、帕克、凯莱等人还参观了非洲统治者的宫廷，并对那些君主的铺张奢华有所描述。曼萨·坎坎·穆萨，巴图塔曾经拜访过的马里地区的统治者，生活方式极尽铺张，他去麦加朝圣的时候，花掉了太多的金子，以至于埃及第纳尔紧跟着就贬值了 20%。阿坎人、芳人、巴米累克人、巴蒙人和约鲁巴人的首领，还有其他沿海地区的王国君主，他们的富有、宫殿的华美，以及围绕食物和用餐的典礼和仪式，同样都让早期的欧洲人震惊。

皈依基督教的安娜·恩辛加，也被称作安娜·德·苏萨夫人，是17世纪恩东戈王国和马坦巴王国的女王，她是一个专制的君主。据约翰·安东尼奥·卡瓦齐·德·蒙特库科洛1687年在《刚果、马坦巴和安哥拉三国的历史》一书中记载，她的宫廷午宴，实际是一场将非洲与西方习俗巧妙结合起来的威望展示会。女王以她通常的习惯，总是坐在一张垫子上，周围环绕着女使和大臣。她的菜是用陶土容器装的，尽管她也有银器。上菜的时候，菜都是滚烫的，客人们用手吃饭，他们将食物在两手之间传来传去，直到它凉下来。卡瓦齐，一位宫廷意大利牧师，曾经细数过80余种被用于招待的各色菜肴。当女王喝酒的时候，所有在场的人要拍手或者用他们的手指去碰脚，寓意她会从头到脚地享受她的畅饮。她吃饭吃得十分气派，吃剩下的则留给宫廷里其他的人。

非洲宫廷的盛况震惊了旅行者们，但他们也提到了复杂的上菜仪式。从塞内加尔的戈雷岛被倒入海中去安慰这个岛的神灵——曼恩·库姆巴·卡斯特——的牛奶，到象征性地“喂”给阿散蒂人神圣凳子[1]的捣碎的薯蓣，在这片大陆上，食物是仪式的主角。大致上说，这个大洲上的传统节日可以分成两大基本类型：一种是向祖先和神灵表示感恩和献祭的节日，另一种是庆祝丰收的节日。在加纳阿克拉平原的加族人中间，“哄走饥饿”或者说“Homowo”是一个感恩节，一

1. 神圣凳子：根据古老的传统，加纳各部落国家都有用当地特产的乌木精心制作的一张凳子，俗称黑凳子，专供大酋长在登基和其他重大庆典时使用。久而久之，黑凳子就成为这些部落国家及其王权的标志。

年一度，人们聚集到一起嘲笑饥饿，并且庆祝他们战胜并赶走了饥荒。在加纳和尼日利亚，以及这一带的其他国家里，薯蓣是主要的淀粉来源，传统的薯蓣节[1]如“Homowo”依然很常见。新的薯蓣从陈年薯蓣里长出来，于是薯蓣的块茎就成为生活延续的象征。薯蓣节的庆祝活动包括将新的薯蓣苗在社区街道里游行展示，以确保长势茂盛和果实累累；长者或社区领袖读出薯蓣皮上的神谕，预言下一季作物的收成。在许多这样的庆典结尾，大家会在一起吃捣碎的薯蓣。几个世纪以来，这些典礼和其他一些类似的典礼都随着时间、地点、宗教、文化的改变而改变，构成了许多烹饪仪式的基础，这些仪式仍然是非裔美国人生活中不可或缺的一部分：节日庆典、礼拜晚餐、传统年夜饭，甚至包括宽扎节[2]。

在西非，烹饪方式乃至节日都因外来文化的逐步入侵而改变。公元 850 年左右，统治德库尔王国的迪亚奥戈王朝，在今天的马里地区，信奉了伊斯兰教。以此为立足点，这一宗教开始向撒哈拉以南的非洲地区蔓延，经由贸易、圣战和皈依深入萨赫勒地区，并且向沿海地区扩散。在伊本·巴图塔和其他早期探险家旅行之时，它已融入了马里、塞内加尔、尼日尔、毛里塔尼亚、上沃尔特[3]和几内亚的文化中。伊斯兰文化带来了它的饮食禁忌、用餐规则和一整套的宴会和禁食体系，

---

1. 薯蓣节：加纳东部阿布里传统地区的酋长和人民一年一度庆祝丰收的节日，通常在 9 月举行。

2. 宽扎节：果实初收节。它是非裔美国人的节日，庆祝活动共七天，从 12 月 26 日至次年 1 月 1 日。

3. 上沃尔特：一个位于非洲撒哈拉沙漠南缘的内陆国家，原名上沃尔特，1984 年 8 月 4 日改国名为布基纳法索。

最终和当地传统宗教的节日和仪式融合。到了跨大西洋奴隶贸易之时，它已在非洲西部形成一股强大的文化力量。非洲自15世纪以来的基督教化让它的教徒们采取了罗马基督教的饮食规则。那些沿海地区的人则更直接地受到越来越多入侵非洲的欧洲人的影响。沿海地区居民事实上将非洲风俗和那些欧洲殖民国家盛行的风俗融合在一起，发展出了一种克里奥尔化[1]的社会。几个世纪以来，探险家紧跟旅行者而来，他们成为殖民者，葡萄牙人、法国人、荷兰人、英国人、比利时人，还有德国人，都给非洲带来了他们的饮食习惯、宗教禁忌以及日常的礼仪。在那里，它们成为非洲饮食万花筒中的一抹西方掠影。

非洲的食谱、宗教庆典、菜肴、菜单等等都是那些即将被奴役的人跨越大西洋时随身携带的文化行李的一部分。不论个人出生何处，在跨大西洋奴隶贸易的剧变中，人们与家乡大洲的直接纽带都被撕裂、拆散了。然而，礼仪的总体概念、仪式中的食物和日常生活中食物的味道都留在了记忆里，这些返祖现象将会影响他们的后代，以及这个他们日后会称为“祖国”之地的味觉、烹饪技艺、营销方式、礼仪举止以及好客程度。母体是固定在非洲大陆上的，而从非洲人到非裔美国人的转变涉及的是人类不得不忍受的最残酷的航行——跨大西洋奴隶贸易的中央航路[2]。

---

1. 克里奥尔化：词语源于克里奥尔人。在16—18世纪时，克里奥尔人本来是指出生于美洲而双亲是西班牙人或者葡萄牙人的白种人，以区别于生于西班牙而迁往美洲的移民。之后克里奥尔的含义变得广泛，不仅指当地那些拥有混合种群背景的人，也指饮食文化。

2. 中央航路：在向新大陆贩卖非洲奴隶的时代的中段旅程，即横渡大西洋。约1518年至19世纪中期。

秋葵、西瓜和黑眼豆：非洲给新大陆料理界的礼物

塞内加尔达喀尔的非洲菜市场，1908 年，弗朗索瓦－埃德蒙 · 福捷（François-Edmond Fortier）摄

尽管数百万非洲人戴着镣铐来到了新大陆，可是非洲大陆的植物与之发生的联系相对较小。在美国，这种联系更是微不足道，那里的天气不容许引进诸如西非荔枝果、油棕、可乐树、真正的非洲薯蓣以及其他块茎类植物等热带植物品种。只有少数植物幸存下来——秋葵、西瓜、黑眼豆——成为非洲人和他们在美国的后代的象征，同时也是他们长期艰苦劳动过的地区——美国南部——的象征。

秋葵可能是最出名的，但在非裔美国人和南方家庭主妇之外，它也是最不为人所知的。在非洲大陆它被用作增稠剂，是许多炖菜的基础，并且总是带着自身渗出的滑滑的黏液被端上餐桌。秋葵最早被引进美国大陆可能是在 18 世纪早期，最有可能是从加勒比海地区过来

的，在那里它有一段很长的历史。殖民时期的美国人吃过它，然后到了1748年，费城又用它的豆荚，制作被称为“胡椒羹”的一些变种费城秋葵汤。1781年，托马斯·杰斐逊曾经提到说，它生长在弗吉尼亚州，而我们当然知道它是种在蒙蒂塞洛奴隶庄园的院子里。到了1806年，这种植物的应用便相对广泛了，而植物学家也提到了几个不同的品种。

我们美国人说的“秋葵”（okra）一词来自尼日利亚的伊博语，在那里这种植物被叫作“okuru”。秋葵的法语是“gombo”，与路易斯安那州南部被称为“gumbo”的标志性菜肴发音相似。尽管“gumbo”一词已经克里奥尔化，发音也变了，但是这个词可以追溯到班图语[1]。在班图语中，秋葵的豆荚被称为“ochingombo”或是“guingombo”。显然，这个词起源于非洲，描述的是一种通常用秋葵制作的汤汁炖菜。

西瓜与非裔美国人的联系如此紧密，以至于我们毫不怀疑这种水果原产于非洲大陆。西瓜的图像曾出现在埃及墓室的壁画上，而在南非，卡拉哈里沙漠的科伊人和桑人[2]将西瓜作为食物已经有几个世纪之久。西瓜的水分含量超过90%，所以在水质不安全的地方，这种水果非常有用，它还能在炎热的天气里给人降温，这一点也非常珍贵。

西瓜早在17世纪就被带到了美国大陆，并且由于培植出了更适合

1. 班图语：班图人是非洲最大的民族，主要居住在赤道非洲和南部非洲国家，班图人的语言属于班图语系。

2. 科伊人和桑人：科伊桑人是非洲最古老的民族之一，在旧石器中期就已经存在，分为布须曼人（意即丛林人）和霍屯督人（意为“笨嘴笨舌者”），系荷兰殖民者初抵南部非洲时对本地土著的蔑称。科伊人一般指霍屯督人，桑人一般指布须曼人。

寒冷天气的新品种而迅速地抓住了人的心和胃。和秋葵一样，西瓜和非裔美国人有着剪不断的联系。事实上，在内战后期产生的一些关于非裔美国人最恶毒的种族主义形象还涉及非裔美国人和西瓜。在刻板印象中，西瓜和非裔美国人画上了等号，以至于黑人喜剧演员戈德弗雷·坎布里奇在20世纪60年代曾经发展了一个喜剧套路，讲的是一个走向上层社会的黑人如何为了不被他上流白人社区的邻居们看到，而费尽周折地将一只大西瓜带回家的故事。他声称他等不及有人发明能够反侦察的方形西瓜了。(方形西瓜已经有人发明；20世纪晚期，日本人发明了可以垒起来的方形西瓜。) 尽管美国人对西瓜的态度已经改变，可是对很多人来说，这种水果以及它带有偏见的历史仍然是一个敏感话题。

在菲姬[1]和一个叫作“黑眼豆豆”的乐团一起唱歌之前，“黑眼豆”这种植物最广为人知的或许就是作为南卡罗来纳州的抓饭“perloo”(或者叫综合米饭、辣味菜肉饭) 中的一种原料，这种饭被叫作“跳跃约翰”[2]。豆类是世界上最古老的作物种类之一，在埃及墓穴中和《圣经》的段落中都有它们的身影。黑眼豆事实上更像是蚕豆而不是豌豆，它最早在18世纪早期从中部非洲传到西印度群岛，然后又从那里来到了卡罗来纳州。在西部非洲的很多文化中，这种长了小黑点的豆子被认为是吉利的象征。这种豆子显然没有给那些被抓住并被卖掉当奴隶

1. 菲姬：“黑眼豆豆”合唱团的女主唱，原名Stacy Ann Ferguson，1975年3月27日出生在美国加利福尼亚。

2. 跳跃约翰（Hoppin'John）：又叫烩菜豆米饭，是一种用猪肉、火腿或培根调味的黑眼豆焖饭，据说在元旦那天吃会带来好运。

的人带来好运，但是在西部非洲它本应带来幸运的记忆在那些美国南方奴隶的心头挥之不去：每到新年，美国黑人和南方白人仍然会吃掉大量的“跳跃约翰”，它被认为能给所有吃它的人带来好运。

和秋葵、西瓜、黑眼豆一起来的，还有芝麻和高粱。非洲大陆还要为我们永远分不清红薯和薯蓣负责。有些真正薯蓣的变种原产于非洲。跨越大西洋，它们和那些被奴役的人在美国吃的主要块茎植物——红薯——搞混在一起。在非裔美国人的说法中，以及由此传入南方的用语中，“薯蓣”，这个非洲块茎的名字取代了将它们替换掉的“红薯”，并被保留下来。

花生出自新大陆，却在很多人心中与非洲大陆联系在了一起，这很可能是因为它被大量使用是在美国跨大西洋奴隶贸易兴盛的年代。它们回到了原生地半球的北边，还获得了一个来自班图语单词“nguba”的非洲名字，意思是“长在地上的坚果”——落花生。所以当我们在吃落花生的时候，我们是在纪念非洲。

无论是路易斯安那州南部的秋葵汤中秋葵的黏滑，还是大夏天里一片西瓜留下的甜蜜清凉，抑或是新年里黑眼豆带来的幸运，非洲大陆都是许多非裔美国人饮食文化的根源所在。从它的原材料到它的烹饪技术，再到它的热情好客、用餐礼仪和节日庆典，这片大陆都保留了一份生动的记忆——那是它在它流离失所于新大陆的孩子们身上所留下的印记。

■ CHAPTER 2

SEA CHANGES

第二章

巨变

奴隶制、中央航路
和非洲风味的迁徙

奴隶船甲板下的奴隶，《伦敦新闻画报》，1857 年 6 月 20 日

塞内加尔，戈雷岛。

每逢星期天，载着游客来往于戈雷岛和达喀尔的渡船是最拥挤的。一日游的游客会去小岛的沙滩上嬉戏，然后在当地餐馆里享受着海风，吃一顿午餐。不差钱的美食家则可以在埃斯帕顿酒店吃一顿奢华的午餐，或者在谢瓦利埃·德·布夫勒旅馆过夜，这家小旅馆是以20世纪初这座岛的一个总督的名字命名的。对于那些不太了解它过往的人来说，20世纪70年代的戈雷岛是一个令人愉快的地方，一个仿佛画中一般，时间静止的地方。这里没有汽车，只有铺满沙子的街道和小巷，周围是开满色彩鲜艳的三角梅的玫瑰色砖墙。海风让这座小岛保持相对的凉爽，而目睹一位女郎转过街角，她靓丽的长裙在风中翻卷，则是这座小岛的一大乐趣。

在20世纪70年代早期，我经常去塞内加尔旅行，有时候在达喀尔逗留便会去小岛走走。在那里，我了解到岛上居民每年都会向大海献上牛奶来安抚它的守护神——曼恩·库姆巴·卡斯特。当年，空气中弥漫着被称为“pastels”的炸鱼的香味，以及渡轮码头附近的小餐馆炉子上烤肉的香气，而我则钟情于脚下的沙子。我喜欢偏远村落里的居民热情的问候，我也在那里交到了朋友。然而，戈雷岛最让人难忘的，要数“奴隶之家”了。

从街道上看，它和其他建筑一样平平无奇，它正面的玫瑰色灰泥墙上有一扇沧桑的木门。唯一一处表明它与周围房子都不一样的地方是一块手写的招牌。它上面简单地写着：“La Maison des Esclaves”（奴隶之家）。进入大门后，你就来到了庭院，这里最引人注目的就是一道弯曲的马蹄形楼梯，它底下有一条小走廊，通往一个敞开的门洞，外面就是大海。穿过黑暗的过道，闪闪发光的大海在那一头招手。

入口的一侧有一间小办公室。里面坐着馆长，同时也是导览员，他笔挺的姿势和咬字清晰的法语让我想到他是个老兵，是退伍军人中的一员，这些军人在西部非洲各地管理着类似的场所。他叫约瑟夫·恩迪亚耶。我第一次去那儿时，他带着我、我母亲和一个小旅行团的人参观这座过去的住所。他详细讲解了惊恐的奴隶在楼下挤在一起的悲惨情况，而那些买卖奴隶的人又如何在楼上花天酒地。他向我们展示了关押妇女和婴儿的房间、大部分男人和男孩儿待的阴暗的地牢，以及给那些顽抗者戴的枷锁。他特别点明，通往礁石和大海的那扇门在这里被叫作“有去无回之门”。恩迪亚耶有一副铁脚镣，他戴上它在庭院里蹒跚前行的时候，奴隶制的现实感就格外生动真实起来。在1972年亚历克斯·哈里写出了《根》，从而改变了许多美国黑人对他们非洲先辈的想法之前，这是一种具有变革性的做法。当然，奴隶制并不是一个新的概念，可是真的站在非洲人被迫坐船前往美洲的某个地点上，是非常令人痛苦和铭心刻骨的。

在我随后去达喀尔的旅行中，戈雷岛不过是地平线上的一个影子。直到若干年后，我发现自己被驱使着再次来到这里。这一次，《根》已经改变了这个地方，恩迪亚耶的导览变得更讲究、更戏剧化，对我来说，变得也没那么感人了。墙上贴着纸条，上面是世界各地关于奴隶制及其如何恐怖的语录。听众变多了，而这栋房子仍保持着原样。在这一次旅行中，由于没有我母亲和其他美国黑人同胞的安慰，我被这里的幽灵所击垮，就像我之前和之后的很多游客那样，想到历史的罪孽，我情绪崩溃并开始绝望地痛哭。我的状况如此之糟糕，以至于我新交的塞内加尔朋友雅雅·姆波普亲自带我去找了一些住在岛上的非裔美国人，并将我介绍给了约翰·富兰克林和伊莲·查尔斯。那个夜晚，我错过了戈雷岛的最后一班渡轮，一整个晚上都和新朋友以及岛上的鬼魂待在一起，听着沙子小路上拖鞋的拍打声，品尝着芳香四溢的鸡肉亚萨。那天夜里我才开始了解戈雷岛的故事，了解跨大西洋奴隶贸易是怎么一回事。

15 世纪，戈雷岛是葡萄牙入侵非洲大陆的滩头阵地。随后，荷兰、英国和法国轮流接管了这座小岛，并在多年的奴隶贸易中把它作为他们的基地。成千上万的非洲人和他们的后代被运走、被奴役并不是一个能简单概括的问题，或者，不如说是欧洲人和非洲人合谋共犯的结果。他们中的好些人曾在这片大陆的沿海地区相对融洽地共同生活了几个世纪。在诸如戈雷岛这样的地方，他们发展出了自己的文化，一种巧妙地融合了欧洲和非洲方式的克里奥尔化的文化。历史学家艾拉·柏林曾经把这些人叫作大西洋克里奥尔人。在西非海岸上下，他们创造了一个介于欧洲和非洲之间的缓冲地带，他们也经常在跨大西洋奴隶贸易中扮演中间人的角色。

法国人和他们的祖先一样，在进军塞内加尔海岸的过程中和当地人发展出了友谊，并且和当地的女性建立性爱关系，这些女人被叫作“signares”[从葡萄牙语的“senhora”（夫人）一词而来]。这些女人有着欧洲名字，比如卡蒂·卢埃特、维多利亚·阿尔维和安妮·佩潘等，她们是戈雷岛黑白混血精英中的一员，这些精英是在非洲人和欧洲人几百年的混杂交融中发展起来的。这些“signares”在非洲和欧洲之间建立起了桥梁，她们让双方最好的和最坏的一面都更加凸显。她们实际上是高级妓女，穿着靓丽的欧洲服饰，和有权势的欧洲人缔结“本地婚姻”，她们通过给补给船供货发展自己的生意，她们为运送奴隶到船上的独木舟物色船夫，她们参与奴隶贸易并赚取财富，还在买卖中充当中间人。总的来说，她们是许多奴役活动的同谋者。她们操控着这座小岛，并且是岛上的显赫居民。1767 年间，卡蒂·卢埃特有自己的家奴，而且拥有岛上的第一批石头房子中的一座；维多利亚·阿尔维建造了一座有廊柱的宅邸，今天它成了岛上的民族志博物馆；安妮·佩潘是该岛法国总督德·布夫勒的情妇，她总是珠翠环绕地来见他，并且用奢华的欧洲做派来招待他的客人，他为她建造了这座后来成为“奴隶之家”的府邸。这些“signares”保留了欧式的家居风格，并且发展出了一种令人惊叹的融合菜系。她们为了待客而发明的美食意在惊艳她们的法国恩主和欧洲客人。比如那道烹饪杰作“dem farci”：将鱼去皮、去骨，填上调过味的鱼肉和面包馅，恢复原状烹调，然后一条完整的鱼被端上餐桌。她们的殷勤待客和她们的美貌与贪婪一样具有传奇色彩，而她们为她们的法国“丈夫”端上的佳肴流传至今，到今天仍被认为是塞内加尔最精致的菜式之一。

18世纪，戈雷岛在法国的影响下繁荣起来，成千上万的非洲人从那里踏上了前往美国的苦难旅程，而戈雷岛只是众多这样的非洲西部沿海地区之一。随着贸易的增长，从北部的戈雷岛到南部的安哥拉的罗安达[1]和本格拉[2]，奴隶站点遍布非洲西海岸。它们被刻上了耻辱的标记。讽刺的是，像埃尔米纳、海岸角、阿内霍、维达、卡拉巴尔、邦尼、卢安果和卡宾达这样的名字，对大部分经由这些地方而来的美国后裔来说，几乎是闻所未闻的。它们是非洲大陆上最后的站点，数百万人站立在这些地方，瑟瑟发抖，在被装上大艇或独木舟运到停泊的大船上，在凄风苦雨中穿越大西洋前往等候他们的美国前程之前，他们不知道自己的命运会走向何方。当他们在恐惧中回望远去的海岸线时，当然会想到自己的家人和流离失所的爱人，想到他们共同的传统，想到再也无法见到的家园。并不是所有人都来到了北美的殖民地。在那些抵达另一个半球的非洲人中，只有6%来到了美国大陆；其他人则被送去了拉丁美洲和加勒比海地区，大多数人去了巴西。无论他

1. 罗安达：安哥拉首都。罗安达历史悠久，1482年，葡萄牙人迪奥戈·凯奥首次抵达安哥拉海岸。从此之后，葡萄牙殖民者开始入侵安哥拉的沿海地区，并在罗安达一带贩运黄金、象牙和奴隶，后逐渐向内地扩张。1576年葡萄牙人狄亚斯建立罗安达市，开埠建城，这是南部非洲最早的殖民据点之一，曾为欧洲殖民者贩卖奴隶的出口港。

2. 本格拉：安哥拉港市，本格拉省首府。1587年建港，1617年建城，是南部非洲最早的殖民据点之一。

们从戈雷岛或其他站点出发的旅程把他们带到了哪里，他们都带去了自己吃过的非洲大陆的食物的记忆，并且改变了他们新家的口味。

奴隶制在来到美国海岸之前已经存在了好几个世纪。我们从中世纪欧洲斯拉夫人身上获取了“slave”（奴隶）一词。古罗马时代，他们在被抓起来后，会和大帝国各地的战俘一起在奴隶市场上被买卖。非洲人早在欧洲人抵达他们的海岸之前就知道了奴隶制度的存在。敌人、罪犯和债务人都曾成为当权者的奴隶。1441 年起，从非洲到欧洲的奴隶贸易就开始汇聚成涓涓细流，也预示了美洲奴隶贸易的发端，当时葡萄牙人第一次将撒哈拉沙漠以南的非洲奴隶带到了欧洲市场。西班牙美洲殖民地甫一建成，伊斯帕尼奥拉岛的总督尼古拉斯·德·奥万多就下令只有在西班牙或葡萄牙出生的黑奴才能被送到殖民地来。最终这个命令因那些奴隶煽动了印第安人反抗而被废除。随着西班牙殖民地在新大陆的扩张，他们对奴隶的需求也越来越大，而从非洲到美洲的常规奴隶贩卖则开始于 1519 年。一个世纪之后的 1619 年，一艘被劫持的船将 19 名本应去往古巴的非洲人带到了弗吉尼亚州的詹姆斯敦[1]殖民地。最初的非洲人虽是签订契约而非被奴役的，但他们和上

---

1. 詹姆斯敦：美国殖民地遗址，在弗吉尼亚州东南部。詹姆斯敦是英国在北美的第一个海外定居点。1607 年 5 月 24 日，105 名英国人来到美国弗吉尼亚州，建立詹姆斯敦，从此开始了美国的历史。

百万随后来到美国的人一样，都挨过了横跨大西洋的旅程。他们在中央航路——非裔美国人的产道——上幸存了下来。这是一趟让非洲人背井离乡，穿越呻吟、尖叫、疼痛和分离的痛苦，最终抵达美国海岸的航行。

中央航路是一条复杂的三段航线的中间段，这三段航线给那些成功完成全线航行的船只带来了巨大的利益。早年间，旅程是从北欧的船籍港出发的，在那里，船长给他们的船只装上贸易货物——朗姆酒或白兰地、火药、玻璃珠，还有布料——然后开往非洲。一旦到了非洲大陆的海岸，他们就购买奴隶，并运到中间航段的新大陆市场。三段航线的最后一段是回家之路，带上糖、烟草或其他殖民地的农作物回到欧洲或美洲的港口。超过三百年之久的时间里，船只在大西洋水域来来往往。据估计，从 1527 年到 1866 年，在奴隶贸易的这段时间里，有过 27 233 航次的跨大西洋航行。有关航行船只和它们名字的冗长记述，似乎无穷无尽。

1693 年 9 月 13 日，“汉尼拔号”驶离了英国格雷夫森德，前往非洲海岸；1698 年 1 月 13 日，“阿尔比恩号”护卫舰从英吉利海峡的唐斯出发，前往非洲海岸；1773 年 10 月 25 日，“冒险者号”从罗得岛州纽波特市出港，前往大西洋海岸；1806 年 11 月 22 日，南卡罗来纳州查尔斯顿的弗雷德里克 · 图尔的“鞑靼号”双桅船从罗得岛出发，前往几内亚的蓬戈河；纵帆船“南希号”于 1807 年 6 月 1 日离开了查尔斯顿，前往塞内加尔。1808 年跨大西洋奴隶贸易被宣布为不合法之后，航行仍在暗中进行。1845 年，从新奥尔良出发的“烈性子号”被捕获，并被发现上面运送了 346 人；“流浪者号”挂着纽约游艇俱乐部的旗子，带着伪造的文件从查尔斯顿出发，他们声称要开往特立尼达，实际设定了开往刚果的航向，他们成功地完成了航行，并且于 1858 年 10 月 1 日回到了佐治亚州海岸。事实上北欧的所有国家都卷入了这场贸易。最终，这些国家殖民地的南北方港口将它们连接起来，形成了美国。

一年四季，货船不停地从英国的布里斯托尔和利物浦出发，从法国的南特、波尔多和拉罗谢尔出发，从波士顿、普罗维登斯、纽波特、巴尔的摩、纽约、安纳波利斯、查尔斯顿和北大西洋的其他港口出发。英国港口精明的奴隶贩子甚至算好了他们的航行时间，计划在 5 月到 10 月之间抵达南卡罗来纳州或弗吉尼亚州，这是植物生长的季节，那时非洲人能卖更高的价格。不管他们的船籍港是哪里，或者他们什么时候起航，船上都必须配备镣铐和奴役设备，以及能够支撑整个旅程的主要食物。供货船只的规模如此之大，以至于英国奴隶贩子的采购影响了从抵达非洲海岸后修理船上设备所用的木材到食物存粮等所有东西的价格。

运输奴隶的船只比其他货船所需的食物更多。除了水手的口粮—— 30 人份左右——他们还得喂养船上 300 多个非洲奴隶，他们来自不同的文化环境，喜欢吃的东西也不一样。1682 年到 1683 年，皇家非洲公司的奴隶船供货清单上记录着鱼干、牛肉、盐、面粉和白兰地这样的条目，白兰地既是口粮也是贸易货品。(若干年后，白兰地被朗姆酒所取代。) 所有东西都运载在开往非洲海岸的第一段旅程中。从英国港口到非洲海岸的航期有 6 — 15 周，具体取决于风速和天气，船长会计划赶在收获季节到达西非海岸，这样就能更好地获得额外的补给。

在西非海岸，一旦遇上带有相同任务的船只，它们之间就要展开一场有关食物和奴隶的装载比赛。就像一张吞噬着人类、永不餍足的大嘴，船长们等待着足够多的奴隶填满他们船上的货舱，其间，他们对非洲统治者花言巧语、行贿送礼，和中间人、代理商做交易，并从当地人那里购买食物。通常他们一次性要在非洲海岸待好几个月，到不同的港口去搜寻“人货”；大部分船只在海岸边停留的时间是四个月。奴隶找来之后，就要接受检查：拉开嘴唇，看看嘴里有没有缺牙或是伤口；眼睛也要检查，确认有没有红眼病或失明；按按肌肉，摸摸生殖器——这些是为了确定年龄和健康状况。如果奴隶检查下来是健康的，就开始讨价还价。一旦交易成功，这些不幸的奴隶就要被打上一个公司的烙印，然后赶上独木舟，再运到停泊的大船上。许多人都垂头丧气；有些人企图自杀；也有人跳下甲板，落入跟在奴隶船后的鲨鱼之口，他们宁可去死也不想要一个不确定的未来。等上了船，他们就会被带到船舱里。亚历山大·福尔肯布里奇是一名船上的医生，曾在18世纪和这些奴隶一起航行，他目睹了这样的状况：

> 这些人刚到船上就立刻被绑在一起，用手铐两两铐住手腕，腿上戴着镣铐……与此同时，他们总是彼此挨得很近，除了侧身躺下之外就没有任何可选姿势。甲板之间的高度也很有限，特别是在两边都有台阶的地方，只有在栅栏窗的正下方才能允许他们站一下，通常就是这样。

他们被关押的地方非常恐怖。水桶被拿来用作公共厕所，那些离得太远的人只能在他们自己和周围人身上解手。福尔肯布里奇曾记述关押奴隶的甲板上到处都是血迹和黏液，他得出结论说：“人类已经无法想象出比这更加可怕和恶心的画面了。”

更有说服力的则是奥劳达·埃奎亚诺的证词，他是一个曾经亲身经历过中央航路的非洲人：

> 我们在岸上时，船上的恶臭就已经让人无法忍受，任何时候待在那里都是危险的。我们中的一些人被允许待在甲板上呼吸新鲜空气；可是现在整个船的人都关在一起，这简直成了瘟疫。空间又封闭，气候又炎热，加上船上的人数众多，实在太拥挤了，每个人都无法转身，几乎要窒息了。

中央航路已经开启。

许多故事里都说，那些新来的非洲奴隶在他们的头发和衣服里藏了秋葵和芝麻的种子，它们由此被移植到了新大陆。事实的真相是，根据大西洋这边的考古挖掘，除了作为项链和护身符的玻璃珠之外，大部分奴隶什么都没有带，他们对自己最终的命运也一无所知；有些人还以为他们会被吃掉！跨大西洋奴隶贸易时期的非洲食物来到这个半球是一个更加残忍的事实的结果。奴隶制经济决定了奴隶主需要提供奴隶赖以生存的食物。奴隶贸易时期有许多文章都是关于如何用奴隶肯吃的廉价食物去喂养他们的。因此，这一段近四个世纪之久的跨大西洋奴隶贸易的标志是另一段食物贸易，那些食物是被奴役的非洲人在他们艰辛的、苦不堪言的旅程中所必需的。对于商人而言，存活率是首要的，他们学习了西非文化和饮食习惯，然后用他们的知识来为贸易船提供物资。他们从当地人那里采购新鲜水果和蔬菜，他们的主要兴趣在于找到足够的食物来喂养他们的奴隶，以度过这趟漫长而无法预测的跨洋航行。

对应着西非大陆三口主要粮食大锅的三种主要粮食作物被带上了船：玉米、大米和薯蓣。印第安玉米也叫玉蜀黍，是随着“哥伦布大交换”来到非洲大陆的，到了跨大西洋贸易时期，它已成为非洲海岸从冈比亚河到安哥拉的主要粮食之一。黄金海岸地区的阿坎商人[1]是少数一些为奴隶船提供大量玉米的人；也有的玉米是从奴隶海岸收获来的。据估计，一个成年的奴隶每天要消耗 15 到 20 根玉米，而旅程可能长达数月。船上的货舱必须有足够的存量来确保奴隶的生存。需求是巨大的。价格在波动，那些在周期性饥荒时期或是在每年两次玉米收获季之间到达的商人就倒霉了。而那些从塞内冈比亚等水稻种植地区来的奴隶则需要大米。有一个非洲大米品种（光稃稻[2]），从冈比亚河和塞内加尔河的河口到黄金海岸的西部（今天的加纳）都有种植。而自卡罗来纳州来的大米则被运到了英国，成为英国船只供应物资的一部分，且供量通常不足，必须从上几内亚海岸购买大量的非洲大米来补货。从贝宁湾来的奴隶则要吃薯蓣——那是真正的非洲本地薯蓣，

1. 阿坎商人：从事商业活动的阿坎人。阿坎人，西非民族集团之一，为加纳主体民族，也为科特迪瓦主体民族，还是多哥第一大民族。包括阿基姆人、阿尼人、阿散蒂人、阿铁人、布隆人、芳蒂人、古昂人等。属尼格罗人种苏丹类型。各族都有自己的语言，均属尼日尔－科尔多凡语系尼日尔－刚果语族。

2. 光稃稻（oryza glaberrima）：禾本科稻属植物。一般认为，光稃稻是 2000—3000 年前在尼日尔河上游、马里一带得到驯化的。

从科特迪瓦到喀麦隆东部都有生长。在今天，它们是尼日利亚卡拉巴尔商人和邦尼商人的主要贸易作物，这些地方最重要的薯蓣会从8月开始收割，通常要持续到来年的3月初。所有新来的非洲奴隶都被认为有一个“消化豆子的好肠胃”。随着贸易的增长，所有商人都应用了关于非洲农业和生长季节的知识来为船只准备物资。福尔肯布里奇如是说：

> 在他们自己的国家，黑人一般吃荤菜和鱼，还有块茎植物、薯蓣和印第安玉米。他们在船上吃的蚕豆和大米主要是从欧洲带来的。不过后者有时候也是从岸上买来的，那些地方的大米比别的地方的都好。

其他国家的人用不同的东西装备他们的船只，给他们的奴隶吃的也不一样，不过北美的奴隶贩子通常给他们的奴隶吃大米和玉米，这两者都可以在非洲海岸和美国买到。他们还给奴隶吃黑眼豆。在航程中，稻谷被带到船上，由女性奴隶负责脱壳处理，然后在铁锅里煮熟；玉米被做成炸饼。在英国的船上，奴隶们吃的是法瓦豆，也就是蚕豆。它们是从英国来的，被储藏在大桶里，随后和猪油混合在一起做成软烂的糊糊。

在大部分的船上，奴隶一天吃两顿饭。早上，他们会被带到甲板上，而关押他们的船舱会被冲洗一遍，以减少疾病的发生，同时防止几内亚人臭名昭著的恶臭——就像奴隶船被称呼的那样——在海湾扩散。第一顿饭大约在早上十点发放，通常是大米、玉米或薯蓣，取决于奴隶是从哪里来的，同时发放的还有水。吃完饭后，被叫作“水手”的碗，还有勺子会被收走，因为在叛变时它们可以充当武器。在有些船上，成年人在下午可以得到面包，有时候还有一根香烟和一小杯白兰地。下午的这顿饭更取决于欧洲食物的储备，或许里面还有口水酱或者被称为“dabbadab”的东西。威廉·理查森在《一个英国水手》中回忆道：

> 我们的奴隶每天吃两顿饭，一顿是在早上，吃的是煮熟的薯蓣，另一顿是在下午，吃的是煮熟的蚕豆，这两顿饭上面都浇了口水酱。这种酱是用大块的爱尔兰老牛肉和臭咸鱼一起炖烂后，再加上辣椒面调味而成的。

另一些人认为这种恶名远扬、令人反感的、叫作口水酱的东西是用棕榈油、面粉、水和辣椒混合而成的。另一种混合调料“dabbadab”，是用大米、咸肉、几内亚胡椒（pepper）和棕榈油做的。这种胡椒是许多奴隶口粮的一部分，它不是新大陆的红辣椒，也不是印度的黑胡椒，而是一种前哥伦布时代的非洲香料，别名梅莱盖塔胡椒或天堂椒，这种胡椒是小豆蔻的近亲。天国谷粒海岸或胡椒海岸[1]便由此得名。它是主要的调味料，同时也有药物作用，可以缓解“拉肚子和不拉肚子的腹痛”。

---

1. 胡椒海岸：西非沿岸地域的称呼。位于梅苏拉多角和帕尔马斯角之间，现在胡椒海岸大半为利比里亚的领土。也称作天国谷粒海岸。

饮料是水，偶尔加点糖浆。有些船上每顿饭配半品脱的水，除非这艘船受到惩罚或是由于航行的长度而缩减口粮。有些奴隶贩子注意到非洲人都喜欢“bite-y”（来上一口），于是提供用卡宴辣椒粉调味的米酒。通常，葡萄酒和烈酒都只用于医疗或是在天冷时用来祛除病邪。所有提供给奴隶和水手的菜肴都是在船上厨师的指导下制作的。

厨师是奴隶船运作的重要组成部分，因为他们有办法让新的奴隶活下来，这直接关系到该趟航行财务上的成功。尽管他们最初不像桶匠和领航员那样，被看作船上的专业劳工，但他们在奴隶贸易中是不可或缺的。厨师通常来自退役的水手，他们不再能提重物或是在索具上爬高爬低。他们一般都在船上的厨房里忙活，周围是罐子、盘子和锅炉。他们的任务是每天喂养 300 — 400 个奴隶，外加水手和船长，毫不夸张地说，这份工作真是令人望而却步。到 18 世纪时，北方殖民地的船上厨师一职已经成为少数几个向自由有色人种开放的职业了。甚至在奴隶船上，也有越来越多非裔美国人或是大西洋的克里奥尔水手从事这个职业。不论厨师是什么肤色，他们总有“护卫队”或是心腹黑奴来帮忙，这些黑奴由于自身的语言能力或是比较温顺而得到了有权力的职位。妇女们被认为对船上的安全威胁性比较小，于是她们通常被安排备菜的任务，比如碾玉米和舂米，结果就是，非洲人的双手依然在灶台上忙碌，证据就是他们用几内亚胡椒和棕榈油做的食物。

吃饭时间是奴隶船上的危险时刻，因为奴隶们通常都会被带到甲板上去吃。造反和暴动的报告数不胜数，奴隶用饭碗攻击水手或是用勺子凿他们。因此，发放食物时总有全副武装的水手全程看守。

水手通常是强征来的，或是从港口的酒馆里抢来的，这些在船上看守奴隶的水手的生存条件比那些奴隶也好不到哪儿去。这些水手常常被船长和其他船员鞭打，而他们的饮食则包括了发霉的压缩饼干、生了象鼻虫的谷物和给奴隶吃的那种豆子。如果船只在无风带停了下来，全体人员的口粮就需要缩减，饮水也同样要减少。水手们会在船舷上钓鱼来补充自己经常吃不饱的口粮。许多水手抗议说连奴隶都比他们吃得好。他们发现自己经常和奴隶抢东西吃。奥劳达·埃奎亚诺回忆说：

> 有一天他们拿来了许多鱼，把鱼杀了并吃饱喝足之后，令我们惊讶的是，他们没有如我们以为的会给我们吃一点儿，他们把剩下的鱼肉又全都扔进了海里。

白人水手的死亡率比奴隶还高，船员人手不足时，有时候会让奴隶来替补。奴隶船上的水手当然被认为是比奴隶更可以牺牲的，而他们的高死亡率证实了奴隶贩子的谚语：

> 对待贝宁湾，
> 你可要小心。
> 因为四十个进去，
> 只有一个能出来。

奴隶贸易或几内亚贸易中的水手还会死于在非洲海岸上等候的热病和恶疾，正如他们死于三段航线上的困苦，那种地方人命是不值钱的。不过在中央航路上，他们还要遭受由绝食和其他匮乏所造成的奴隶暴乱。

船长或许忽略了船员的需求，但他们发现正确地补给、投喂奴隶至关重要：如果没有根据奴隶的偏好来喂食，他们就干脆不吃东西。就算食物确实符合文化饮食指南，很多迷惘的新奴隶也宁可选择行使他们仅有的权利：他们只喝海水，或者直接拒绝进食，宁可日渐消瘦甚至死掉，也不愿面对一个未知的目的地和一个未知的将来。亚历山大·福尔肯布里奇写道：

> 当黑人拒绝吃东西的时候，我见过有人将炭烤得滚烫，放在铲子上，放到他们的嘴唇边上去烫他们、烧他们。与此同时，还有各种威胁，如果他们坚持不吃东西，就要强迫他们把炭吞下去。这些手段通常都取得了预期的效果。我还得到可靠的消息，某个贩卖奴隶的船长把熔化的铅水倒在那些抵死不吃东西的黑人身上。

拒绝进食的情况如此严重，以至于奴隶贩子有必要发明开口器，一种恶魔般的三岔螺旋起子，专门用来把那些顽抗者的嘴打开，然后用一个漏斗强行喂食。当九尾鞭[1]不足以驱动顽抗者的时候，就要用这种办法了。在拒绝进食的过程中，非洲人无意间走出了用食物抵抗奴隶制的第一步：说“不”的力量。这抵抗的第一步会在奴隶制时期一

---

1. 九尾鞭：一种多股的软鞭，最初在英国皇家海军以及英国的陆军中被用作重体罚的刑具，在英国和其他一些国家的执法体罚中也被使用过。

次又一次地重演。

绝食抗议在几内亚商船上很常见。“忠诚乔治号”曾经在1727年见证过一次绝食抗议和集体自杀；1730年，“伦敦城号”上爆发了更大的绝食抗议；1765年，在“黑色玩笑号”上，有一个小孩子当着他母亲的面被扔到了船舷外，因为母亲拒绝吃东西；1787年，从法国南特来的“两姐妹号”上的奴隶也拒绝进食。无论是出于沮丧还是反抗，奴隶们显然意识到他们唯一留有的权利就是对于自己身体的掌控权，他们通过绝食将人格烙印在了残忍的体制之上。新来的奴隶和他们的捕获者之间的战斗，是跨大西洋航行中每天都在发生的事。

经过几个星期，常常是好几个月的海上漂泊之后，陆地终于出现，于是在美洲海岸靠岸和贩卖奴隶的准备工作就启动了。一旦进入港口，饮食就会有所改善，奴隶们被喂得壮壮的，好让他们看起来健健康康。他们洗了澡，刮了胡子，然后被抹上棕榈油来掩盖皮肤上的瑕疵。他们也能穿上衣服蔽体了。大部分人经过漫长的旅行，挤在一起那么久，已经没法走路，总体的状况十分可怜。在许多地方都记载着，那些失去方向的奴隶一瘸一拐地走出船舱，排泄物沿着双腿流下来，在光天化日之下泛着光。他们失魂落魄，又受了惊吓，开始变得意志消沉，闷闷不乐。船长往往不得不在岸上找一些比较适应奴隶制的黑人，把他们带到船上来安抚新人。

他们与登陆的新世界的初次照面是公开的拍卖，或是更为野蛮的私人“抢夺”。福尔肯布里奇解释说：

用抢夺的方式做买卖是最常见的。在这里，所有的黑人都是以统一价格被争夺抢购的，这个价格是在售卖开始前船长和购买者之间已经达成的。到了约定的那天，这些黑人都上了岸，他们被安置在一个大院子里，这个院子是属于托运这艘船的其中一个商人的。约好的时间一到，院门突然打开，一时间大批的购买者凶神恶煞般拥入，有些人立刻抓住了那些他伸手可及的黑人……可怜的黑人被这样的阵仗吓得不轻，有一次，几个黑人翻过了庭院的围墙，在镇上撒腿狂奔，不过他们很快就被逮住抓了回去。

当然，他们一定好奇过，命运到底将他们带到了怎样的地狱。接着是又一次的分离，这次，新的奴隶又被迫和他们船上的同伴分开，而他们之间已经形成了第二个家。他们被新主人带去了美洲某个等待着他们的目的地。跨越之旅结束，巨变已经发生。他们注定要去一个新的地方，和它的命运相连。

一个从伊萨卡来的伊博人

奴隶纵帆船，《伦敦新闻画报》，1857 年 6 月 20 日

在英国埃克塞特皇家阿尔伯特纪念馆的墙上，挂着一幅 18 世纪的黑人肖像。这个男人穿着那个时代的服装：一件深红色的马甲，简单地系着一条干净的白色领巾。他从画框里凝视着看画的人，他鼓起的嘴唇边挂着一丝若有若无的微笑。这丝笑容却并没有浮现在他的眼中，他的眼底充满了哀伤。这幅肖像是英国画派的某个成员画的，它的名字是《黑人奥劳达·埃奎亚诺的肖像》。

奥劳达·埃奎亚诺，也叫古斯塔夫斯·瓦萨，他是最早、最详细地描述其被捕、被奴役，以及通过中央航路到达美洲的旅程的人。许多奴隶都仔细讲述过 19 世纪奴隶的生活，但是很少有人描绘过 18 世纪的生活，更少有人提及被抓捕时的恐怖和中央航路的艰难落魄。众人所知的许多关于早期奴隶贸易的情况都来自他的自传《奥劳达·埃奎亚诺人生的趣闻纪事》，又名《古斯塔夫斯·瓦萨——一个非洲人的自述》。埃奎亚诺出生于后来的尼日利亚，是一个伊博人[1]，他有着奇特的一生。被捕时他还是个孩子，之后在不同的非洲主人间转手，最后落入了白人奴隶贩子之手，被带到了殖民地，然后又被带到了巴巴多斯岛，最终在弗吉尼亚州被卖给了迈克尔·帕斯卡尔。他的主人是一名海军上尉，作为贴身侍从，埃奎亚诺陪伴这名上尉去了欧洲。他跟着主人参加了七年战争，并且接受了基本的海军训练。他还在船上执行各种军事任务。追随主人的旅行最远将他带到了地中海和加拿大，其间他接受了教育，并且学会了读书和写字。

在战争结束时，埃奎亚诺并未得到承诺的好处——赏金和自由。相反，他又被卖了，这次是卖到了加勒比海地区，他曾经旅行过的地方。他的教育背景让他的价值远远高于种植园里的劳动力。那些潜在的买家十分想要得到一个能够读写，还知道如何驾驶一艘船的奴隶。他最后被卖给了罗伯特·金，一个从费城来的贵格会商人。他允许埃奎亚诺参与自己的生意，并且承诺会以 40 英镑的价格还他自由。到了

---

1. 伊博人：居住在尼日利亚东南部的一个民族，操伊博语。原为父系社会，由政治上独立的村落组成。后在英国殖民者的统治下信奉基督教，接受英国式教育。

二十几岁，埃奎亚诺已经通过做生意赚到足够的钱来支付赎金，成了一名自由人。由于他在费城逗留期间，不择手段的商人想要重新奴役他，埃奎亚诺充分意识到在美国成为一个自由黑人的危险有多大，于是他拒绝了金让他留在那里做自己生意伙伴的建议，转而去了英国。在那里，他以公众人物的身份度过了余生。

1789 年，巴士底狱风暴的三个月前，埃奎亚诺自行出版了他的自传《奥劳达 · 埃奎亚诺人生的趣闻纪事》。在伦敦，这本书一跃而成为畅销书，直接影响了英国人对奴隶制的态度，激发了废奴主义事业。埃奎亚诺孜孜不倦地推销这本书，做演讲，并且名利双收。这本书出版八年后，他去世了，留下一笔可观的遗产。威尔士亲王和数不清的公爵都认识他，还有那个时代的主要废奴主义政治家也都和他相识。不过，当埃奎亚诺坐下来回顾一生的时候，他记起的不只是中央航路上的痛苦、奴隶制的残酷和他的游历生活中的诸多事件，他还回忆起了非洲的味道，想起了他在西非村庄里吃过的食物：

> 我们的生活方式很朴素，因为本地人还不习惯那些改良的炉灶，它们让做出来的食物味道变差了：小公牛、山羊和家禽，他们吃的绝大部分是这些食物。这些同样地也构成了这个国家的主要财富，以及商品交易的主要项目。肉类通常是在平底锅里炖，为了让它味道可口，我们有时候也放几内亚胡椒和其他香料，我们还有草木灰做的盐。我们吃得最多的是大蕉、“eadas”、薯蓣、豆子和印第安玉米……他们完全不熟悉酒精和气味浓烈的饮料，他们喝得最多的是棕榈酒。那是从棕榈树上弄下来的，在树的顶

部开一个口子，再在边上绑一只大葫芦，有时候一棵树一晚上能够产 3—4 加仑的棕榈酒。刚倒出来的时候是最甜最好喝的，但是过几天它就会有点儿辛辣，更有酒味。

如今有很多学者质疑埃奎亚诺是否如他自己宣传的那样，是“一个从伊萨卡来的伊博人”。有人认为他的自传是用许多奴隶的回忆录拼凑起来的，甚至说那是一部纯粹想象的作品。不管最后的结论如何，《奥劳达·埃奎亚诺人生的趣闻纪事》一书仍旧是一本动人的著作，它描述了超过五个世纪之久的奴隶贸易，这一贸易使数百万人背井离乡，被带到另一个半球。埃奎亚诺为数百万死去的囚徒和最终被奴役的人发声，这些人失去了家园、失去了朋友、失去了财产——什么都没了，除了他们对于远去的家乡渐渐淡去的记忆，还有或许和埃奎亚诺一样，对于舌尖上棕榈酒的甜蜜滋味稍纵即逝的回忆。

■ CHAPTER 3

THE POWER OF THREE

第三章

集三者之力

到达、相遇，以及
饮食的连接

被皇家海军从奴隶船上救出的奴隶，被带到牙买加金斯敦的奥古斯塔堡，《伦敦新闻画报》，1857 年 6 月 20 日

马撒葡萄园岛[1]，阿基那。

阿基那位于马撒葡萄园岛的最西端，过去被叫作盖伊角[2]，直到最近，年轻人才对这个名字的当代含义变得敏感起来，它指的是作为这个岛的标志的彩色悬崖。过去几年，沿着黄土、赤陶土和灰色黏土的峭壁向下徒步是环岛旅行的亮点，可是脆弱的生态导致它们现在不再对公众开放，而那段下坡路只能成为岛民记忆里的景象。阿基那的部分地区属于部落保留地，而这个区域本身是万帕诺亚格人[3]的家园。

---

1. 马撒葡萄园岛：位于美国东北部新英格兰地区的马萨诸塞州的一个海岛。
2. 盖伊角（Gay Head）：有“同性恋之头”的含义。
3. 万帕诺亚格人：操阿尔冈昆语的北美洲印第安人，住在罗得岛州部分地区、马萨诸塞州、马撒葡萄园岛及其附近岛屿。

1620 年，当英国清教徒登陆普利茅斯的时候，迎接他们的就是这个部落。一个星期三，我接到了我众多岛上朋友中的一位的电话，让我参加一个当地活动，还主动提供给我这个不开车的纽约人比黄金还珍贵的东西——载我一程。

这里的路我已经熟稔于胸超过五十年。当我们沿着岛上那些绿树成荫的道路蜿蜒行驶时，我凝视着窗外，恍然发现自己正看着那些高大的橡树、覆盖了毒藤的灌木和蓝莓丛，仿佛这是我第一次见到它们一般。树林茂密，当我们迎着夕阳的时候，阳光斑驳地洒下来。我不禁想起了几十年前背过的霍桑，诗句如潮水般涌现：

原始的森林里，
低语的松树和铁杉，
长出苔藓的胡须，披上绿色的外衣，
在暮色中，身影迷离，
像德鲁伊教团的长者般伫立，
仿如先知，语声悲戚。

然而，这里并不是原始森林；这片森林要年轻得多，但是这里的土地有着丰富的历史。

奇怪的是，尽管我多次来小岛进行黄昏小酌或是午餐，这么多年来，我却从来没有想过将这个岛的历史和万帕诺亚格人联系在一起。不过，他们在 1987 年得到联邦政府的承认之后一直很努力地守护自己的文化，并且使他们的孩子和岛上的其他人建立起了对传统文化意识的认同。

在一路开车去镇上的途中，我透过树林看见一大堆木柴后面有一个巨大的石砌蜂窝焦炉[1]。这是当地的一家新面包房，我们就要在那里碰头。我对这次聚会充满了好奇。这不是一次帕瓦仪式[2]或者部落活动，确切地说，这是一个当地家庭和他们的朋友一起参加的比萨之夜。每个家庭都给聚餐带了点儿菜——新鲜的番茄、自己做的茴香香肠、岛上某个农场生产的奶酪、用来庆祝生日的蛋糕，当然，还有酒。(有一个孩子甚至带了蛋糕上的装饰糖珠，撒在他的比萨上。）朱莉·范德霍普是面包师，她是一个受人尊敬的印第安家庭的女儿，她决定用她的烤炉和她的烹饪技巧来让这个小镇聚在一起。每个星期三，她都会准备好面团，然后做成单人份比萨，这成了大家的晚餐。她站在烤炉旁，烤炉已经一如既往为烘焙生上了火，她试了试温度，然后又以专业的精确度将那些圆形的比萨放进敞开的炉膛中。节日欢聚的气氛让我想起了我在非洲大陆参加过的一些典礼和家庭聚会：母亲们不仅照看自己的孩子，也照看别人的孩子，大家都可以随意喂孩子吃东西，当他们太闹腾的时候，也会像对自己孩子那样温柔地制止他们。在马撒葡萄园岛那个秋天的夜晚，我被人们通过食物水乳交融地相聚在一起的方式打动了——做饭、分享、庆祝。整个晚上，所有人都融入了一个大家庭。

1. 蜂窝焦炉：一种用耐火砖砌成的可以多次使用的固定窑室，始于18世纪中期。

2. 帕瓦仪式：印第安人的歌舞盛典。现代的帕瓦仪式是印第安人聚会、跳舞、唱歌、社交和表达对自我文化尊重的一种特殊活动。

居住在美国东南部、墨西哥湾沿岸和东北海岸——这些是美洲人最早和欧洲人接触的地点——的大部分印第安人，要么像万帕诺亚格人那样被同化，要么被大量屠杀，要么在很久以前就被赶走，为美国的扩张让路。不过，我在阿基那度过的那个夜晚，给了我一条线索，让我知道16世纪或者17世纪类似的社区聚会可能是什么样子的。我开始思考非洲人和美国印第安人文化之间的许多相似之处。

那些从船上下来的白人对土地、财产，以及所有权有着如此不同的看法，对此土著人是怎么想的？同样地，当他们有一天发现了其他肤色更深的人时又是怎么想的？关于和印第安人的第一次接触，我们有欧洲这边的记录，但是有色民族之间的第一次接触是什么样的呢？在印第安人和非洲人方面，我们没有什么记录。

最初，马萨诸塞州的万帕诺亚格人并没有见识过非洲的奴隶。他们只有和早期移民打交道的经验。但是在东海岸上上下下，都有他们第一次相遇的地点。沿着南卡罗来纳－佐治亚海岸线，高速公路上有一个标志指出这里有一条岔路，通往伊博人登陆处[1]。这里是非洲人、印第安人和欧洲人在这片国土最初相遇的地方之一。这里的地形不是马撒葡萄园岛上新英格兰森林中橡树阴影下的灌木丛，相反，这里是盘根错节的红树林沼泽地，它的根系从缓慢拍打的海水中露出来。那起伏不定的水草中和看似平静的水面下充满了危险：蛇、短吻鳄、蚊子、热病和未知的一切都潜伏其中。那里的印第安人遇到了不同的非

1. 伊博人登陆处：位于佐治亚州格林县圣西蒙斯岛邓巴溪的一处历史古迹。1803年，被囚禁的伊博人控制了他们的奴隶船，拒绝向美国的奴隶制度屈服，在这里发生了大规模的自杀事件。

洲人，从路易斯安那州的支流到弗吉尼亚州的泰德沃特，再到北卡罗来纳的皮德蒙特高原，再到佛罗里达海岸，他们一次次在登陆中初次相遇。在每一次的相遇中，非洲奴隶不仅遇到了那些欧洲人，同时也遇到了美洲土著。我饶有兴致地想象着一个或多个这样的时刻——在某个市场外围的摊位上，或是走在尘土飞扬的乡村小路上，又或是在灌木丛边捡拾柴火时——黑人打量着北美印第安人，北美印第安人也打量着黑人，惊讶，微笑，然后认出他们有着某种亲缘关系。

在没完没了的航行之后，在跨越了浩瀚的海洋——非洲人和美国人之间经常用到的连字符[1]就是源于这片海洋——之后，在涂上棕榈油掩盖了旅程的痛苦之后，人们在新的土地上踏出了试探性的第一步。经历了数周数月的海上航行，非洲人到达时更加步履蹒跚，迟疑不定。紧接着是哄抢和拍卖，与船友的彻底分离。在美国的新生活就此开始。在其中，印第安人、非洲人和欧洲人的关系仿若一张紧密编织的挂毯，它如此复杂，以至于常常无法分辨哪根线来自哪个团体。非洲人登陆时无暇顾及他们的本土文化。而那些欧洲人呢，则在这个国家的不同地区登了陆，他们出于不同的原因登上了有如核桃壳般脆弱的船只：有些是为了冒险，有些是为了逃避宗教迫害，还有些则是为了寻找财

1. 即“非裔美国人”（African-American）一词中的连接符。

富。西班牙人、英国人、荷兰人和法国人——每一个移民团体到来的故事都不尽相同，就像他们跟印第安人、非洲人的关系一样。

最早抵达美洲的是西班牙人。七百多年来，他们的国家一直被北非摩尔人占领，他们对非洲大陆已经十分熟悉了。他们也有奴隶制的传统。非洲奴隶曾经跟随哥伦布一起航行，并且从1492年起就来过这个半球。另一些人则跟随科尔特斯[1]进入了墨西哥，并且陪伴着征服者们走遍了这个半球的中南部地带。1526年，卢卡斯·瓦斯克斯·德·艾利翁[2]前往卡罗来纳海岸的不幸探险中，也有非洲奴隶的参与。在一次船难之后，他们叛变了，并在美洲印第安人中定居、通婚，消失得无影无踪。

一年以后的1527年，在一个复活节的星期天，西班牙人抵达了北美大陆，并更长久地定居于此。为了纪念这一天，他们将这里命名为"Pascua Florida"(帕斯夸佛罗里达[3])。他们出发去寻找黄金、财富，他们希望这里的财富可以与中美洲和南美洲的发现相媲美。和他们一起上岸的则是第一个为人所知的登上北美大陆的非洲人——埃斯特万·多兰特斯，安德烈斯·多兰特斯的奴隶，有时候也被叫作埃斯特班尼科或者埃斯特班斯科。他来自摩洛哥的艾宰穆尔，曾在西班牙为

1. 埃尔南·科尔特斯（1485—1547）：出身西班牙贵族，大航海时代西班牙航海家、军事家、探险家，阿兹特克帝国的征服者。

2. 卢卡斯·瓦斯克斯·德·艾利翁（1473—1526）：西班牙冒险家，是欧洲人到南卡罗来纳州殖民的第一人。

3. 帕斯夸佛罗里达：意思是"花的复活节"。

奴。1527年，他跟随主人作为潘菲洛·德·纳瓦埃斯[1]探险队的一员来到新大陆。德·纳瓦埃斯和400个带着征服决心的男人在佛罗里达州的坦帕附近登陆。不过，德·纳瓦埃斯并不是一个好领导。他让他的人员和给养船分开的糟糕决定，就是一连串灾难的开始。他战术上的失误又因为和充满敌意的印第安人遭遇而变得更加严重。大自然也给探险队带来了各种威胁：短吻鳄、蚊子和蛇，然后又刮起了一阵飓风。这些船被摧毁，幸存者只能用抢救出的木头做了一只筏子，沿着墨西哥湾航行，希望能抵达墨西哥。他们在得克萨斯州的加尔维斯顿上岸，在那里，他们在阿尔瓦·努涅斯·卡贝扎·德·瓦卡[2]的领导下，步行出发去墨西哥。令人惊讶的是，历经了八年之后，他们中的四个人最终抵达墨西哥，他们关于这个国家西南部的故事，让总督大为震惊。埃斯特万·多兰特斯就是四个人中的一个。

最开始，他们曾被一些印第安人奴役，之后，卡贝扎·德·瓦卡这些人开始穿越这个国家。这四人靠坚果、兔子、蜘蛛和仙人掌果汁维生，并且学会了在新的土地上觅食。饥荒和富足交替出现，一切都取决于地形和与他们邂逅的不同土著人对他们的欢迎程度。在与卡贝

1. 潘菲洛·德·纳瓦埃斯：西班牙殖民征服者，生于巴利亚多利德，1498年去美洲参加贝拉斯克斯对古巴的征服。1520年受贝拉斯克斯的派遣率军去墨西哥，试图迫使科尔特斯屈从，4月在墨西哥湾的韦拉克鲁斯登陆。后被科尔特斯打败，失去一只眼睛，并被俘虏。次年获释后回西班牙，被卡洛斯一世授予征服佛罗里达至帕姆斯河地区的权力。1528年3月率5艘船、400名殖民者从古巴出发，在佛罗里达西岸的坦帕湾附近登陆，并以西班牙国王的名义占领佛罗里达。7月底到达圣马克地区。在返回墨西哥的途中，遇风暴溺死。

2. 阿尔瓦·努涅斯·卡贝扎·德·瓦卡（1500—1564）：文艺复兴时期欧洲探险家。他是第一批去佛罗里达探险航行的少数幸存者之一，曾浪迹于今天的美国南部地区约九年时间，他后来成了拉普拉塔河口和巴拉圭总督。

扎·德·瓦卡这些人长达八年的冒险中，埃斯特班尼科，这个第一次被内陆印第安人看见的非洲人逐渐习惯了印第安人的生活方式，而印第安人也以惊奇的眼光看待他。他的语言能力卓越非凡，他迅速掌握了许多印第安语，并且成为团队的领导和治疗师。更重要的是，他是一个有着很强的文化流动性的人，他似乎能够理解土著人的生活方式，比他的西班牙旅伴更能灵活地适应他们。随着时间的推移，他被土著人视为萨满。在给西班牙国王的一份纪实报告——1542年首次出版的《关系》一书中，卡贝扎·德·瓦卡说到埃斯特万“总是在跟人交谈，了解路线、城镇和其他我们想要知道的事情”。

这些人最终抵达了墨西哥城，并且被带到了总督安东尼奥·德·门多萨那里，他是墨西哥的第一任西班牙总督，他惊奇地听到了他们的故事。那些欧洲人得到了财富并且成为英雄。而埃斯特万，尽管对探险有帮助，却没有得到自由。相反，他被总督买下，送给了一位天主教修士马可仕·德·尼扎，这位修士又带领了第二支探险队回到了那鲜为人知的地带。新的团队出发了，埃斯特万是领导，担任翻译和稽查。这次的航行并不成功。尽管他们时不时会受到热情的款待，可是许多印第安人对欧洲人都十分警惕，而部落之间的仇恨则制造了争端。埃斯特万在部落冲突中被捕，并且在哈维库被印第安人杀害，那是距离祖尼人[1]的普韦布洛[2]西南十英里处的一个定居点。埃斯特万是第一

1. 祖尼人：北美印第安普韦布洛人，居住在新墨西哥州中西部与亚利桑那州交界处。
2. 普韦布洛：普韦布洛印第安人住在亚利桑那州东北和新墨西哥州西北的若干地点，密集定居，名为“普韦布洛”（西班牙语意为“村”或“镇”）。

批去美国的人，他卓越的旅行囊括了早期美国黑人和印第安人之间的关系。这是一个从欣赏和友谊转变为不信任和敌意的长篇故事，在这个国家的早期会一次又一次地重演。

罗马天主教的西班牙人是第一批在美洲大陆定居的欧洲人。在这个大陆立足的其他罗马天主教徒，也就是法国人，是最后一个到达未来成为美国的这片土地的，他们花了大量时间和英国人作战，并且在加勒比海地区和加拿大建立了殖民地。法国人对于种族、奴隶的态度跟西班牙人不同，他们往往会带着在加勒比海地区和他们私通的非洲奴隶所生的孩子一起来到美洲大陆。相比定居者而言，法国人更像是猎手和商人，他们的社会最开始就很少有女性，因此和美洲土著妇女私通是很普遍的。借由他们的印第安妻子，他们住得离土著人更近，也学习了更多土著人的生活方式。他们也是记录烹饪的能手，且留下了对于美洲土著生活最好的观察资料。他们的观察涉猎广泛，正如探险家安托万－西蒙·勒佩奇·杜普拉茨所目睹的，他在1758年记录了下密西西比河纳切斯人[1]的年历表：

> 像欧洲长期以来那样，这个民族的新年始于3月，而一年分为十三个月……在每个新的月份都会有一个节日盛会，它的名字来自前一个月采集的主要水果，或是那个时节通常捕获的

1. 纳切斯人：操大阿尔冈昆语系语言的北美印第安部落。居住在密西西比河下游东侧地区。18世纪早期，法国人最初向这里移民时，纳切斯人约有6000人，住在亚祖（Yazoo）河与珍珠河之间的九个村庄，即今密西西比州纳切斯县附近地区。

动物……

第一个月是鹿的盛宴。新年的开始传播着喜悦……第二个月，对应了我们的 4 月，是草莓的节日。

第三个月是小玉米节；第四个月是西瓜节；第五个月是桃子节；第六个月是桑葚节；第七个月是大玉米节；第八个月是火鸡节；第九个月是野牛节；第十个月是熊节；第十一个月是冷餐节；第十二个月是栗子节；第十三个月也是坚果节，那些坚果在冬天被打碎了和玉米面混合在一起，做成了面包，那时饥荒随时有可能发生。正如法国探险家记述的那样，这一年在各种不断变化的食物庆典中展开。

去到下密西西比河地区的其他旅行者在月份上的说法略有出入，但是可获得的食物和猎物仍然是大部分部落区隔月份背后的原则。每个月都是从一场宴会开始的。在食物充足的时候，宴会十分盛大；在食物稀缺的时候，东西就比较少；无论如何，人们对于食物的变化总是充满感恩。宴会是为了庆祝第一批果实的成熟，这一点从非洲沿海来的人能充分理解，因为相似的传统农耕节庆同样持续不断地在整个非洲大陆举办。对美洲土著人来说，节日庆典的设定是为了确保食物的持续供应，并带来健康和繁荣，这对于非洲人也一样。

当食物充足的时候，就可以烹制各式各样的菜肴，其中有用南瓜做的各种食物，还有很多种玉米的做法。炖菜有许多是用捣碎的黄樟叶勾的芡，这种添加物至今在路易斯安那一些秋葵汤里依然会用到，它被称为“filé”（菲雷）。这种滑滑的炖菜的口感对塞内冈比亚人和贝宁湾人来说一定十分熟悉，他们就是吃着秋葵汤长大的。早期探险家甚至提到了一种将栗子和玉米碾碎、揉捏、包裹在“绿色玉米叶”里煮熟的食物，这可能是三角洲地区出现的类似墨西哥玉米粽的第一个标志！这道菜也很像是贝宁湾的发酵玉米阿卡萨（akassa），或是其他用叶子包着的西非菜，例如被加纳特维人叫作“dukonoo”的甜食。

随着法国势力的壮大，非洲人以及法非后裔也就越来越多。他们中的很多人并不是直接从非洲来的，而是经由法属加勒比海殖民地来的。到了1750年，伊利诺伊州20%的法国定居者都是黑人，而这个数字到了18世纪70年代几乎又翻了一番。那些从法属加勒比海殖民地来的人中，有一个叫让·巴蒂斯特·普安·迪萨布莱，他的父亲是一个从圣多明各[1]来的白人水手，母亲是一名非洲妇女。他在18世纪的后三十年中来到了路易斯安那州。他沿着密西西比河而上，在伊利诺伊州的老皮奥里亚买了宅基地和土地，并且和一个波塔瓦托米族印第安女人结了婚，为了娶妻他便加入了这个部落。迪萨布莱显示了和埃斯特班尼科一样的文化流动性，据说他能够说好几种印第安语，就像他说英语、西班牙语和他的母语法语一样流利。到了18世纪70年代中期，他在印第安语名为“Eschikagou”（埃斯奇卡古）的地方创建了第一个永久定居点，这个名字的意思是“臭地方”或“沼泽地”。1782年，他在这里建了一个贸易栈，它成为法国猎手和本地印第安人主要的供货源头。这个贸易栈很成功，随着迪萨布莱的食品“批发”生意远至底特律以及加拿大的其他贸易栈，它涉及的范围也越来越

1. 圣多明各：多米尼加首都、全国最大的深水良港。

广。在巅峰时期，迪萨布莱的贸易栈有一个磨坊、一个面包房、一家乳品店，还有家禽养殖场和烟熏室。此外还有几个作坊、两个谷仓和若干马厩。迪萨布莱的贸易栈欣欣向荣，他经营了二十年，直到1800年，他退休并搬到了皮奥里亚，之后又搬到了密苏里州。他将贸易栈以6000里弗[1]（约1100美元）的价格卖给了让·拉利梅，然后作为一个富翁离开了这个现在成为芝加哥的地方。截至迪萨布莱卖掉贸易栈的时候，法属伊利诺伊州殖民地的黑人已经占到了总人口的39%，而在这个新生国家的其他地方，非洲面孔已经成为移民和印第安人日常经验的一部分。

荷兰人是在1609年到达纽约州和新泽西州的，当时亨利·哈德逊[2]航行经过了现在的曼哈顿岛。在荷兰殖民地上，非洲人在菲利普斯堡庄园这样的种植园里工作，在纽约塔里敦地区种植和加工粮食，然后出口到整个殖民地的其他地方。奴隶在种植园里搅拌的黄油将被送到遥远的加勒比海南部，这是一条从北到南的贸易路线，连接起了北方大陆的殖民地和较为繁盛的加勒比地区的殖民地。许多美洲北部殖民地的种植园主都是靠给加勒比海地区的同行供应粮食而发家致富的。那些人住在岛上，而那里的大部分土地都用于更有利可图的甘蔗种植业了。因此，在菲利普斯堡和其他北方种植园，黑奴不仅要种他们主人餐桌上的食物和他们自己吃的食物，还要种那些出口的粮食，去喂

1. 里弗：古时的法国货币单位及其银币。

2. 亨利·哈德逊（16世纪下半叶—约1611）：英国探险家与航海家，以搜寻西北航道而闻名。亨利前半生只是一名普通船员，直至1607年受聘于英国的莫斯科公司探索西北航道，他两次远行皆未能为英国带来任何实质的经济利益，结果被莫斯科公司解职。

饱他们加勒比海地区的同胞和那些岛上的种植园主。

农村地区的荷兰黑奴也会在磨坊和小酒馆里工作，还要做一些零碎的家务。在菲利普斯堡农庄和其他殖民地大宅中，黑奴也在厨房里工作，还要服务于勃鲁盖尔式的盛宴，这将在一个世纪之后被华盛顿·欧文写进书中——桌上铺满了熟透的蜜瓜、丰盛的烤肉、多汁的填鸡填鸭，以及成堆的饼干和蛋糕，这些令人又回想起荷兰的快乐时光。纽约和新泽西的非裔荷兰人厨房能够做出“ollycakes”（甜甜圈）、“koolsla”（凉拌卷心菜）和“koekjes”（饼干）这些食物，而且黑奴会用姜饼和朗姆酒来庆祝圣灵降临节（荷兰新教徒的五旬节）这样的节日。其中一些传统在纽约和新泽西的非裔荷兰人的后代中一直传承到了 20 世纪。

对于荷兰新阿姆斯特丹的黑人来说，生活并不都是饼干、姜饼和朗姆酒。毫不夸张地说，非裔美国人是被工作累死的，他们的坟地直到几个世纪后才在下曼哈顿被发现。非裔公墓的遗骸经过法医鉴定显示，他们中有的人因搬运大量重物而扭断了脖子，有的人因营养不良而腐蚀了牙齿，还有人因提重物而造成其他的损伤。死亡无疑是一种解脱，而且来得很早；遗骸的平均年龄是 40 岁。有的人在做日工或是码头工人时遭受了致命的损伤，有的人则在码头周围的小酒馆或饮食店里充当厨子或服务生。还有一些人在街上卖东西，那多少会让他们隐约想起非洲大陆上讨价还价和叫卖的声音。非洲人的出现将新兴的纽约市尘土飞扬的街道变成了一个集市，回荡着女人们卖东西的叫嚷声。她们头上顶着篮子和托盘，里面盛放着新鲜的蔬菜水果和她们制作的开胃菜与甜食。

佛罗里达州反映了西班牙的种族历史，它和非洲大陆有着几个世纪的接触。法国控制着大陆的中部，对种族和通婚有着较为开放的态度。尽管荷兰人对纽约和新泽西有过短暂的统治，但是为后来美国的十三个殖民地确立了主流的种族、文化态度的欧洲国家则是英国。

早在16世纪，英国就已经直接与西班牙国王竞争，试图在美洲建立殖民地了。他们和土著人在罗阿诺克殖民地的接触被约翰·怀特这样的艺术家和托马斯·哈里奥特这样的日记作者很好地记录了下来。可惜这次探险以失败告终，直到17世纪，伴随詹姆斯敦殖民地的建立，英国才在美洲大陆建立起永久据点。1619年8月下旬，一艘船驶入詹姆斯敦。约翰·罗尔夫（因《风中奇缘》中的波卡洪塔斯[1]而出名），一个殖民地即将离任的记录员，给伦敦的殖民地赞助商弗吉尼亚公司写了一封信，称“有一个荷兰军人，什么都没带……只带了20个奇怪的黑人，那是总督和麦钱特船长用来换粮食的”。抓来的奴隶用来和詹姆斯敦的殖民者交换食物，其中包括一箱印第安玉米。然而，罗尔夫对这些最初抵达英属美洲的非洲人的记录是不正确的。事实上，这艘船，也就是“白狮号”，可能不像罗尔夫说的那样。它不是荷兰军舰，而是一艘英国海盗船。船上带着过期的荷兰捕拿特许证，它在加勒比海有过一次打劫，在那里俘获了一艘装载着非洲奴隶、开往墨西哥银矿的西班牙轮船。

1. 波卡洪塔斯：波瓦坦之女，波瓦坦是住在弗吉尼亚州的亚尔冈京印第安人（即波瓦坦人）的一位重要酋长。波卡洪塔斯一生短暂（死于22岁），为促进波瓦坦人及英国殖民者间的和平，她甚至改信基督教，嫁给一位詹姆斯敦的移民约翰·罗尔夫。

抵达詹姆斯敦殖民地的非洲人来自非洲西南部的安哥拉港，那里的班图人传统上是妇女耕作，男子照料牲口。非洲人不是作为奴隶，而是作为契约劳工来到英国殖民地的。17 世纪上半叶，并没有关于非洲人地位的通则，奴隶制也不一定世袭。很多殖民地劳工，不管黑人或白人，都是契约制，被雇用工作一定的时间。一些人认为，卖身为奴是偿还债务或是在新殖民地立足的一种方式。这种基于种族的奴役制度到了 17 世纪才变成合法的，并将在往后几百年里成为这个国家的标志。第一批非洲人运用他们的农业知识创造了自己的财富。在安哥拉出生的安东尼奥，是最初的那批人之一，他在履行了十四年的契约后，和为同一个家庭服务的奴隶结了婚，为自己重新取名安东尼·约翰逊，成为弗吉尼亚州东部的农场主和大地主。其他人则从事不同的职业，不管是在田野里工作还是在小酒馆里服务，这些人中不止一个以这样或那样的方式成为初具雏形的殖民地食物链中的一环。

非洲人和当地土著人最初的相遇并没有留下什么书面的记录，如果约翰·怀特那令人惊叹的关于北卡罗来纳州阿尔冈昆人[1]的水彩画是可信的，那么他们一定在自己熟知的非洲大陆的生活方式和美洲土著的生活方式之间发现了许多文化相似性。在非洲大陆，虽然每一个部落和群体都有自己的饮食特色，但是在烹饪习惯上，阿散蒂人[2]、约鲁

1. 阿尔冈昆人：许多操阿尔冈昆语的分散的部落之集合名称，散居在加拿大渥太华河上游两岸的密林中。

2. 阿散蒂人：住在加纳南部以及同多哥和科特迪瓦毗邻地区的居民。

巴人[1]、曼德人[2]、沃洛夫人[3]和班图人还是存在着许多共性的。同样的话也可以用在乔克托人、奇蒂马查人[4]、蒂尼卡人[5]和阿尔冈昆人，以及其他美洲东部沿海地区的部落身上。非洲人和印第安人共享着同一个以狩猎和采集为主的农耕文化。他们觅食的观念相同，双方也都了解这种等待作物成熟或歉收时周期性的饥荒，是多么可怕。

和许多农耕社会一样，每天的生活都是围绕着打猎和采集食物展开，尤其是在农作物收割前的那几个月。从 2 月到 5 月，住在弗吉尼亚地区的阿尔冈昆人要靠海为生，而大海的赏赐简直就是奇迹，沿海地区有着种类繁多、产量丰沛的鱼类。根据史密斯船长的报告，1608 年，在弗吉尼亚，他看到一大群鱼“鱼头露出水面，密密麻麻地形成一层”，以至于他的船几乎开不过去。哈里奥特记录了鲟鱼、鲱鱼、鲑鳟鱼、青鳞鱼、鲻鱼和丰富的贝类。捕鱼季是不同的，而且鱼的种类也肯定和西非海岸的不一样，但是从非洲大陆沿海地区来的非洲人肯定懂得怎么捕鱼，怎么晒鱼，以及怎么熏制鱼类和贝类——这些烹饪技巧至今仍被沿海或沿河地区的人使用。

阿尔冈昆人每年头几个月也需要打猎，因为他们的玉米是在深冬和早春播种的，要到年底才能收割。猎物多种多样，哈里奥特记录了

1. 约鲁巴人：西非尼日利亚民族，为国内第二大民族。
2. 曼德人：属于尼日尔－刚果语系民族。按地域和语言分为南北两支：北支亦称曼德坦人，为核心部分，聚居于热带草原；南支亦称曼德富人，为外围部分，散居于森林地带。
3. 沃洛夫人：西非民族之一。
4. 奇蒂马查人：操大阿尔冈昆语的北美印第安部落。
5. 蒂尼卡人：密西西比河河谷中部的美洲土著部落。

86 种不同的禽类。非洲人和印第安人的共同点是他们都会仔细观察猎物和使用诱饵。塞米诺尔人[1]用的是自制的野火鸡哨子，很多部落用动物皮来制作捕猎的诱饵。据记载，亚拉巴马和密西西比的乔克托人与奇克索人[2]也会使用各种伪装，他们的方法真的非常复杂。1753年，杜蒙特·德·蒙蒂尼在《路易斯安那州历史回忆录》中提到了密西西比河谷的纳切斯人使用的鹿圈套：

> 当一个野人成功地杀死一头鹿之后，他先把头齐肩砍下。然后他不切开皮毛而将颈部的皮和骨肉分离开，把整个脑子从头骨里拉出来。做完这些之后，他又非常灵巧地将脖子上的骨头装回去，用一个木环和一些小棍子将它们固定好……他打猎的时候把它挂在皮带上，一旦他察觉到了一头野牛或是一头鹿，他就把右手伸进鹿的脖子，用它遮住脸，然后开始做出活的动物会做的动作。

一旦抓住猎物，就要立刻将肉进行处理并烹饪好，或是做成某种干肉饼。曼德人对于这样做出来的肉干一定很熟悉，因为在后来成为尼日尔的地方，有一种他们熟知的、名字叫作“khilichili”的晒肉干。

---

1. 塞米诺尔人：“塞米诺尔”这个名字源自西班牙语，是“野人”或“逃亡者”的意思。塞米诺尔人原来是佐治亚州的克里克族的一支，为了寻找西班牙人尚未严格掌控的地区，并且远离英国建立的殖民地区域，18 世纪时，他们离开了原居住地，移居到了佛罗里达州。

2. 奇克索人：操穆斯科格语的北美印第安部落，过去住在密西西比州北部和田纳西州的部分地区，现在住在俄克拉何马州。

在非洲人或许已经发现美洲土著的耕作方式和他们有许多相似之处的时候，欧洲移民却对丰收的成果大为惊奇。托马斯·哈里奥特是沃尔特·雷利爵士罗阿诺克探险队的一员，他曾经在1585年描述过新大陆早期的收成。他在《弗吉尼亚新大陆真实而简要的报告》中写到了玉米："'pagatowr'，本地人是这么称呼这种作物的，同样的作物在西印度群岛被叫作'mayze'。英国人管它叫'Guinney wheat'或者'Turkie wheate'。"他继续详细描述这种玉米粒，它们有"好几个颜色：有的是白的，有的是红的，有的是黄的，有的是蓝的。它们都可以磨成纯净香甜的面粉，可以做出很好的面包。我们在乡下用它做了一些麦芽，做出来的啤酒和想象的一样好"。[哈里奥特说的"Guinney"一词，也就是"Guinea"(几内亚)，证实当时玉米已经与非洲大陆息息相关。在"哥伦布大交换"之后，它成了一种主要粮食作物，很多西非人对它都很熟悉。]

在英国殖民地，土著人将玉米、豆子、南瓜或者北瓜和谐共生地种在一起。这个系统在加勒比地区被称为"conuco"——由把玉米种子围成一圈，一排排地种在小山丘上组成。(这玉米一年能收三季。)玉米秆边上种豆子，让它们充当豆藤的攀爬杆。南瓜和北瓜的叶子为幼小的植物提供了荫蔽。美国东北部的易洛魁人[1]把这种印第安作物的三位一体叫作"三姐妹"。在弗吉尼亚州，哈里奥特注意到了这种系

---

1. 易洛魁人（Iroquois）：又叫"Haudenosaunee"，意为"长屋里的人"。易洛魁人于1570年组成易洛魁联盟，包括莫霍克、奥内达、奥农达加、卡尤加、塞内卡五个部落。1715年，塔斯卡洛拉部落加入进来，成为人们常说的"六部落"。他们的语言很相似，彼此能听懂。莫霍克部落是各部落公认的"大哥"，被称为"（拥有）燧石的人"。

统的效率，尤其是用单颗种子精细播种的本地种植方式的效率。他评论说本地农业每英亩可收获大约 200 英国蒲式耳[1]，与之相对，之前欧洲那种随意播撒种子的种植系统，每英亩只能生产大约 40 蒲式耳。又一次，土著人和非洲人共享了相似的知识。毕竟非洲人也很熟悉精细播种的方式，而且总体来说，两者都没有使用西欧那种撒种方式。

约翰·怀特的插图对于研究者来说非常宝贵，因为它们向其他人展示了早期印第安人的习俗，从而提供了附加的文化纬线。有一张画描绘了一个印第安男人和一个印第安女人吃饭的场景：他们坐在一张垫子上围着一个公共大碗盘用手吃饭。这种习俗或许会得到非洲移民的认可。陶制的烹饪容器和在用枝条做的烤架上烤的烤鱼——又是两个共同的传统——也出现在了怀特的水彩画中。

虽然在怀特细致的水彩画中无法分辨，但它们的味道也是相似的。非洲人和印第安人都喜欢酸味和发酵味。像“sofk”（一种用水、玉米和草木灰慢慢熬稠，然后再发酵三天做成的克里克玉米稀粥）这样的食物，对于那些吃过西非菜，比如贝宁共和国用叶子包着发酵的“akass”和“ablo”，或是科特迪瓦颗粒状的“attiéké”、塞内冈比亚乳酪状的“lar”和“tchiakri”的人来说，一定是熟悉的味道。像切罗基人的青玉米粒煮利马豆（“succotash”，从纳拉甘塞特人的“sukquttahash”而来）那样的浓汤炖菜，里面有豆子、玉米和南瓜，会让人想起非洲大陆随处可见的一锅炖。这种英国人叫作“samp”、

1. 蒲式耳：一个计量单位，1 蒲式耳在英国等于 8 加仑，1 英制蒲式耳合 36.3677 升。

法国人叫作“sagamité”的粗磨玉米粥，或许会被非洲人当作古斯古斯、捣碎的小米、大蕉和薯蓣泥，以及他们自己那种一锅炖的玉米粥的表亲。事实上，那些比较穷的欧洲人也会注意到它们和自己的粥与肉汤之间的相似性。

劳动分工是土著人和非洲人之间另一个共同的传统。欧洲人，尤其是那些弗吉尼亚州的欧洲人，他们祖上是贵族，因此他们看到美洲土著妇女从事如此艰苦的劳动感到非常惊骇。尽管欧洲人对于契约劳工司空见惯，后来也曾看到被奴役的妇女在田野里辛苦劳作，但是欧洲妇女是不会出门工作的，而且对她们而言这似乎表明了印第安男人的懒惰。非洲人不是这样的，他们习惯了在农业领域发挥不同性别的作用，女人和男人都有事要做。

出于这些原因，以及大量其他的饮食的融合和文化共通性，美洲土著和非洲人之间的关系是从一种共同的熟悉感开始的。17、18 世纪的报道中充斥着逃跑的非洲人到美洲土著那里寻求庇护的故事。自从 16 世纪西班牙人到来以后，非洲人就和美洲土著有了交流，而埃斯特万 · 多兰特斯最初受到的欢迎就多方面反映了这个事实。大部分早期抵达美洲大陆的非洲人在文化上都是有流动性的，他们习惯于生活在多重文化和多种语言的非洲大陆上。他们善于调和细微的差别，而大部分欧洲人很难适应。他们的未来和他们的生活往往取决于他们的领悟力，以及他们对语言和手势的理解力。出于这个原因，他们常常被当作船上（甚至是奴隶船上）的语言专家，作为翻译沟通、讲解当地风俗，就像埃斯特万那样。同样地，美洲土著也会倾向于没有偏见地接受非洲人的到来，而这种偏见在那个时期的欧洲人心中是根深蒂固的。在殖民早期，美洲土著保护逃亡的奴隶或是与之通婚都是很常见的。然而，随着黑奴数量的增长，基于种族的奴役制度变成这片土地的法律之后，一切都改变了。

在将要成为十三个原始州的英国殖民地上，整个17世纪，非洲人和他们的后代数量急剧增长，非洲奴隶的涓涓细流随之变成了一股浪潮。1675年时，北美英国殖民地上只有5000个非洲奴隶，相比之下，英属西印度群岛上则有100 000个非洲奴隶。但北美非洲奴隶的数字仍在增长，早在1708年，卡罗来纳州的黑人劳工数量就第一次超过了白人，其中包括契约工和奴隶。

然而，当非洲人和美洲土著开始看到他们共同的目标时，欧洲人意识到他们的结合将会威胁到自己的主权：印第安人拥有自由；非洲人知道欧洲人的规则，不仅可以给印第安人提供军事知识，还能告诉他们殖民地的日常运作方式。为此，欧洲人在他们之间放置了不信任的楔子，将两拨人分开。在印第安人那里，非洲人被妖魔化，而将逃跑的非洲人送回到欧洲主人那里的印第安人，还能获得抓捕奴隶的赏金。然而，尽管经过几个世纪以来的蓄意分裂和因煽动而起的猜疑，双方间的某种纽带仍然存在。甚至在今天的帕瓦仪式和聚会上还能看到这种纽带。当我们围坐在堆着高高的碟子的公共餐桌旁，分享我们共同的美味时，那些非洲人的后代和那些万帕诺亚格人、切罗基人、克里克人、乔克托人、塞米诺尔人等等的后代最终会坐回餐桌旁，放松心情，绽放出不谋而合的微笑。

逃亡黑奴的食物：从野蛮人到塞米诺尔人

弗吉尼亚州里士满的奴隶拍卖会，《伦敦新闻画报》，1856 年 9 月 27 日

牙买加人庆祝逃亡黑奴节，而逃亡黑奴（Maroons）的保护者南妮则是民族英雄。非裔巴西人一想到帕尔马雷斯[1]的逃奴堡[2]，以及它的领导人冈加祖巴[3]和祖比[4]就激动不已。古巴人研究了帕伦克人[5]和埃斯特

1. 帕尔马雷斯：17 世纪巴西黑人逃亡奴隶在伯南布哥棕榈丛林建立的一个原始国家组织，其字面意思是“小安哥拉”。黑人国家建立初期，居民之间关系平等，领导人由民主选举产生，因此当时被人称为“共和国”。

2. 逃奴堡：指逃亡奴隶聚集在一起形成的军事营地。

3. 冈加祖巴：“帕尔马雷斯逃奴堡”大规模逃亡奴隶定居点的第一个领导人。该定居点位于今天的巴西阿拉戈斯州。

4. 祖比：也被称为祖比·多斯·帕尔马雷斯（1655－1695），是拥有孔戈血统的巴西人和逃奴堡的领导人，抵抗葡萄牙人在巴西奴役非洲人的先驱之一。

5. 帕伦克人：热带森林人，以食人肉与好战著称。

班·蒙特乔[1]的生活。苏里南人[2]中有朱卡人[3]，在多米尼加和蚊子海岸有加勒比黑人群体。可是，美国的非裔对于我们自己的逃亡黑奴群体知之甚少。“Maroon”一词来自西班牙语“cimarrón”，它的意思是“野蛮人”，而这个词又来自西班牙单词“cimarra”，意思是“荒野之地”。在加勒比海地区，“Maroon”指的是那些逃亡黑奴的后代，那些黑奴通过逃跑或是游击战解放了自己，并且在山区和森林里建立了与世隔绝的社群。

有些塞米诺尔印第安人的族群是美国逃亡黑奴群体的最佳样本。塞米诺尔人是发源于佛罗里达州的美洲土著，他们的名字来自克里克语“simano-li”，而这个词是西班牙单词“cimarrón”的一个变形。塞米诺尔部落形成于18世纪，包括佐治亚州下克里克人[4]、讲穆斯科格语的穆斯科格人，还有从南卡罗来纳州和佐治亚州逃出来的非裔美国人，他们在佛罗里达大沼泽团结在了一起。在迁徙过程中，大约3000名塞米诺尔人搬到俄克拉何马州，并且在那里建立了这个部落的西部分支。之后，俄克拉何马州的塞米诺尔人被分为十四个群体，其中包括两个“解放奴隶帮”，他们也被叫作塞米诺尔黑人，因为他们是逃亡奴隶的

1. 埃斯特班·蒙特乔：一名古巴奴隶，在1886年古巴废除奴隶制之前，他逃到了自由之地。在那之前，他一直在山里过着逃亡奴隶的生活。他还在古巴独立战争中服役。他以1966年出版的西班牙语和英语传记而闻名，那是在他去世前几年，当时他已经一百多岁了。

2. 苏里南人：南美苏里南居民的总称。其中90%聚居在占全国面积3%－4%的沿海和大河谷地，全国平均每平方公里4人。荷兰语为官方语，通用苏里南语。

3. 朱卡人：荷属圭亚那的丛林黑人。

4. 克里克人：分为两支，一支是穆斯科格，又称上克里克人，居住在克里克土地的北部；一支是希奇蒂人和亚拉巴马人，同上克里克人习惯相同，但所操方言微异，称为下克里克人。

后代。

20 世纪 90 年代中期，西部的群体已经成为史密森民俗节[1]的主角之一，俄克拉何马州塞米诺尔人的代表们会带着他们的食物来到华盛顿特区的国家广场。食物是非洲人与美洲土著烹饪美学融合的持续见证者。广场周围的桌子上放着许多菜肴，比如“tetta poon”，它是一种红薯饼，用擦碎的红薯做的，里面放了红糖、多香果，还加了具有北非与拉丁美洲风味的小茴香。“pone”（玉米饼）一词来源于阿尔冈昆语“apan”。还有“sufkee”，一种玉米粥，制作时玉米粒要先浸泡一整晚，然后煮熟，再在一个研钵里（或是在墨西哥磨盘上）碾碎，撒上肉桂和糖，热热地端上桌。还有一道菜叫作“toile”，是众所周知的玉米糁粥的一个变种。在巴巴多斯，它被叫作“cococoo”，在尼日利亚则叫作“amala”，在意大利叫作“polenta”。还有一种用斑豆做的菜，和腌猪肉一起慢火久炖，这道菜在过去的几个世纪里一定是许多非裔美国人家庭中的主菜，并且今天仍然是一道司空见惯的家常菜。

像“tetta poon”“sufkee”“toile”，甚至是斑豆这样的逃亡黑奴食物结合了非洲人和美洲土著的口味。它们都很好地运用了非洲人和印第安人共有的明火烹饪技术：烧烤、烘烤、煮，在炭灰里烘焙等。它们也有同样的调味方式，诸如将熏肉或熏鱼用作炖菜的配料来增加风味等。这些技术和方法指向了相似的烹饪思路，它们超越时间，跨越

1. 史密森民俗节：始于 1967 年，每年夏天在美国首都华盛顿特区的国家广场举办，每次会选择一个国家作为主题展示国。

历史，至今仍连接着这两个群体。在国家广场的史密森民俗节上，不谋而合的微笑保留了下来，而关于它的连接与尊重的故事则会在餐盘上继续被人传说。

■ CHAPTER 4

THE TIGHTENING VICE

第四章

拧紧的虎钳

从契约制到奴隶制，
以及美国殖民地饮
食中的非洲之手

弗吉尼亚州等待出售的奴隶，《伦敦新闻画报》，1856 年 9 月 27 日

纽约，下曼哈顿区。

我最喜欢在傍晚时分漫步于纽约的市中心。在晚秋时节，我喜爱那消逝的阳光让车水马龙变得柔和，让 21 世纪的世界变得更宁静，更易于唤起往昔的岁月。透过近视的双眼窥视窗内，我想象着灯被点亮，晚餐已在精心抛光的桃花心木桌上布置好，我好奇着，18 世纪是谁住在这些房子里，而谁又在伺候他们。在漫步中，我总是为美国是如此年轻的一个国家而感到震惊。在欧洲，在那些中世纪建筑旁、古罗马时期的高架渠边、米诺斯宫周围，几乎没人会注意到 18 世纪的存在。可是在纽约，摩天大楼像雨后春笋般拔地而起，景观可以在两个月里发生翻天覆地的变化，在现时的扩张中能够抓住往日的一瞥，是不可思议的。我总是为此激动不已。那些浅朱红色的墙砖、石灰石的门廊、楼上的天窗、红色油漆的朴素大门，以及干净的百叶窗都诉说着一个更好整以暇的时代。

到 17 世纪末，纽约的黑人人口已经超过任何一座北美城市，而且成为殖民地最大的奴隶交易中心之一。在 18 世纪，纽约拥有的奴隶数量仅次于查尔斯顿和南卡罗来纳州。他们中许多人都住在下曼哈顿现在的苏荷区和特里贝克区。在此之前，他们住在曼哈顿岛最南端乡下的农场里，那些农场位于原始居民点的围墙外。1991 年，市中心联邦大楼的兴建让这座城市里早期非洲人的鬼魂重见天日。建筑工人发现了一座非洲人的公墓，它可以追溯到这座城市的早年。这个墓地是 18 世纪初建造的，当时三一教堂禁止一切非洲人埋在他们的公墓里。到了 19 世纪初，它建造完毕并被遗忘。它的重新发现令人振奋；施工停止，考古学家接管了遗址的挖掘工作，它证明非洲人充分参与了这座城市生活的方方面面。他们睡在阁楼里，他们做日工，做家仆，也干农活，还在繁忙的港口码头工作。他们是工匠的助手，他们也在街上叫卖。他们还在这座日新月异的大都市的酒店里工作，比如塞缪尔·弗朗西斯酒店。

弗朗西斯酒店至今仍屹立在曼哈顿市中心。在我的一次城市游历中，我曾漫步其中。对它的历史我有所知晓，这里是当时最流行的酒店。它是华盛顿向美国陆军军官辞行的地方，也是“自由之子”[1]聚会的地方。在华盛顿总统就职、纽约成了美国的第一个首都后，酒店将场地租给了新政府，还设置了陆军部、财政部和外交部的办公室。许

1. 自由之子：独立战争中，美利坚合众国在反对殖民主义的战争中最普遍的一个组织，即激进民主主义的“自由之子”协会。

多人都在争论这家酒店的老板塞缪尔·弗朗西斯是不是非洲人的后裔。最新的证据表明他出生于法属西印度群岛，有着非洲和法国血统。作为乔治·华盛顿纽约家中的管家，弗朗西斯在当时的各种文字材料里被描述为黑人、有色人种、海地黑人和黑白混血。

酒店可能有些旅游陷阱的意味，尽管如此，它仍然是一个吸引人的地方。在这里，历史变得栩栩如生，你很容易理解那时酒店里的欢乐氛围，恰似1704年的一首诗中描绘的那样：

> 白昼短暂，地冻天寒，
> 故事在酒店的火炉边开展。
> 有些人第一次进来就要喝上一口，
> 有些人则跳起来翻筋斗。

酒店的餐厅在那天召唤着我，伴着抛光的铜管乐器、锡制酒杯和带着斑痕的实木餐桌。在入座进餐前，我参观了楼上的博物馆，那里的一个壁炉烹饪的展览吸引了我。那巨大的壁炉（我几乎可以站进去）里面没有火，但有一组壁炉柴架，上面挂着铸铁大锅、钩子和叫作“蜘蛛”的三足煎锅，它们都排列在壁炉硕大的炉膛里。壁炉旁边是一些很重的水桶，为的是让参观博物馆的现代人能够对厨房用具的重量有一个概念，也说明了在壁炉里做菜实际上是怎样的情形。

我对于古老的烹饪方式有过一些体会。在巴西的一个坎东布莱[1]之家，我曾给鸡拔过毛、燎掉它们的羽毛之后把它们放在明火上烹饪，而在新奥尔良的赫尔曼·格里马大厦[2]，我看过壁炉烹饪的示范。我甚至在北卡罗来纳州的老塞勒姆参加过一个研讨会，参与者是来自全国的历史建筑的业主，他们在那里用壁炉做各种菜肴。但是为了展示和说明，或仅仅是出于好玩而用壁炉烹饪，和每天用其在18世纪的条件下做菜，完全是两码事——前者穿的还是牛仔裤。我从没有真正考虑过炊具的重量，以及穿着十分容易着火的拖地服装在明火边上做菜的危险性。对于习惯了自来水和电灯的人来说，这座博物馆将热气、油烟、不通风的状况以及提水和搬柴火所需要的十足的体力强度都生动地体现了出来。这是一个启示，这个小小的瞬间永远改变了我觉得壁炉烹饪很有趣的想法。

在这个国家早期历史的绝大部分时间里，不管是在大宅子的厨房里，还是在小农场里，或是在殖民地的酒馆、酒吧里，所有的厨师都是在危险的条件下工作的，这对于现代厨师来说是不可想象的。而当厨师是奴隶的时候，危险就加倍了，他们不仅要对付物理上的危害，还要应付他们男主人和女主人的突发奇想。然而，纵观这个国家的殖民史，那些在大型壁炉里翻转烤肉叉的手，那些为勇武的爱国者和国父们端上大杯啤酒的手，大多是黑色的。奴隶制度的发展让他们的自

1. 坎东布莱：源于非洲传统宗教的非裔巴西宗教，崇拜以自然祖先形式化身的自然力量。

2. 赫尔曼·格里马大厦：1831年塞缪尔·赫尔曼建造的联邦式豪宅。从1924年起，基督教妇女交流会就拥有了这座房子，并致力于保护这座房子，支持该遗址的广泛考古研究。1974年，新奥尔良大学的一队学生挖掘了厨房的一部分。

由和前进的梦想灰飞烟灭，在这样的异常压力之下，他们的坚忍与刚毅，就像他们在壁炉里料理的食物那样，令人惊叹不已。

17世纪最后几年，在草创中的殖民地，黑人的处境变成了彻头彻尾的地狱。随着奴隶制度的逐渐稳固以及殖民地越来越依赖于奴隶劳动，在将要成为美国的北方殖民地，黑人的生活经历了一个漫长而曲折的从自由到不自由的滑坡。在殖民的前几年，契约劳动制让黑人和白人都同样拥有一个真正自由的前景，让他们有望在新大陆上自力更生。人们签订一个有一定期限的奴役合同，等到期的时候，他们就能重获自由，开始新的生活。可是，到了17世纪后期，对大多数非洲后裔来说，这种希望已经完结。契约制逐渐变成了奴隶制，事实上到17世纪末，被奴役的一方已经全都变成了黑人或者美洲土著。令人震恐的以种族为基础的奴隶制度在美国人的生活中扎根后不久，就蔓延到了奴隶们尚未出生的婴儿和他们所有的子孙后代身上。

肤色变成美国殖民地奴隶制度的关键，它将南部的边界扩展到了弗吉尼亚州和切萨皮克湾之外。当新殖民者从英属加勒比海殖民地来到卡罗来纳州为自己建立实际意义上的封地的时候，他们随身带来了他们的非洲奴隶。很快，一个人皮肤黑就意味着他是奴隶。摩根·戈德温牧师曾在1680年公开反对"'黑人'和'奴隶'这两个词"已经"约定俗成地变成同义词，可以互相替换"。越来越多的黑人到来。很多新的黑奴来自加勒比海地区，而来得更多的则是"海水奴隶"——

这个词专指那些直接从非洲大陆来的奴隶，他们是在中央航路上活下来的人。这二者都将成为北美殖民地劳动大军的中坚力量。从威廉斯堡和其他殖民地的酒馆和餐厅，到逐渐扩大的殖民地的农业生产，随处可见他们劳动的身影。很快，从南到北，每一个自我感觉良好的有钱人背后都有黑奴在为他的利益卖命。

殖民地的生活从来不是一成不变的。在早年，美国殖民地绝不是我们今天设想的这样十三个殖民地的版图。那个时候，美国的东海岸分成了新英格兰的英国殖民地、后来成为纽约和新泽西的荷兰殖民地、从宾夕法尼亚州到卡罗来纳州的英国殖民地、佛罗里达州的西班牙殖民地，以及路易斯安那州领土上的法国殖民地。欧洲殖民者带来了他们自己的文化。他们共同赞成的一件事就是对非洲人的奴役。

1641 年，英国人从荷兰人手里接管了新阿姆斯特丹，并且将它命名为纽约，那时当地 10% 的人口是黑人。到 1737 年，这个蓬勃发展的大都市里每五个人里就有一个是黑人。在 18 世纪的大多数时间里，这座城市的黑人和白人人口比例仅次于查尔斯顿。对英国人而言，奴隶制度是一种半球性的社会秩序，北方的殖民地和南方的（加勒比海岸地区）并没有差别。除了与英国本国的贸易之外，这里还有活跃的南北贸易，船只定期往来于大西洋海岸，维持着殖民地的商业联系。北方殖民地把牲畜、马匹还有木材（用来做木桶）送到加勒比海殖民地的种植园，而那些种植园又在木桶里装满了糖浆送回北方，并被做成供应几内亚贸易需要的朗姆酒。那些朗姆酒又被换成一桶桶糖浆、珠子和其他货物，用来交换更多的非洲人——他们成了南北方种植园与城镇上的奴隶。食材也参与了这趟旅行：在康涅狄格州、纽约州和新泽西州生产的面粉、鱼干、玉米、土豆、洋葱和饲养的牲畜从这些殖民地来到了加勒比海岸，为那里的种植园供应农产品。康涅狄格州的韦瑟斯菲尔德以盛产洋葱而闻名，只是到了1800年，它才将奴隶种的10 000个5磅一串的球茎送到西印度群岛。罗得岛州在纳拉甘西特人[1]的地区发展种植业，以供应西印度群岛的贸易。而在这个后来成为布朗克斯的地方，刘易斯·莫里斯——《独立宣言》的签字者之一——拥有一个1900英亩的种植园以生产面粉、玉米，饲养牲畜，用于岛上的贸易。和莫里斯一样，范·科特兰特家族[2]也有自己的种植园，在长岛、韦斯特切斯特和新泽西州还有无数大大小小的地主。

奴隶制的力度加强，相应地，殖民地也发展出了安置和处理这些被强迫的劳工的方法。最初，男性奴隶的数量比女性多，在奴隶主拥有的广阔的土地上，奴隶们住在简陋的工房里。在那里，一家人不分男女亲疏地被安排挤在一起住。后来，随着更多妇女的到来，某种独立住房才变得普及起来。种植园系统最早在巴西发展起来，之后在加勒比海地区经过完善，最终变成大地主的土地管理方式。在南方和北方的种植园中，奴隶全年无休地做着苦力和杂活。而在大宅子工作的奴隶和在田野、农场里工作的奴隶的分工，却有了不同。

那些在田地里工作的奴隶就算没有行动和做事的自由，也比较有思想的自由，但是他们必须跟着季节年复一年地劳动以保证种植园的

1. 纳拉甘西特人：操阿尔冈昆语的印第安部落，分布在纳拉甘西特湾以西的今罗得岛州大部地区。分为八个地区性分支，各有一名首领，由部落首领统辖之。

2. 范·科特兰特家族：一个从17世纪到19世纪有影响力的政治王朝。留下的遗产包括纽约布朗克斯区的范·科特兰特公园和范·科特兰特故居博物馆。

生产。到了冬天，男人和女人会杀猪、搬运粮食、将冷藏库装满、开垦新的土地、给小麦和黑麦脱粒、剥玉米，还要碾玉米粉。春天和夏天，他们则要犁地、耙地、栽篱笆，为红薯堆土丘，播种胡萝卜、卷心菜、小麦和亚麻；还要种瓜，给地施肥。秋天带来收获也带来了杂活：庄稼收割、储藏，为即将来临的冬天整饬好土地。无论老幼都有事情要做。有些孩子和年纪大的妇女要给花园除草、收集玉米秆；有些则要采集种子、织毛衣。一年到头，季节性的农活一直不停地连轴转。

那些在大宅子里工作的奴隶则要负责维护宅子的正常运转，照料住户的衣食住行。无休止的杂活从早上——包括打水烧水、负责洗漱、准备早餐、帮助穿衣、倒夜壶和铺床——一直到晚上主人和全家都躺下睡觉为止，然后新的一天又开始了。有些时候，家奴甚至就睡在主人的房间里，或者房间门外的草垫子上，以防万一主人或他的家人夜里需要人伺候。家里的奴隶通常穿得比他们在田里工作的同伴好些，因为他们对外代表了种植园的阶层和财富。那些在男女主人那里获得青睐、说得上话的奴隶，通常被认为是奴隶中的精英、掌权者。他们也常常是一家人，有时和主人有点儿沾亲带故。他们通常被赋予更多的特权，吃得也更好。但这种好处的代价是高昂的：没有任何隐私，以及没完没了地听从吩咐。他们不得不屈从于主人及其家人的任性和性格缺陷，某种程度上说，他们受的苦和那些在田地里工作的人一样多，因为他们要随时待命，整日整夜地听命于主人家的召唤。

大宅子里的奴隶团体也有着他们自己的尊卑秩序。厨房里的帮佣和那些白天在屋里工作但是要睡在外面的奴隶，位于向上延伸的金字塔的最底端，根据种植园的规模和“广大”程度，从女仆、男童再到管家，最后到达顶峰的是大宅厨师。种植园主阶层对于进餐的要求十分严格，而大宅厨师的职责是为全家人准备饭菜，还要根据种植园的大小，负责和监督其他奴隶的饭菜。在比较富裕的种植园，为奴的厨师可以指挥一大群下属，做出堪与当时任何一个主厨相提并论的食物。厨师通常是男性，因为男人被认为比女人更能够忍受壁炉烹饪的灼热。

厨房是原始的事物；它们通常位于外屋，这样可以使主屋免于偶尔出现的着火的危险，同时也让主屋在夏天远离明火的热气。地板通常是砖头或是石头的，这样就很容易清洗，里面几乎没有内置的橱柜或食品储藏室。用于做菜的调料放在食品柜里、开放的架子上、木桶和箱子上，而其他东西则根据需要从烟熏室、冷藏室和其他外屋里拿来用。每一个厨房的主要特征是壁炉，大部分烹饪都在这里完成。壁炉里面装了铁制吊臂和壁炉条[1]，各式各样的锅和壶就挂在那上面。烤肉叉是用机械的千斤顶翻转的，而为了控制烹饪的温度，锅在壁炉里升起和降下，就像一场永无休止的芭蕾。三足平底煎锅和荷兰铸铁锅增加了壁炉整体热量的利用率，而厨师长则需要对每一道菜的进程和每一口锅的火候都同时了然于胸，以免让一道佳肴翻车。

田里的劳动力和家庭奴隶平分秋色的种植园系统构成了发展中的殖民地的乡村面貌。这种新的生活方式在南卡罗来纳州沿海的沼泽地区欣欣向荣。南卡罗来纳州的移民在短时间内创造了一个堪称皇冠上

---

1. 壁炉条：炉胸的支撑物或过梁，通常是装在炉颊上的一种扁平的 H 形或 T 形金属，或一种叫作壁炉树的大木梁。

的宝石的殖民地。那里的种植园主过着穷奢极侈的生活，只有加勒比海地区才能与之媲美，他们很多人就是从那里来的。事实上，查尔斯顿本身也有加勒比海的一面，正如 J.S. 白金汉在《穿越北美奴隶州的旅行》中所报道的：

> 这里更像西印度群岛而不是一座美国城市——从白色木结构建筑的数量，更富丽堂皇的砖墙豪宅的大阳台和廊柱，广泛流行的宽阔游廊、绿色百叶窗，还有其他遮阴和保持清凉的措施上，可以看出端倪。

卡罗来纳州的殖民者们无与伦比的奢华生活依赖于他们奴隶的劳动。许多人都吹嘘说他们在查尔斯顿拥有和乡下考究的种植园一样设施齐备的房子，它们是实际意义上的小封地，这些人在两者之间享受着季节性的生活方式。他们生活在一个黑人占大多数的 18 世纪殖民地，这种情况会一直持续到 19 世纪 50 年代。有一个旅行者发现查尔斯顿市看上去更像一个非洲村庄，而不是一座欧洲城市。另一个人则说他“遇到黑人的次数是白人的五倍”。

查尔斯顿可能有非洲的一面，但它是 18 世纪后期英属北美城市中最富裕的一个，而没有人会觉得财富太多太扎眼。欧洲的口味在这座城市的客厅里流行起来，客厅里刷上了美轮美奂的色调，反映了伦敦和巴黎最新的流行风尚。铮亮如镜的桃花心木餐桌上摆放着中国青花瓷和法国瓷盘，里面满满当当地盛着这一地区的物产。每一张餐桌上，总有一碗松软的米饭——正是它们创造了殖民地的财富，旁边还有一把考究的银勺用来配它。低地郡[1]没有哪个摆得满满当当的精致餐桌上是没有米饭的，因为优秀的种植园主知道，大米是他们的黄金。就像一位奴隶曾经说的，“大米就是金钱，是他们的天，是时间”。查尔斯顿的种植园主明白，他们的财富归功于他们奴隶的农业知识。在查尔斯顿镇上的国王街、教堂街和海湾街的房子里，种植园主晚上吃牡蛎汤、虾和当地的鹿肉，而在那之外，在被称作“低地郡”的潟湖和沼泽入口的沿海地区，在海岛上，非洲的知识占了上风并拥有了至高无上的权力——这权力无孔不入，以至于种植园主们只能依赖于它。

在南卡罗来纳州的传说中，大米最先是从马达加斯加通过船运来到殖民地的。这个故事可能是编的，有些人怀疑创造了殖民地巨大财富的大米实际上是光稃稻，是从现在被称为塞内冈比亚的西非地区来的。无论它的出身是非洲哪里，在南卡罗来纳州，大米是用一种独特的非洲农业系统种植的。从它生长的洪泛冲积平原，到堤坝和人造的灌溉水道，再到标准化生产分工系统（被称作“任务”），非洲人在卡罗来纳州的大米种植上露了一手。非洲人，一个自带塞内冈比亚和天国谷粒海岸响亮名声的人群，怀揣着这些知识被抓到奴隶船上，抵达查尔斯顿港。在这个半岛上，在以布罗德街、东湾街、皇后街和会议街为界的小区域兴旺发达起来的奴隶市场里，他们被高价出售。在那里，查尔斯顿人争相抢购来自向风海岸价格高昂的奴隶，他们的头脑和双手拥有能让殖民地财富增长保值的技能。

1. 低地郡：南卡罗来纳州海岸沿线的一个地理和文化区域，包括海上岛屿。

在厨房里，非洲的双手依然占了上风。一代又一代，不论是在种植园的厨房里，还是在市区的后院里，黑人的双手都在锅里搅动着木勺。随着烤西冷牛排和牛里脊肉被端上大餐桌，它们开始为殖民者做以米饭——他们的财富之源——为核心的克里奥尔化的饭菜。像“跳跃约翰”（黑眼豆和米饭做的一道菜）这样以米饭为基础的丰盛菜肴和作为查尔斯顿象征的红米饭，都和塞内冈比亚保持着紧密的烹饪联系。在那里，前者被称为“thiébou niébé”，后者则类似于塞内加尔的国菜——“thiébou dienn”。

这些菜和其他米饭菜肴一起进入低地郡的饮食目录，从西非到奴隶小屋，再到大宅子的厨房，过渡悄然而生。这一过渡很大程度上得益于这一地区很多最初的移民在加勒比海地区曾拥有过种植园。在那里，他们可能已经适应了非洲风味，他们喜欢吃辣，喜欢用米饭、豆子和秋葵等做菜。久而久之，南卡罗来纳州种植园的那些什么都吃的统治者开始声称那些灵感来自非洲的“跳跃约翰”、红米饭和不加油面酱的查尔斯顿秋葵汤等，都是他们自己的菜肴。

如果说查尔斯顿有一个北方的翻版，那就是费城了。在殖民时期，费城以其美食和国际化的生活方式而著称。它是大陆会议的所在地，是《独立宣言》的故乡，美国的第二个首都。1780年，这座城市有2150个黑人市民。费城的贵格会背景和它的位置——位于北方，但是靠近蓄奴的南方——让它对于非裔美国人有了特殊的意义。同年，宾夕法尼亚州迈出了废除奴隶制的第一步，这一举动让这座城市变成了黑人、自由人和奴隶们名副其实的朝圣地。到了18世纪90年代，费城对于黑人来说成了一座充满希望的城市，而它的市民中自由黑人的数量已经超过了纽约、波士顿这样的北方城市，也超过了巴尔的摩、查尔斯顿、新奥尔良这样的南方城市。像理查德·艾伦、押沙龙·琼斯这样的著名黑人都住在这里，还有那些曾经是奴隶，后来赎身的黑人，他们对于非洲人美以美会和自由非洲人组织[1]的建立至关重要。黑人教会和自由黑人团体中活跃的废奴运动是这座城市日常生活的一部分。

和这个新兴国家的许多城市一样，费城也有着来自繁忙港口的非洲人打下的基础。港口的船只每天从加勒比海和非洲大陆带来食物、货物和奴隶，为这座城市注入活力充沛的克里奥尔感。费城和其他北方海滨城市的码头与海港区到处都是仓库，那是“阿里巴巴的山洞”，里面装满了从船上卸下来的新鲜食材。大蕉和芒果虽不常见，但在有钱人之间无人不晓；凤梨，一种原产于加勒比海的美味果实，后来成了好客的标志。

“海水奴隶”对于一些异国风情的食材更为熟悉。加勒比海的黑人也知道它们的用途，毫无疑问，他们会展示给女主人看。妇女们在街上端着盘子边走边兜售她们自己版本的、里面加入了富富[2]的西非秋葵汤，它最终成为著名的费城胡椒羹。这道用便宜的肉类和蔬菜制作而

---

1. 自由非洲人组织：1787年4月在费城成立，这是该市第一个黑人互助协会。他们的领袖是理查德·艾伦和押沙龙·琼斯，他们都是自由的黑人，目标是创建一个无教派的宗教组织，为费城非裔美国人社区的精神、经济和社会需求服务。

2. 富富（foufou）：一个阿坎语单词，意思是“捣碎或混合”，是加纳阿坎族的一种柔软的、面团样的主食，由煮熟的薯蓣与大蕉或芋头混合制成，用研钵和阿坎族特有的杵捣碎混在一起，只能与液体汤（nkwan）一起食用，例如清汤（Nkrakra nkwan）、棕榈仁汤（Abenkwan）、花生酱汤（Nkatenkwan）等。

成的辣味菜，在西印度群岛的小贩那里只卖几便士。尽管这道胡椒羹发源于西印度群岛，但在这碗丰盛的肉菜汤里无疑也能映射出非裔美国人的身影。1778 年，一个经历了独立战争的军人回忆说，有一个自由黑人妇女“得到了 2 美元洗衣服的辛苦钱，听我们诉说了监狱里的悲惨遭遇后，去市场买来了一些牛颈肉和两个牛头，还有一些绿叶菜，然后尽她所能做了一锅好汤”。这道菜后来成了费城的经典菜肴，而街上小贩叫卖“热腾腾的胡椒羹”的一幕甚至被画成插画，出现在了 1810 年的小册子《费城的叫卖声》中。三个多世纪来，这座城市一直是非裔美国人的食物试验场。

有两个黑人主厨将在 18 世纪克里奥尔化的费城崭露头角。他们工作所在的城市是加勒比海和殖民地的结合物。一群自由黑人早年在这里创建了教堂和废奴运动组织等黑人文化机构。他们俩都是从弗吉尼亚来的，尽管所走的路很不相同，但他们都成为那个年代的烹饪明星，并且达到了至今仍然无与伦比的专业的烹饪水平。他们各自都曾服务于一位美国的国父。

在 21 世纪，很难想象在第一次大陆会议召开的时代，美国最初的十三个殖民地还都是蓄奴制地区。确实，签署《独立宣言》的每一个人都有蓄奴的污点。就算个人不是奴隶拥有者，他所代表的整个地区也是蓄奴的。因此，国父身为奴隶主是一个普遍现象，而不是例外。乔治 · 华盛顿的种植园弗农山庄共 8000 英亩，划分成五个独立的农场，奴隶们就在那里面工作。在弗农山庄，以及之后在纽约、费城，华盛顿的厨房都是由黑奴值守并由一个大宅子的奴隶厨师负责监督的。在弗农山庄，这个人叫作赫尔克里士。

赫尔克里士的同代人称他是一位“闻名遐迩的艺术家”，一个“厨艺高超的大师”。他的生涯开始于弗农山庄的厨房，或许是某个家奴家庭的一员。关于他，人们所知甚少。就像很多在南方大宅子里工作的年轻男孩儿一样，毫无疑问，他的工作最开始是提水、搬木柴、去除炉灰，以及其他粗活，然后他一路往上爬。据悉，他在1786年被任命为弗农山庄的主厨。赫尔克里士被主人乔治·华盛顿带到了纽约，因为他不满意那里的总统餐。1790年，首都搬到了费城，赫尔克里士又随华盛顿来到了这里。他赢得了嘉奖，并且以其在高街190号严格的效率和完美无瑕的厨艺而远近闻名。玛莎·华盛顿的孙子，乔治·华盛顿·帕克·卡斯蒂斯曾说他“在烹饪艺术方面的造诣和精通程度在美国是绝无仅有的”。另一个观察者则更有文采：

> 他有着铁一般的纪律，如果发现餐桌上有污痕或斑点……或者器皿没有像抛光的银器那样闪亮，那他的下属就遭殃了……他的手下在四面八方忙着执行他的命令，而他，这位杰出的大师，似乎拥有无处不在的力量，并且同时存在于每一处。

赫尔克里士的职责不只是简单的烹饪，他还要负责监督华盛顿的厨房的平稳运行。这个厨房曾一度有过一个德国厨子和两个法国厨子，他负责安排他们的工作。赫尔克里士的食谱还没有被发现，但是他一定很会做牛肉腰子派[1]和屈莱弗[2]，众所周知，它们是华盛顿最爱吃的。赫尔克里士不仅要照料所有的家庭聚餐，从备菜到上菜，还要掌管更正式的星期四晚餐和国会宴席。后者是为那些开国元勋服务的，在白色亚麻桌布上放着闪亮的水晶器皿、精美的瓷器和精心擦拭的银器，上菜时要既有风度又泰然自若。

尽管饭菜更近似于英国菜，但上菜却是以所谓"service à la française"的方式，或是说"法式"服务。为了吸引食客，桌上摆满了各色菜肴。每一顿饭上菜的数量必须是一样的。特色菜占据了餐桌的上、中、下三个部分，它们是大型烤肉，包括一只烤火鸡和一整只烤猪。在它们周围则摆放着整齐的配菜，使整个桌面呈现出一个对称的瓷器阵列。男主人和女主人会亲自切肉布菜，其他人则由离他们最近的人来服务。在吃完第一道菜之后，碟子和餐巾就要拿走，下面会露出一块新的桌布，这是为第二道菜准备的——通常是甜点，蛋糕、饼干、派和果冻应有尽有。一旁服务的家奴会在上面放上大浅盘，并根据需要拿来干净的杯子和盘子，然后奉上陈列在餐具柜里的酒和其他菜肴。在非常正式的场合，第二块桌布要拿掉以露出下面的桃花心木桌面，饮料、蜜饯和坚果才会被端上来，然后会进行一系列的祝酒和干杯。

这就是正餐，通常是在下午两点到四点间进行。晚餐则在睡前进行，傍晚时可能要先喝茶。早上八点或者九点，早餐开启了新的一

1. 牛肉腰子派：一道英国的传统食物。将牛肉丁和腰子丁（通常是牛腰子或羊腰子）炒熟，混合洋葱、肉汁等，加入面皮里烤制的馅饼。这道菜的味道比较重，是英国较少的利用内脏做食材的菜肴。

2. 屈莱弗：英国圣诞节的传统甜品，在蛋糕和水果上浇葡萄酒或果冻，上覆蛋奶冻等。

天。这类似于欧式早餐，吃的是热面包，有时候搭配一些前一天剩下的菜，如火腿片或是肉碎。赫尔克里士要负责所有这些。他的同辈们尊敬他，他的下属们畏惧他（他们害怕他的严格和铁律），作为总统的主厨，他在费城名声大噪。众所周知，赫尔克里士是一个花花公子。尽管他是奴隶，但是就像许多那时的自由厨师一样，他可以卖掉剩菜和动物脂肪。他从厨房获得的额外收入让他有了一大笔钱，每年差不多有 200 美元。在伺候总统吃完饭后，他会穿着得体地——穿着亚麻、丝绸短裤，一件背心，一件天鹅绒领子的外套，穿上带银扣的鞋，再戴上一顶三角帽——走到费城的大街上，挥舞着一根金柄的手杖，前去和其他当时的黑人纨绔子弟约会。这座城市充斥着黑人名流，赫尔克里士是其中之一，而他显然知道其他人的存在。

尽管赫尔克里士有不菲的收入，有名气，有相对的行动自由，但是他对于自己的生活状况并不满意。他想要自由。他渴望着，且一直计划着，时机甫一成熟，他就逃走了。托拜厄斯 · 利尔，华盛顿长期的私人秘书记录了他的逃跑经历：

> 讲述这件事实在令人伤心，哈克里斯[1]叔叔太迷恋费城的快乐生活，以至于 1797 年，华盛顿的第二任任期结束，准备离开费城去过退休生活的那一天，他没有回到弗农山庄，而是逃跑了。尽管我们用尽办法打探他的行踪，但始终没有抓到他。

1. 即赫尔克里士。

他的逃跑困扰着华盛顿全家。“我的厨师逃跑一事给我的家庭带来了极大的不便。”华盛顿如此写道，他不遗余力地想要找到他。他无疑很难理解，为什么一个如此受欢迎的奴隶会离开。华盛顿派出了他之前在费城的管家弗雷德里克·基特，让其找到赫尔克里士并将他的财产还给他，他说：“我认为他肯定去了费城，如果能采取适当的措施找出他的藏身之所（不要引起怀疑以惊动他），或许还能在那里找到他。”几个星期后，华盛顿对基特提出了新的要求，说是寻找赫尔克里士并把他送回弗农山庄的全部费用都由克莱门特·比尔德上校支付，但这无济于事。赫尔克里士遁入了黑夜中。他 6 岁的女儿仍在弗农山庄被奴役，她说的话可能更接近赫尔克里士的想法。当一个弗农山庄的客人问她，再也见不到父亲她是否会难过时，她回答道：“哦，先生，我非常高兴，因为他现在自由了。”

尽管我们对赫尔克里士本人及其菜谱缺乏了解，但是这个在历史中甚至没有姓氏的人，并不仅仅是非裔美国厨师历史上的一个点缀。他是这个国家第一任总统的第一个黑人主厨。

不过，华盛顿并不是唯一一个品尝过奴隶做的食物的人。全国上下，从南到北，白人都为黑人做的菜肴所倾倒。许多开国元勋的家庭内部的顺利运转都仰赖于黑奴们强壮的后背。它被牢牢掌握在浆洗、熨烫桌布的洗衣女工和那些擦洗铁锅铜锅的粗工的手里，依靠着为花园除草、在饭桌边赶走食物上的苍蝇的孩子们，还有那些轻快地沿着“饼干快车”穿梭，将食物从外屋的厨房端进餐厅的男男女女的服务生们。它就在农民明智的农耕判断中，在主厨和厨房帮工能干的双手中。奴隶们种植南瓜和番茄，制作烤鲱鱼和通心粉派，布置餐桌、上菜，之后还要打扫卫生。第一任美国总统或许和他的黑人主厨一起设立了标杆，但是美国国父中最杰出的人物毫无疑问是托马斯·杰斐逊。

这位来自蒙蒂塞洛的男子对于美国菜单做出的贡献是巨大的。不太为人所知的是，杰斐逊将许多非洲食物纳入了弗吉尼亚州的饮食习惯。此外，他还将非裔美国主厨的地位提升到他们职业的最高等级。现在全世界都知道了杰斐逊和萨莉·海明兹的关系，她是杰斐逊妻子同父异母的姐妹，而且她是一名奴隶。但是很少有人知道另一个海明兹家族的成员——詹姆斯·海明兹，他是萨莉的兄弟，也是杰斐逊种植园里的一名农场奴隶。在蒙蒂塞洛的那些厨房里，詹姆斯·海明兹精通壁炉烹饪，他知道齿轮带动的千斤顶烤肉叉怎样才能烤到骨头关节处，以及如何使用长柄的“蜘蛛”煎锅来让食物均匀受热。他曾感受过铸铁锅装满后的重量，也曾忍受过手臂被灼伤、衣服被烧焦的痛苦，这些是每个18世纪的厨师都面临的职业危险。海明兹在烹饪领域游刃有余，并且由于他的勤劳和天赋脱颖而出。1784年7月5日，在杰斐逊的要求下，他登上了“谷神星号”，乘船从波士顿港口出发。7月底，他来到了勒阿弗尔，8月6日，他抵达巴黎，加入杰斐逊一行，跟着法国主厨当学徒。

詹姆斯·海明兹来到的巴黎是一座正在发生变革的城市。革命在空气中酝酿，在杰斐逊作为美国全权公使在巴黎旅居的五年间，首都的街上、咖啡馆里正在发生的事件将改变整个世界。海明兹曾经经历过美国独立战争，而在巴黎，他将见证法国的革命！对于一个年轻的美国游客而言，这座处于前政权奄奄一息之时的城市一定是一个令人惊讶的地方。巴黎是一个正式的首都，有着君主制的历史。在这里，杰斐逊，海明兹的国君和主人，被认为衣衫不整，不懂礼貌——是一个外省人。尽管如此，杰斐逊还是受到了许多恭维和赞赏，但是海明兹涉足的法国贵族世界和弗吉尼亚的泰德沃特相去甚远。

巴黎也充斥着自由的革命思想，这对于来自弗吉尼亚的年轻奴隶来说一定是鼓舞人心的。海明兹所在的城市正在经历着法国现代历史的关键时期。他一定曾经多次在皇宫里漫步，因为杰斐逊在巴黎的住所是位于香榭丽舍大街上的朗雅克酒店，离皇宫很近。这个当红的地标是巴黎越来越激进的革命者们的最爱，也是越来越庞大的美国代表团的心头好。每天散步时，他或许会在皇家咖啡馆里听到卡米耶·德穆兰[1]激励他的同胞参加革命。1789年7月14日，当人群聚集起来，向西拥去攻占巴士底狱时，海明兹也在巴黎。当他例行公事地忙于杰斐逊的家务时，他也见证了一个改变中的世界。

对于海明兹来说，巴黎无疑是一个美食的仙境，在此之前，他的经验仅限于在蒙蒂塞洛的厨房中所学到的那些。这座城市充斥着咖啡馆和新建的被称为“restaurant”的吃饭场所，这个词是在两年前，也就是1782年，才通过法律创造出来。法国首都的餐桌上正在发生着一场革命，因为根深蒂固的宫廷用餐礼仪正在向更民主的饭菜妥协。新的餐馆向公众提供之前在皇家宫廷外吃不到的菜肴。新餐厅的菜单吸引着首都的食客们，让人目不暇接，无所适从。有些餐厅提供多达12种汤羹、24道前菜、20道主菜，有牛肉、羊肉、禽类、小牛肉和海

1. 卡米耶·德穆兰（Camille Desmoulins，1760—1794）：一位法国记者、政治家，在法国大革命期间扮演重要角色，与乔治·雅克·丹东关系密切。

鲜，还有 50 种甜点可选。所有这些都配上了大量的法国与其他欧洲地区的葡萄酒，以及一长串烈酒和混合酒，诸如潘趣酒、奶油葡萄酒和当时流行的饮料，外加咖啡。精致的饭菜在高雅的氛围中被端上桌，那种感觉和纯朴得多的客栈、传统小酒馆完全不同。主厨开始因为他们的特色菜而知名，比如蒙特吉尔街上的坎卡尔罗彻酒店的主厨巴莱纳，他以料理鱼类的绝妙手艺而闻名，还有博维利尔主厨，他擅长为他的饭菜搭配高质量的红酒。

海明兹作为一个奴隶，当然关注到了维持法国贵族生活的底层穷人。他在贵族的厨房里当学徒，和那些穷困潦倒的帮工一起工作。他同时也在一个外交府邸服务，那是当时的精英阶层聚集的地方，他无疑听到过富兰克林、杰斐逊还有亚当斯讨论美法政体的优缺点。法国关于奴隶制的法律混乱得像一个迷宫。海明兹刚到法国时，就感到自己置身于“自由原则”之下，这个原则主张，在法国本国的土地上奴隶是自由的，因为法国的奴隶制通常只限于它的殖民地。但是，法律很复杂，常常自相矛盾，且在首都确实也有奴隶存在，他们是被有钱的主人从殖民地带来的，只不过数量很少。事实上，法国人担心他们国家的奴隶会越来越多，并且试图限制奴隶们的停留期限。

当时，巴黎居民中只有 1000 个黑人和混血儿，相比于当时的伦敦黑人居民数，或是其他发展中的美国城市，如查尔斯顿、费城和纽约的大量黑人人口来说，这个数字是很小的。这些巴黎的自由黑人是殖民地种植园主的解放黑奴的子女。这座城市相对来说比较开放，甚至有自己的黑人精英。有一个黑白混血的圣乔治骑士，是瓜德罗普岛的前总督和一名黑人女性的儿子，他是共济会成员，是欧洲最好的剑客之一，同时也是一位作曲家，他的名字和莫扎特的名字交替出现在音乐会的节目单上。作家亚历山大·仲马的父亲，托马－亚历山大·仲马·达维·德·拉·巴叶特里是一个混血儿，他是一名出众的士兵，也是一位受人尊敬的剑客。他们都是黑人精英群体的佼佼者。海明兹应当了解这些黑人和他们在这座城市的声望。尽管他是一个奴隶，但是他在巴黎逗留期间，杰斐逊是付他工资的，而且他有相对的行动自由。

刚开始，海明兹在孔博先生——一位负责为杰斐逊巴黎的住所提供食物的餐饮服务商——那里当学徒。他一定从孔博那里学到了法国菜的基本知识，以及制作经典的“法式服务”所需的多道菜肴，也就是将一道道菜肴摆放在挺括的餐巾上，这是弗吉尼亚州最尊贵的府邸所必备的。海明兹也掌握了欧洲的“potager”，或者叫作炖灶[1]，一种用砖和石膏砌成的装置，带有烧木柴的炉孔，它是现代炉灶的雏形。新的炉子让厨师拥有了控制火焰和温度的能力，这种烹饪方式在用壁炉烹饪时是无法想象的，于是更精妙的菜肴也就应运而生了。杰斐逊对这种新鲜事物十分着迷，若干年后他在蒙蒂塞洛的厨房里也搞了一个炖灶，这是美国为数不多的炖灶之一。在法国，海明兹逐渐了解了一系列的铜制炊具，它们是法式烹饪的必备工具：“turbotières”（烹饪鱼用的菱形平底锅）、焖锅、烤盘、汽锅、模具等。它们比铸铁锅更昂贵，但是导热效果更好，铜制炊具是制作杰斐逊的精致菜肴必不可

---

1. 炖灶：一种凸起的固定装置，通常是砖砌的，这样厨师就可以站着做饭，而不是蹲着或弯腰在露天灶台前做饭。炉子上有一个开口，里面放一口锅，然后在炉子下面生火加热。

少的一部分。那些精美的菜肴会被盛放在杰斐逊那些蓝色矢车菊的彩绘瓷器上，它们是刚从皇家瓷器厂买来的。

海明兹在孔博先生指导下的工作只是他在巴黎学徒生涯的开端。他还被送去和形形色色的巴黎名厨一起接受定期培训，其中还有孔代亲王[1]的西点师和厨子。他所掌握的简单的弗吉尼亚乡村菜式得到了扩充，增加了诸如螯虾、松露和新引进的马铃薯等流行的食材，它们都配上了香槟或白兰地，甚至就用它们来调味。对于年轻的海明兹来说，整个法国烹饪世界无疑让他大开眼界。最初三年，他在巴黎孜孜不倦地工作，不断在这里那里当学徒。到了 1788 年，他被认为有足够的资格掌管杰斐逊位于香榭丽舍大街的厨房。他在那里负责监督那些端给欧洲名流的菜品。这里和蒙蒂塞洛的厨房大相径庭，尽管蒙蒂塞洛的生活方式是奢华的，但那更接近于英国乡绅，而不是流淌着贵族血液的法国亲王。

关于海明兹，许多事情仍是一个谜。他本可以在法国领土上就争取自由。他识字，他用自己的工资聘请了一位法语家庭教师，而且凭借他的烹饪才能，他可以在巴黎或欧洲其他地方找到很好的工作。可是，和为华盛顿服务的赫尔克里士不同，海明兹选择继续被奴役。或许是出于对他妹妹的依恋，他反而选择跟随杰斐逊回到美国。在美国，当杰斐逊在乔治·华盛顿手下担任新共和国的国务卿时，海明兹在蒙

1. 孔代亲王：法国波旁家族的一个重要分支，名称来源于法兰德斯伯爵治下的一个乡下采邑，当卢森堡圣保尔的玛丽嫁给旺多姆伯爵（1470—1495）时，将这块封地带到了波旁家族，他们的儿子在其远房表亲波旁公爵夏尔三世 1527 年死后，成为继任公爵夏尔四世。夏尔四世的儿子路易成为第一代孔代亲王，这个封号在家族男系中传了十代，一直到 1830 年。

蒂塞洛和费城担任杰斐逊的主厨。海明兹无疑认识费城的其他黑人主厨。赫尔克里士主管的华盛顿的宅邸，距离他自己的住所只有三个街区。

海明兹显然对奴隶制的束缚有切肤之痛，而且目睹了法国的自由之火也一定让他下定了决心。1793 年，从巴黎回来四年之后，也就是赫尔克里士逃跑的四年之前，他向杰斐逊请求恢复自由。杰斐逊同意了他的请求，但是他的解放得等到他训练完另一个可以取代他的奴隶之后。杰斐逊在一封没有法律效力，但是用他自己的名誉来还海明兹自由的信中写道：

> 我花了很多钱（原文如此）来教詹姆斯·海明兹烹饪的艺术，我希望成为他的朋友，并且尽可能不要对他提要求。在此，我承诺并宣布，如果詹姆斯在接下来的这个冬季与我一起去蒙蒂塞洛，并且在我住在那里期间，他会待在那里直到把我派给他的人训练成一个好厨子。以上前提成立的话，他将立即得到自由，而我也将随即履行适当的文书程序使他获得自由。
>
> 本人亲笔签署及盖印，费城郡，宾夕法尼亚州，一七九三年九月十五日。

大宅子中的奴隶谨慎保护着他们被优待的家族特权，这在那个时期是很典型的，那个被选择来接受詹姆斯·海明兹培训的人，是他的弟弟彼得。随着彼得的入选，海明兹的烹饪王朝继续控制着蒙蒂塞洛的厨房。彼得接手了由他哥哥开始的工作，并且最终将酿酒加入了他的烹饪作品中。他从一个英国啤酒师那里学会了这门手艺。海明兹家并不是只有詹姆斯和彼得在蒙蒂塞洛当厨师，其他的亲戚也在弗吉尼亚种植园的厨房中劳动，在那里，这个家族创造了一个并驾齐驱的墨色烹饪王朝。

1796 年 2 月 26 日，海明兹带着从杰斐逊那儿得到的用以“承担”他的费用的 30 美元去了费城。他自由了，但他无法安定。他住在费城，然后又去旅行——或许是去了西班牙——最终定居在巴尔的摩。1801 年，杰斐逊在那里又联系了他。当选第三任美国总统后，杰斐逊选择让解放了的詹姆斯·海明兹当他的主厨，他最初接受了这个职位。可是，海明兹要求从杰斐逊那儿得到一封正式的任命函，随之引发了一场争执。通过第三方沟通后，杰斐逊拒绝给出这样的信函，于是海明兹推掉了这个职位，从而使这个国家失去了第一个正式的黑人白宫主厨。

这份工作最后由法国人奥诺雷·朱利安获得，但是在他手下工作的是从蒙蒂塞洛来的奴隶，他们在美国最高府邸中打理着锅碗瓢盆。木勺和转动的叉子被传递到了海明兹大家族另一代厨师的手中。1801 年晚些时候，海明兹确实回到了蒙蒂塞洛，并且被聘为主厨，但他从未担任这一职务。那年秋天，消息传到山上的种植园，说海明兹结束了自己的生命。

杰斐逊－伦道夫家族的烹饪书中有两道菜是詹姆斯·海明兹发明的：巧克力奶油和雪蛋，它们都是欧洲的甜品。烹饪书中其他的菜谱展示了奴隶们的烹饪传统，他们为国父们的厨房带来了他们的烹饪方式，并且协同创造了像鲶鱼汤、花生汤和弗吉尼亚秋葵汤那样独特的美式菜肴。美国应该感谢赫尔克里士和詹姆斯·海明兹那样的名厨，感谢遍布最初十三个殖民地的成千上万像他们一样无名的、怀才不遇的厨师，是他们让惊鸿一瞥的非洲风味在锃光瓦亮的铜锅和给国父们端上的餐盘中，与欧洲风味混合交融在了一起。

去赶集，去赶集

南卡罗来纳州查尔斯顿的蔬菜小贩

这是对这个国家黑人不屈不挠的精神的颂扬，是对人类自我完善的渴望的致敬：奴隶们要为自己腾出时间，可他们所有的时间都属于别人，被别人占领，但他们做到了。通过互相帮助，通过一些捷径，他们争分夺秒地完成每一项任务来节省时间。稍作小憩，他们在夜幕降临后熬夜加紧干自己的活计，然后回到他们的小屋。在疲惫的生活中产生的那些缝隙和片刻宁静里，他们找到了一种创造世界的方式。许多人是为自己和自己的利益而工作的。有些人搜寻和储藏种子，在月光下照料菜园，或是钓鱼，或是捕猎夜行动物，比如负鼠；有些人圈养家禽来获得禽蛋，或是养猪来得到猪肉。还有一些人在自制的燃烧油脂的台灯下，用边角料编织地毯或缝制毯子。他们还扎扫把，做出无数种可以交易和售卖的商品。

主人们了解这种勤奋。有些人甚至觉得直接给奴隶分发种子更方便，这样就相当于允许他们用自己的时间种他们喜欢的蔬菜来补充口粮。出现在奴隶菜园中的许多植物——秋葵、西瓜、茄子和葫芦——唤起了遥远记忆中的非洲滋味。有些人则谈到了美国口味对非洲口味的影响：欧洲的羽叶甘蓝取代了非洲的甘蓝，红薯取代了非洲薯蓣，而新大陆的辣椒逐渐成为大洋两岸的重要食材。在南方，多数情况下，奴隶的生产状况是这样的，他们的主人会从自家奴隶的菜园里购买多余的农产品，同时用现金、货物，或权益，比方说允许探亲等来交换——这是一种主人和奴隶之间似乎有悖于奴隶制度的商业合作关系。托马斯·杰斐逊从他的奴隶那儿买过黄瓜、红薯和西葫芦；乔治·华盛顿买过猎物和鱼。他们和其他像他们一样的人以这种方式承认，这些确实是奴隶们用自己的时间种的或做的东西，因此必须花钱来买。

在密西西比州的纳切斯部落，当地种植园有一个叫塞缪尔·蔡司的奴隶，他用自己的时间养猪，养家禽，还种土豆和玉米。在女主人知情的情况下，他将它们放在一辆四轮马车上出售给周围的人，那辆马车可以说是一个货真价实的轮子上的杂货铺。更重要的是，他被允许保留他为自己挣到的钱。

像蔡司这样的奴隶的做法重新定义了我们当下对于奴隶制的观念。而集市的观念更令人惊讶，这些集市由奴隶们维持，且由他们光顾。而这样的集市在奴隶时期遍布整个南方，就算主人们不是全然赞成，但也是知情的。奴隶们形成的集市是他们聚在一起交换或购买他们所得食物和货物的地方。(主人们担心这种形式的集市会鼓励盗窃和偷猎，但这种担心是缺乏相关证据的。)

最有名的就是弗吉尼亚州亚历山大市的奴隶集市了。这个非正规集市在星期天开市，这一天，许多种植园的奴隶都有一段休闲时间。集市早上很早开始，所有的商业活动在早上九点前结束。奴隶们通宵走几个小时的路到集市里去卖他们的商品。和所有集市一样，奴隶的集市不单单是商业聚集地，它们也是聚会和交换新闻、消息的地方。奴隶们交易的不仅是鸡蛋和小鸡，还有帮助他们生存的小道消息。他们知道哪个奴隶主会出售奴隶，哪个种植园有一个人逃走了，甚至知道地铁什么时候会通车。这里有毗邻的种植园里朋友和家人的消息，在这里还能享受和其他黑人——不论你是奴隶还是自由人，是来自周围地区还是亚历山大本市——交流的时光。亲身经历者描述了奴隶们坐在树荫下的场景，旁边放着一篮篮采来的浆果或是小鸡和鸡蛋。那一定很像是非洲的场景穿越到了新大陆，那是如今被遗忘的家乡景象的重现：男人们穿着家常的裤子，女人们穿着她们星期天最好的衣服，她们编得整整齐齐的头发上扎着鲜艳的发带。

这个集市不仅提供了一个可以挣两块钱添点儿菜、买点儿烟或是别的什么能够缓解奴役生涯的单调沉闷的地方，也是一个人们能够欢笑、求爱，甚至听到音乐的地方——如果有人带了一把小提琴的话。在这里，有那么一些短暂的片刻，奴隶制的枷锁被卸了下来，黑人可以在同类中无拘无束地做回自己。

■ CHAPTER 5

IN SORROW'S KITCHEN

第五章

在悲伤的厨房里

猪肉、玉米粥和南
方口味的非洲化

用树枝和泥土建造的老式奴隶小木屋，佛罗里达州，20 世纪初

路易斯安那州，活水之路。

当飞到新奥尔良上空时，你有时候能够看见（这取决于飞行路线）路易斯安那州的活水之路，它的周围是从密西西比河内陆延伸而来的一片片整齐的扇形田地。从空中看，这些田地组成了一张郁郁葱葱的绿色织毯，而那些房子则像钩针打出的结。在我第一次带母亲去那里之前，我来过南方好多次。我曾经在查尔斯顿郊外的布恩庄园[1]看到过和那些高大的橡树平行的一排排砖砌的奴隶小屋，我也曾专心地倾听过德雷顿庄园[2]的讲解员用语言活灵活现地再现奴隶们和主人在这栋房

1. 布恩庄园：始建于1681年，目前仍占地近255公顷，是美国保留至今最古老的种植园。1743年，约翰·布恩少校的儿子种植了橡树，将它们排列成两行，间距均匀。

2. 德雷顿庄园：建于1738年，是美国最早的帕拉第奥式建筑典范，也是美国至今仍对公众开放的保存最古老的种植园。

子里近距离生活在一起的场景。米德尔顿庄园[1]是我南方之行的又一站；我在那里探访了一番奴隶的农家院子，在观看讲解员展示他们的本领时，我心情紧张，仿佛试图重新找回丢失的线索一般。我了解到在查尔斯顿和新奥尔良操作铸铁锅的是黑人的双手，我认出了一楼那几扇又高又小的窗户，那是奴隶补给站的标志。有一次，我告诉新认识的新奥尔良朋友，他们的家乡曾是一个奴隶贩卖站，他们大为吃惊。我研究过壁炉烹饪，也曾经在奴隶厨师工作过的那些厨房里将手拂过墙壁，还曾经偷偷脱掉鞋子，让脚底去感受一直延伸至大宅子后面的种植园庭院中的泥土。我曾经在亚特兰大历史中心的图里·史密斯农场看到过奴隶的小木屋，也曾在南方许多博物馆里看过不少复制品。作为一个土生土长的北方人，我阅读了大量南北战争之前的作品，试图去了解奴隶制文化，了解那些创造了它的人，希望自己能够和我那些被带到这里的祖先建立起精神上的联系。我能够快速说出日期、事件和趣闻逸事。可是，当我母亲第一次拜访路易斯安那州的活水之路时，没有什么比她当时的反应更能让我不带个人情感地意识到奴隶制的真实状况。

我母亲是2000年去世的，她也是一个北方人。她出生于新泽西州，也在那里长大，她一辈子都生活在东北部，除了曾经在北卡罗来纳州格林斯伯勒的本尼特学院短暂地做过一段时间的营养学家。她在

1. 米德尔顿庄园：位于美国南部小城查尔斯顿，该庄园有300年以上的历史，是美国南部最古老的家族庄园，现在仍然是米德尔顿家族的私产，已经被南卡罗来纳州列为州保护遗产。这里曾是电影《乱世佳人》的外景地。

那里过得很痛苦，很快就离开了，并说在那里一无所获，除了让她爱上了粗玉米粉并懂得了如何好好烹饪它们之外。我自己倾向于研究非洲大陆和它的侨民，我的母亲却更着迷于欧洲的大教堂而不是巴西的坎东布莱之家，尽管她一直都很喜欢旅行。因此，当我们来到新奥尔良时，我很惊讶我们的兴趣竟然重合了。1998年，我在那里买了房子，她立刻明白了这座城市的魅力并经常来玩。她开始融入我的当地朋友的生活，这是非洲和欧洲之间值得注意的接触和交融。她早年所受的营养师训练让她一生都很热爱食物，而新奥尔良有着富于活力的饮食文化，我们和新朋友们一起吃了好几顿令人记忆深刻的饭，这些朋友后来都成了我移居家庭的成员。母亲凭借她富有探索精神的头脑和艺术天赋，很快成为大家的“代理妈妈”，她很喜欢这个新角色。

我的一个朋友发现我和我母亲都没有去过活水之路，他决定载我们去看看该州种植园过去的辉煌。我们像游客那样出发去探险，谁都没有想到这次旅行会给我们带来怎样的影响。第一站是劳拉种植园，那是一座法国克里奥尔式的住宅，和我母亲设想的塔拉[1]式的建筑南辕北辙。它更像是一座高高的乡间别墅，一点儿也没有人们期待的《乱世佳人》(这里指的是电影而不是书！）里南方种植园的那种宏伟和风采。它跟我们在法属加勒比海地区见过的那种住宅的样子很像，这种相似性让我们着迷，但是它并没有在视觉上为我们阐明出一个蓄奴社会的过往，我们被白色柱子和大片草坪的神话迷惑了。然而，地上的

1. 塔拉：《乱世佳人》中女主角斯嘉丽的家。

奴隶小屋预示着即将发生的事情。

在常青种植园，奴隶小屋就更多了。尽管它们无疑是令人压抑的，但说实话，很多小木屋看上去很像是我们用来标志出二级公路的那种木头棚屋——有一些比那些棚屋的样子还好看些。不过，两排小木屋，搭配着“1860年这个种植园曾住有103个奴隶”这样的历史知识，让人对奴隶制有了切身的感受，但是我们没有多作停留。

下一站是特兹库克种植园，它后来毁于火灾。当时在它的旧址上刚建成一座非裔美国人博物馆。当我们徒步穿过这个小小的博物馆时，我发现我母亲的举止变了。我们读了说明文字，仔细看了大肚火炉和其他一些精心陈列的粗糙的文物，她开始露出那种我再熟悉不过的沉思的表情。午饭是在特兹库克吃的，和我们的朋友一起，还有博物馆的创建者卡特·汉布里克·杰克逊。其间，我们吃着不如妈妈做得好吃的南方食物，聊到了汉布里克·杰克逊想要扩建博物馆的计划。我注意到母亲的谈话开始变得“小心”。我们回到新奥尔良应该有很多话要聊。载我们来的朋友（他们是白人）没有意识到我母亲的内心乱作一团，但我敏感地察觉到了她的每一丝变化。

她一直保持礼貌，坚持走到了下一站——霍马斯之家。在那里，一个穿裙子的讲解员迎接了我们，她的裙子里还带有裙撑。她给我们讲述了许多有关建筑和这座房屋主人的故事。出于对PC时代的敬意，那些奴隶也被顺便提到了一两句。这个种植园完全符合人们的想象，它有着高大的白色柱子和一条宽阔的小径，小径上种着古老的橡树，一直延伸到河边。它宏伟而壮观，是一个帕拉第奥[1]式的权力幻想之物。我母亲把我拉到一边小声说：“这房子是谁造的？”我回答说我不知道，可能大部分工作都是这个种植园的奴隶干的。她思考了一会儿之后说：“多么棒的技艺啊！那些人认为我们只不过是商品，甚至连人都不是，可是我们为他们造出了多么美妙的东西啊！”

这是她对在那些白色柱子上和精心修复的房间里所看到的东西的一种肯定。在别人可能会看到奴隶制的堕落和痛苦的地方，她却看到了巨大的成就，看到了超绝出尘之处，看到了艺术。她当然也看到了痛苦。毕竟，她是一个女人，她了解她的祖父，一个弗吉尼亚的家庭奴隶，而他的母亲在他 2 岁的时候就被卖到了南方。在我认识的人当中，没有谁比她和奴隶制的联系更为密切。我和我的母亲一样，血管里流着他的血，我们透过痛苦、不幸和磨难看到了天赋和艺术，看到了才能和勤劳，看到了令人惊叹的优雅。当然，她将奴隶们——她的祖父、农场工人、家奴、大宅厨师等等——看作一个恐怖制度的幸存者，但她也看到了他们在自己的工作中昂首挺胸、十分自豪的一面。

在美国历史上，没有什么比南方种植园更广为人知的传奇了——有些人赞美它，有些人则诋毁它。在当代的意识中，我们的脑海里的形象徘徊在《乱世佳人》中温顺、快乐的黑人和《根》中充满怨恨的同胞之间。《根》的出版打开了人们探索历史欲望的闸门，此后几十年，研究美国奴隶制度的新资讯和新方法似乎与日俱增。

1. 帕拉第奥：安德烈亚·帕拉第奥，16 世纪意大利建筑师，设计作品以邸宅和别墅为主，设计特点是平面完全对称，四面各有六柱的柱廊，中央圆厅有穹隆顶。

基于种族的奴隶制度是美国脸面上的一道伤疤，这道厚厚的疤痕是我们国家的胎记。就像非洲大陆的部落标志和等级象征一样，美国的伤疤也有着深层的意义，标志着一个需要被仔细审查的过去。我们必须正视它所有的恐怖与堕落、合谋与混乱，因为它告诉我们，我们从何而来，我们经历了什么。在霍马斯之家，我母亲坐在阳台的椅子上告诉我的是，我们还必须根据在极不愉快和难以名状的情况下，奴隶们所表现出来的创造力和天赋以及优雅来审视它。美国式的音乐、舞蹈、手势、语言，是的，还有食物，都见证了这一传承。

奴隶制在北方的存在时间与它在南方的历时之久并不对等。在殖民时期，黑人占南卡罗来纳州人口总数的61%，而在佐治亚州，黑人占比是31%。在美国独立战争时期，美国奴隶总人口中只有不到10%的奴隶住在北方。这个数字在南方则不断上升。1680年，奴隶占南方人口的十分之一，到了1790年，他们的总数占到了人口数的三分之一。美国独立战争之后，南方的奴隶人口大爆炸，1790年至1810年，奴隶人口几乎翻了一倍。到了17世纪末，北方的态度却发生了转变。奴隶劳动力曾经很大程度地参与了北方的农业生产，在快速工业化的地区却被认为效率低下而遭到淘汰。

佛蒙特州于1777年宣布奴隶制不合法，宾夕法尼亚州在1780年禁止了奴隶制，而马萨诸塞州则在1783年废除了奴隶制。罗得岛州这个奴隶贸易的领军地域于1784年开始逐步解放。纽约州自1799年开始废除奴隶制，尽管这一进程直到 1827 年 7 月 4 日才结束。新罕布什尔州是北方最晚结束奴隶制的州，结束时间是 1857 年。南方各州都保留了“特殊制度”[1]——一种让它们和全世界以及它们北方的前蓄奴同胞日益对立的经济体制。尽管如此，奴隶制度继续在南方蓬勃发展着。

大部分美国人如今对于南北战争前南方的了解都是来自流行文化中的印象，它们和真实的历史没有什么关系。尽管全国上下都有把奴隶制概括为南方和北方的倾向，但即使在战前也并不存在一个庞大而单一的南方。美国南方按照山地和沿海划分，然后进一步分为上南方、卡罗来纳州和佐治亚州、南方腹地和南部海湾。阿巴拉契亚山脉的山脊将这一地区一分为二，而山区是蓄奴最少的地区。每一个地区都有着独特的奴隶制经历。我们蓝灰对阵的奴隶制视角因为流行的形象化描述而变得更加复杂，在那些描述中，奴隶制的景象就是白色柱子的种植园和一大群被奴役的黑人，他们胼手胝足地劳动，听从马萨和安小姐的命令。事实上，就算在蓄奴地区，很多情况下处境艰难的白人也只拥有为数不多的几个倒霉的奴隶，而很多时候，主人往往和一两个奴隶一起在田里干活。只有不到四分之一的南方人拥有奴隶，而其中一半的人拥有的奴隶还不到 5 个。只有 1% 的南方人拥有超过 100 个奴隶，极少有人拥有超过 500 个奴隶，并且拥有我们想象中那么大的农场，这样的人主要生活在南卡罗来纳州、佐治亚州和路易斯安那州。1860 年，居住在一起的奴隶平均人数是 10 人。而这些事实无助

1. 即旧时美国南部的黑奴制度。

于减轻对于奴隶制的恐惧。在南方，“种植园”在大部分情况下只是一个华丽的词语，指的是那些奴隶们为他们的主人工作的农场。

奴隶主要从事的是农业劳动，根据地点不同而有所变化。不同的作物——烟草、大米、靛蓝、棉花和糖——产生了不同的工作环境，而奴隶们日常的工作任务和自主程度则因作物种类而有所不同。在弗吉尼亚州和上南方，种植的作物往往是烟草或者是泰德沃特的三巨头——玉米、小麦和烟草。南方沿海地区的南卡罗来纳州和佐治亚州有着以大米为基础的经济结构，那里的奴隶需要完成一个特定的指标，一旦完成，他们的时间就是自己的了。随着奴隶制从北方向南方，再向西部发展，它变得越来越艰苦。J.S. 白金汉，一个于 1839 年游历了南方各个蓄奴州的英国人讲述道：

> 所有的奴隶对于被送往南部和西部都有着巨大的恐惧——因为他们往这两个方向走得越远，工作就越是辛苦，而他们也就越操劳。

南方腹地的棉花王国为我们提供了我们脑海中的大部分想象。墨西哥湾岸区的蔗糖帝国则提供了加勒比海模式基础之上的不一样的制度，那种制度下的人命不值钱，奴隶们往往一直干活干到死，然后被替换掉。不论是什么作物、什么制度，对于奴隶而言都是可怕的，不管主人是仁慈还是严厉，他们都无法掌握自己的命运。一笔要偿还的赌债、一次主人家的婚礼、一份遗赠或是一些简单的小事，比如争吵或是突发奇想，都可能导致一个奴隶家庭永远破裂。

不管一户家庭有多少个奴隶，他们总是四散分布，而且必须仰赖自己的主人才能得到生活必需品——住房、衣物，尤其是食物。纵观整个奴隶制时期，关于如何养活奴隶的讨论都很激烈。作为本地农业的顶梁柱，奴隶们不仅生产经济作物，他们的任务还包括种植和加工种植园里所有黑人和白人吃的食物。然而，养活奴隶的方法必须是经济上可行的。口粮必须有足够的营养来让奴隶完成他们的任务，但又不能太浪费，否则会无利可图。不过，在有些情况下，配给量太苛刻了，简直跟挨饿差不多。在一定规模的种植园里，基本上会有两种不同的食物分配制度：一种是由种植园某处的中央厨房来供餐，另一种则是按时给奴隶们分发粮食，并允许他们在自己的小屋里或是在他们为自己创建的社区里做饭。奴隶制早期，前一种分配制度更为普遍，那时的奴隶经常是住在宿舍里过集体生活的。随着奴隶人口的增加，分发口粮变得更常见。

几乎在所有的情况下，奴隶们都得通过打猎和捕捉陷阱中的动物来补充他们的口粮。负鼠有夜行的习惯，这让它成为奴隶的主要目标。奴隶只能在白天的工作时间之后才能打猎。也有人钓鲶鱼、鲷鱼、鲻鱼，以及小溪与江河中的其他鱼类来打牙祭。奴隶会在附近的树林里觅食，于是西洋菜这样的野菜也被加入他们的日常饮食中，还有北美野韭菜、细香葱和野蒜等。在很多情况下，也有人会偷窃或者盗猎自己主人或别家主人的东西。从主人的地里偷东西的行为十分盛行，密西西比种植园的奴隶还写了一首相关的歌曲：

有人说黑鬼不会偷东西，

我抓了俩在我的玉米地，
一个偷了一蒲式耳，
一个偷了一小撮，
还有一个把罗森耳（烤猪耳），
挂在了他的脖儿。

在一些更遵循加勒比海模式的种植园里，奴隶们得到了一些可以种自己作物的自留地，他们种秋葵、辣椒和茄子这类的蔬菜，这些菜让人回到了非洲的往昔岁月。这些奴隶园丁做得非常成功，他们有时候还能将收成卖给他们的主人。在蒙蒂塞洛，杰斐逊从他的奴隶那儿买过东西，还在账簿里如实记下来。奴隶园丁种植的是他们喜欢吃的和那些他们能卖掉的东西。因此，在自留地的种植清单上找到诸如西瓜、卷心菜和绿叶菜等作物是很能说明问题的——这些食物至今仍在非裔美国人的饮食中保留着图腾的色彩。他们也种黄瓜、马铃薯和西葫芦。这些园艺只能在奴隶们完成了白天种植园里的工作之后，在那一点点的闲暇时间里去做。这样的闲暇时间通常是在星期天——这一天工作很少——或者是在工作日太阳下山后。口述历史表明，人们在旧铁锅里燃烧动物油脂来给园圃照明，好让奴隶们在白天的劳动之后继续工作。间或，他们在月光下工作。如果内战前的奴隶自述中大篇幅提到食物和吃饭的叙述是可信的，那么对于许多奴隶而言，他们每天的困扰就是如何找吃的，以及如何得到足够的食物。在美国，从来都没有国家法律规定奴隶的口粮，而在法国领土则不然，1685 年的《黑奴法典》（黑人法令）规定必须给予所有 18 岁以上的成年奴隶一定量的木薯粉、牛肉或鱼。美国缺乏这样的统一规定，这意味着口粮的量是由主人决定的，而主人更关心的是如何控制成本而不是提供营养。乔治·华盛顿就算不是一名仁慈的主人，也起码被认为是和善的，他给他的奴隶吃得很饱。但是在18世纪90年代，独立战争之后，他削减了他们的口粮，并且估算出对于他某个农场里的23个奴隶来说，11磅玉米、2磅鱼和1.5磅的肉就可以满足每个人一周的口粮。这个数量和约翰·汤普森记忆中的口粮量相比并不算多，他曾经在马里兰的一个种植园为奴："每个奴隶一星期的配给是一撮玉米、两打鲱鱼，还有大约4磅的肉。"

到了内战前，在一些种植园，即使是这个数量也达不到了。詹姆斯·W. C. 彭宁顿在马里兰州的西海岸华盛顿县的一个小麦种植园主那儿做奴隶，他在1849年的叙述中对他的口粮做了更详细的说明：

> 奴隶通常吃咸猪肉、鲱鱼和印第安玉米。
>
> 分发给他们的方法是这样的——每个工人星期一早上去主人存放食物的地窖里，监工和协助他的人站在那里，手里拿着一杆秤，给每个人称出到下一个星期一的三磅半的量——每天只有半磅。隔几个星期会换个花样，每人会得到十二条鲱鱼，而不是三磅半的猪肉，每天两条。奴隶只能吃到用玉米粉做的面包。在一些低地郡，主人们通常给奴隶们发玉米穗，然后他们得自己晚上在手工磨坊里把它们磨成粉。但我的主人每次都会送一批货到磨坊，把它们磨成粗粉，然后放在他的地窖里的一个大箱子里，给男人做饭的女人可以每天去取。这些面粉会用来烤叫作"钢磅面

包”的大面包。有时候也会做“强尼饼”[1]，有时候则做成玉米糊。

奴隶没有黄油、咖啡、茶或者糖吃，有时候，他们被允许喝牛奶，但不是定期的。以上状况唯一的例外是“丰收伙食”。在收获季，在收割谷物的时候——这要在炎夏持续两到三周时间——他们可以吃新鲜的肉、大米、糖，喝咖啡，另外还能喝到威士忌。

所罗门·诺瑟普是一个自由黑人，1841 年他在纽约被非法抓捕并被卖到了南方，他凄惨地回忆起在路易斯安那州种植园被奴役的十二年里，他所能得到的全部食物：

玉米和培根是每个星期天早上由玉米仓库和烟熏室分发的。每个人一周的口粮是三磅半的培根和只够做一顿饭的玉米。这就是全部了——没有茶，没有咖啡，除了偶尔会撒一点糖，然后也没有盐。我敢说住在主人埃普斯那儿的十年里，没有一个奴隶得过痛风，那种病是过得太好才会得的。

彭宁顿所在的种植园分发的是已经磨好的玉米面，与之不同的是，在诺瑟普被奴役的埃普斯种植园，发放的玉米是整根带皮的。所以奴隶们还得加工、剥玉米，用自己的时间把它磨成粉，这又加重了他们

1.　强尼饼：通常指在煎锅上做的煎饼式的玉米面包。

已然超负荷的日程安排。诺瑟普的描述让我们对于奴隶们从早到晚永无休止、筋骨麻木的劳动有了一些体会。他提到奴隶们在完成了田里的工作之后，还要干其他的杂活——喂牲口、砍柴，以及诸如此类的活计——然后他们才终于回到自己的小屋，去为自己生炉子、磨玉米以及准备他们少得可怜的晚餐和第二天要带到田里的午餐。这顿午餐通常是夹了培根的玉米灰饼。等到所有的活儿都干完了，他直言："通常已经是半夜了。"那可怕的号角或是同样可怕的铃声——取决于不同的种植园——天亮前就会响起，召唤他们重新回到田里去干又一天的苦力。在埃普斯种植园和很多其他的种植园里，奴隶在天亮后被逮到待在宿舍里就要挨鞭子。

午餐通常是带去田里吃的，要不就是让别人来分发，这样地里的工作节奏就不会被打乱。通常那些不再能长时间劳动的老年奴隶会被选来分发午餐。约翰·布朗曾经在19世纪上半叶在弗吉尼亚当奴隶，他提到种植园里的第一顿饱饭是中午时分在田里分发的，那时棉花已经称好了。那是一碗用玉米面和土豆做的汤，叫作"泥水潭"或是"搅浑水"。每个奴隶腰上都带着一个锡盘，用来盛一品脱的汤。而且，正如布朗回忆的，"分发和消灭这些东西花不了太多时间"。

小孩子通常是大家一起喂养的。那些太老或是太虚弱而不适宜做其他事的妇女就会在公共厨房里喂孩子吃用玉米粉和牛奶调成的糊。在20世纪30年代公共事业振兴署（WPA）的记录中，南卡罗来纳州的范妮·摩尔回忆起午餐时说：

我的奶奶给我们娃娃做饭吃，而我们的嬷嬷在地里干活。没什么菜要做。她做玉米饼，还拿了些牛奶。她有一个大碗，里面好多勺子。她把牛奶倒在碗里，然后把它（玉米饼）掰碎。她就把碗放在地板中间，所有娃娃都去抓一把勺子。

在奴隶的故事中，吃晚饭的地方一般都是奴隶宿舍。很多人回忆说在种植园的劳作结束之后，宿舍公用的院子里才开始充满生机，各家各户开始准备晚餐、社交，享受他们仅有的几分钟属于自己的时光。尽管奴隶小屋的烟囱通常是用粗灰泥和编条做的，而不是石头垒的，但它既用于供暖也用于烹饪，冬天就在屋里做饭，因为明火是取暖所必需的。在夏季，额外的热气让人难受，那时就在露天的种植园的院子里生火做饭。

范妮·肯布尔是一位南方种植园的女主人，她并不喜欢这一身份。她是一个英国演员，在一次成功的美国之旅中，她遇见了皮尔斯·米斯·巴特勒并且嫁给了他。他是南卡罗来纳州一个显赫家族的富家子弟，他的家族在海岛上有一些种植园。她去了那些种植园，而她在差不多为期十五周的停留时期所写的日记，让我们从社会的另一个角度了解了奴隶的饮食。在她的种植园中，饭菜是公共厨房发放的。

每天的第二顿饭是在晚上，等到他们的劳动都结束了，吃完中午的饭之后（这样说更合适，因为除了饭什么都没有），他们已经工作了最少六个小时，没有休息，也没有吃点心。我今天经过的那些人，他们坐在门口的台阶上吃饭，或是干脆坐在周围的地上，那些人都是磨坊和打谷场的雇工。因为这些地方离住所很近，所以他们有时间从小餐馆里买吃的。没有椅子、桌子、盘子、刀、叉，他们什么都没有，就像我说的，他们坐在门槛上或是坐在地上。他们吃饭不是用小雪松饭盒就是用一个铁罐子，少数几个人有几把破烂的铁勺子，更多的人用的是一块木片，所有的孩子都用手吃饭。我从未见过比这更野蛮的进食方式。

并不是所有人都处于肯布尔所描述的悲惨状况之下。在有些种植园，奴隶们有自己的锡盘，或者可以以物易物，换成木头器皿。考古学家在20世纪60年代第一次开始仔细观察奴隶宿舍的遗址，它们是一个非常值得注意的信息来源。在弗农山庄的奴隶宿舍，他们发现了一些器物，有白褐相间的粗釉陶，有中国瓷器，还有肯定是来自大宅子的莱茵河陶器[1]——它们可能开裂了或是被打碎了。在这些发现的碎片中，施釉陶器和白色盐釉粗陶器似乎占了多数，最引人注意的是那些科洛诺陶器[2]。这些手工拉坯、文火烧制、无釉的陶器碎片曾一度被认为是美洲土著的陶器。但是越来越多的证据指出，科洛诺陶器也是非裔美国制陶工人的作品。更有趣的是，非裔美国人的科洛诺陶器的形制似乎与西部非洲部分地区仍在制作和用于烹饪、盛菜的陶器很相似。弗吉尼亚州和南卡罗来纳州发现的许多碎片原本是用来盛放汤汤水水的非洲风味一锅炖菜和奴隶们每天吃的粥状糊糊的。

奴隶院子里的烹饪无意间让奴隶们保留了非洲传统的一锅炖——

1. 莱茵河陶器：17世纪欧洲最耐用的陶器，主要产于德国莱茵河谷和欧洲低地国家。

2. 科洛诺陶器：也称为科洛诺－印第安陶器，16世纪到19世纪在北美东海岸制造和使用。

把淀粉类主食和用烟熏或腌制的原料调味的绿叶菜炖在一起。人们用聪明才智丰富了无比单调的奴隶伙食，并从一小撮玉米和三磅腌猪肉里激发出了无穷的创意。男男女女的奴隶在结束他们种植园的劳作后去打猎，使他们能在锅里添加负鼠、火鸡、浣熊和兔子等肉类。

在自留地觅食和种菜带来了非洲风味的蔬菜和食材，如秋葵、茄子和辣椒。单调的饮食只在节日里才有所改变，尤其是圣诞节，也有时是在家庭婚礼和丰收时节里。那时除了最吝啬的主人之外，所有奴隶主都允许奴隶们举办筵席。所罗门·诺瑟普写道：

> 桌子在露天摊开，上面放了各种各样的肉类和成堆的蔬菜。像这样的时候，培根和玉米面就免了。做饭有时候是在种植园的厨房里，有时候则在枝叶茂密的树荫下。在后一种情况下，会在地上挖一道沟，把木柴堆在一起燃烧，直到它们变成滚烫的木炭，再把鸡、鸭、火鸡、猪肉放在上面烤，烤一整头野牛的情形也不少见。它们还用面粉来做装饰——饼干就是用面粉做的——还经常点缀着桃子和其他蜜饯、水果挞和五花八门的馅饼……只有那些终年靠微薄的玉米粉和培根生活的奴隶，才会欣然享用这样的晚餐。许多白人则一起围观了这些美食盛宴的欢愉。

宴会之后是集体庆祝活动，包括跳舞，在有些种植园里，奴隶们还能喝到烈酒或威士忌。

哈丽雅特·雅各布斯是第一个女性奴隶叙述者，1858年，她描述了一个叫作“Johnkannaus”[1]的节日，乐队里的奴隶用破布装扮自己，用一种叫作“秋葵匣子”的乐器来演奏。他们的音乐是非洲版的欧洲圣诞颂歌，他们会挨家挨户去每家种植园进行演奏，祈求圣诞节的募捐，募得的是钱或酒。

> 不管是白人还是有色人种，圣诞节都是一个宴会享乐的日子。那些拥有若干先令的幸运奴隶，一定会把他们的钱拿来吃点好的。好多火鸡和猪崽被抓的时候都来不及说一句：“先生，请便。”而得不到这些的人，就只能烧一只负鼠，或是浣熊，它们也能做成美味佳肴。我的祖母养禽类和猪来卖，而她的惯例是圣诞晚餐要烤一只火鸡和一头猪。

奴隶举行其他宴会的时机是丰收时节或是剥玉米皮的时候。在这些时候，还有大宅子里有客人或是庆祝生日、婚礼和其他大型聚会的时候，可能会有烧烤野餐。这些活动的厨师都是黑人，他们用自己的天赋创造了标志性的非洲－南方菜系。

> 烧烤野餐的前一晚，我通常都要通宵做菜，还要用烧烤酱抹

---

1. 北卡罗来纳的许多奴隶社区都参加了一个名为“Jonkonnu”（Johnkannaus, John Coonah, John Canoe）的圣诞庆祝活动。在北卡罗来纳州以外，“Jonkonnu”主要出现在加勒比地区。虽然“Jonkonnu”的庆祝活动因地而异，但通常包括跳舞、音乐、唱歌，此时男人会穿着用破布、动物皮、面具和角做成的服装。“Jonkonnu”为奴隶艰难的生活提供了短暂的喘息，也为严格的奴隶主－奴隶关系提供了暂时的放松。

肉。那种酱是用醋、黑胡椒、红胡椒、盐、黄油和少许鼠尾草、芫荽、罗勒和大蒜做成的。有的人会在里面加一点儿糖。我在一根长长的叉子上绑上柔软的碎布或是棉花，做成一根签子，然后整晚都用这根签子去抹肉，直到酱汁滴进火里。滴落的汁水将烟变成了有调料香气的烟雾，这样就能熏肉了。我们将肉翻了又翻，抹了又抹，整整一晚，直到汁液渗出，从里到外都烤熟了为止。

圣诞假期可能会长达一个星期，这是一个令人愉快的喘息机会。当假期结束、节日过完时，又要回到常规的工作当中。在黎明的钟声前起床，黄昏时回来，回到了玉米和猪肉的单调配给饭菜，以及任何可能偷摸搜寻来的加餐之中。然而富足的世界从未远离，它存在于大宅子里。主人和客人每晚在那里吃着奴隶们饲养、加工、烹饪和端上的食物，他们还要负责卫生。大宅厨房是非洲口味真正开始殖民欧洲的所在。

大宅厨房是内战前南方的权力中心之一。在那里，厨师——不管是单打独斗还是和屋子的女主人一起——要喂饱主人全家，而且往往还要照管种植园里所有人的饮食。在某些高级的种植园，每天晚上可能有二十多个客人来用餐。到了18世纪初，南方种植园厨房被安置在主屋外的建筑物里已经成了惯例。约翰·迈克尔·维拉奇是南方种植园建筑的专家，他认为“独立厨房是加强社会界限的一个重要的标志，而奴隶主们每天的社交要求更清晰的身份、地位和权威的界定”。其他的理由则更为实际。如果厨房被挪到了屋外，那么任何厨房火灾都不会危及大宅子的建筑群。

大宅厨房是种植园的食物料理中心。它们里面装了巨大的壁炉，配备了旋转的烤肉叉和成套的锅、盘子，还有专门照料它们的人。玛莉亚·罗宾森一定对壁炉烹饪有着很深的了解，在20世纪30年代公共事业振兴署的奴隶叙述中，她回忆起这些厨房：

> 奴隶时代可没什么炉子。那时候的烟囱是特意为了做饭建的，不是为了取暖。他们用石头和黏土搭烟囱。两边都有壁架，两根壁架之间放着一根很长的绿色竿子。它放在烟囱很高的地方，免得被烧着。这根竿子上有钩子和链子，用来挂煮东西的锅。他们把这些东西叫作锅钩、锅架、锅爪和壶钩，它们被挂在不同的高度，以便用猛火煮或是保温。要是他们不当心，这根竿子就会着火，那么所有煮东西的家什就都打翻啦，折断啦，摔破啦。有时候打翻了还会烧着人。
>
> 有些锅和壶是有脚的，煎锅和平底锅有细细的腿，这样它们和里面的食物就能放在壁炉边的一小堆煤炭上面了。煤炭上面有一个铁架，用来放煎锅和炒锅。这些铁架有（三条）腿，有些腿短，离火近，用来快速烹饪；有些腿长，那么食物就可以刚好保温而不会煮过头。

在这些厨房里的壁炉烹饪是一项艰巨的工作，其间不时地要抬高和放低沉重的铸铁锅和煎锅，调整火焰的大小，还要拖走一桶桶煤灰和用过的木炭。除此之外，时时刻刻都要担心妇女的长裙会扫到火星而着火。所有这些都在女主人的密切监督下完成，而在任何规模的种植园里，她们都不会干一点重活。

通常这片天地是由一个奴隶厨师掌管的，他听女主人的指挥，负责准备种植园里所有的食物。大宅子的奴隶厨师是一个值得信任的人，他得到了做菜所需食材的津贴，不仅负责备菜，还要负责监督做菜所需要的人员。这个岗位很受欢迎，因为家庭奴隶有时候可以得到更多的食物。但是，根据哈丽雅特·雅各布斯的回忆，大宅厨师这个令人嫉妒的职位并不总是那么受欢迎。她想起了她的女主人，消化不良的弗林特[1]太太，她人如其名，有一双老鹰一般的眼睛，总是虎视眈眈地盯着她的食物。分配给她祖母做一屋子人的饭菜的原料要“一斤一两地过秤，每天称三次。我可以向你保证，她没有给他们任何机会去吃她面粉桶里的面包。她知道一夸脱面粉能做出多少块饼干，而且精确知道它们的大小”。雅各布斯提到弗林特太太会“站在厨房里直到(饭菜)装盘，然后朝所有用过的壶和平底锅里吐口水。她这么做是为了防止厨师和她的孩子用剩下的残羹剩菜来补充他们微薄的伙食”。其他一些叙述也证实了女主人的这种刻薄行为并不是一个孤例。

大宅厨师掌握了相当大的权力，他们通常是女性，除非是在一些非常大的种植园。(不过，在路易斯安那州南部新奥尔良附近地区，“厨师”一词被赋予了阳性的冠词，跟高卢人似的，而且那里的厨师更多是男性。) 他们用铁一般的纪律统治着自己的领地，并且经常由于他们的烹饪技巧而得到白人访客的褒扬。佐治亚州的 R. Q. 马拉尔写到了一

1. 弗林特：Flint，意思是燧石。

个种植园的厨房，那里“在制作健康、讲究、开胃的食物方面，甩掉了法国厨师几条街，因为如果说非洲女性在什么事情上拥有与生俱来的天赋的话，那就是烹饪”。不管厨师是男还是女，大宅厨房里端出来的菜肴都得到了白人的一致好评。在当时的刻板印象中，对于白人来说，黑人天生就是厨师，有些人甚至认为这是一种种族天赋。路易斯安那人夏尔·加亚雷在1880年出版的《哈珀斯》[1]杂志刊载的一篇文章中，附和了当时流行的看法：“黑人生来就是厨师。他既不会读也不会写，因此他不是从书本里学来的。他只是受到了天启，烤叉和平底锅之神对他吹了口气，那就够了。”在整个奴隶制时期，黑人厨师逐渐适应了主人的口味，而带有奴隶小屋和非洲印记的菜肴，无论是通过食材还是通过制作方法，都成为南方烹饪辞典中不可或缺的一部分。

1824年，玛丽·伦道夫出版《弗吉尼亚家庭主妇》的时候，一定没有意识到她所需要的食材如紫花豌豆、茄子和秋葵等都是从非洲大陆来到这个国家的。然而在她的书中有大量用到这些新食材的菜谱。包括炸茄子，一种用猪油炸的紫花豌豆（黑眼豆）饼，上面还有薄薄的培根点缀，以及一种简单的水煮秋葵，她称之为“Gumbs ——一种西印度群岛菜”，宣称它“非常有营养，也容易消化”。她的一种叫作“ochra”的汤——需要用到秋葵、洋葱、利马豆、西葫芦、鸡肉（或者小牛蹄）、培根和削皮番茄，还要用面粉和黄油调成的油面酱来勾芡——可能会被误认为是路易斯安那州南部随处可见的一种鸡肉辣肠

1. 从1867年开始，《哈珀斯》为当代追求完美的妇女提供了关于家庭、旅游及娱乐等方面的信息。它一直保持了对时尚、美容、娱乐、健康、金融、艺术等的潮流资讯的更新。

秋葵汤。她甚至建议拿它搭配米饭来吃。其中还有一种嫩叶菜的菜谱。所有这些菜无疑都是从奴隶宿舍的菜肴改良而来的，并且经由大宅厨师之手进行了改造。

1839 年莱蒂丝 · 拜伦的《肯塔基家庭主妇》沿用了这一模式，其中有一道菜是煮紫花豌豆配培根或白水猪肉。另一道菜是炖茄子，它似乎是伦道夫的菜谱的变体，还有西瓜皮泡菜的古早配方。另外有一种秋葵汤的菜谱，这种汤需要用牛肉、小牛肉或是鸡肉做汤底，加入薄薄的秋葵片和番茄。这一整锅加热后，要先过筛，然后用辣椒粉调味。最后浇在吐司上，装在汤盘里端上餐桌。

莎拉 · 拉特利奇 1847 年出版的《卡罗来纳家庭主妇》中有一种似乎随处可见的秋葵汤。只不过这种汤不加油面酱，比较像是至今仍能吃到的不加油面酱的查尔斯顿秋葵汤。同样具有明显非洲风味的是一种用“seed pepper”调味的花生汤和以同样方法用芝麻制作的本尼汤。拉特利奇的菜谱比以上两本书的范围更广，还包括了像花生芝士蛋糕这样的点心，它是一种用花生做成的酥皮糕点，上面撒着糖粉。还有一道几内亚茄瓜食谱中的烤茄子、一种用菲雷粉增稠的新奥尔良秋葵汤，以及一种用松鼠和山核桃仁做的赛米诺尔汤，搭配菲雷粉调味，或是配上松树的嫩尖，它“给汤带来一股浓郁的芳香”。这本书第一次透露出，低地郡精致的米饭厨房是在非裔大宅厨师的密切关注下发展起来的，那些厨师对谷物很有经验。书中还选入了米饼、米糕、米粿和一些其他菜品的食谱。

《肯塔基家庭主妇》中过筛的秋葵汤、《卡罗来纳家庭主妇》中不加油面酱的秋葵汤和《弗吉尼亚家庭主妇》中的煮秋葵都指向了南方餐桌上随处可见的秋葵菜肴。而其他菜中所需的食材如紫花豌豆、胡麻（芝麻）、绿叶菜和茄子则说明了烹饪文化的互相渗透。像这样一些菜在端上主人的餐桌前，肯定曾以不那么精致的外观出现在奴隶的宿舍中。调味品也在非洲人的手中发生了变化，“seed pepper”和辣椒的频繁使用告诉我们，南方人的口味开始倾向于调味更重的食物。大宅厨房慢慢将非洲烹饪方式与南方的味蕾结合在一起，在历史学家尤金·吉诺维斯称之为“奴隶小屋对大宅子的烹饪独裁”中，大宅厨房用非洲方式满足了南方人的味蕾。南方口味的非洲化比烟草男爵、棉花王国和蔗糖帝国的统治时间都要长，并最终定义了美国南方的味道。

注意你的礼貌

庆祝新年

到了 19 世纪早期，美国南方各州的大部分奴隶只有在他们的祖父母或是远亲那里才听说过非洲。可是非洲依然存在着。它存在于餐桌上使用的陶瓷器皿的形状里；它出现在盘中的食物里；更隐匿但或许也更无孔不入地，它存在于他们生活在这个世界的方式中，即存在于他们的行为举止里。

西非人的处世之道，总的来说和其他地方一样，有很多的注意事项，但是他们有一种热情好客的传统，这一点仅体现在美国南方，并被展现得淋漓尽致。这种好客的传统可以追溯到很久以前，许多探险者、征服者甚至奴隶贩子都对此有所提及。

西奥菲勒斯·科诺，一个船长，曾在他1853年的《奴隶日志》——又叫作《住在非洲20年》——中评论了这一点。他来到了塞内冈比亚的苏苏村并且受到了酋长的欢迎，酋长提供他住宿，还派了一个人到镇上去通知大家村里来了一个白人客人。

> 不一会儿所有女主人或者说女性族长就都来到了小屋里，一个带了一小把大米，另一个带了两三个木薯，这一个带来了几勺棕榈油，那一个抓了一把胡椒或是几把大米。最年长的女性通过送我一只漂亮的阉鸡，来让自己显得很重要……送礼并不是强迫的，而是出于自愿。

科诺对这种慷慨好客印象深刻，他思索道："我发现即使是一个陌生的贫穷黑人要求得到招待，镇上的每个人也都会贡献一份爱心。"他十分讽刺地总结说："那么，为什么还要开化这些人并且教导他们基督徒的自私自利呢！"确实，好客在一些西非国家是一种特别突出的美德，从前如此，现在依然如此。在那些地方，收留并填饱旅行者和陌生人的肚子不仅是出于宗教的义务，也是公民的责任和个人的义务。这种美德被塞内加尔的沃洛夫人称作"teranga"，而被曼丁卡人称为"diarama"。这一好客的信念和礼貌也随着非洲奴隶跨越了海洋。

《乱世佳人》影响了一整代人关于战前美国南方的看法。有些历史被歪曲了，它们所代表的更像是电影拍摄的时代而不是历史事件发生的年代。但有一件事，剧作家是对的。在电影的前半部分，在战前的塔拉庄园里，斯嘉丽遇到了嬷嬷，她告诫斯嘉丽："看一个人的吃相你就准能知道她是不是一位小姐。”在去别人家之前先在自己家吃点儿东西，这种观念最早来自非洲。20世纪50年代，这种做法在南方和北方的黑人中仍很常见，并且这依旧是南方美人儿的信念。而理由也是一样的，小口小口地吃东西被认为是有教养的。相对地，在别人家狼吞虎咽会让人觉得那人在自己家里吃不饱。

受非洲影响的奴隶世界保留了一种等级观念，有很多对大家庭成员的敬语。比如对那些年长者不能直呼其名，而要叫“阿姨”或者“叔叔”。在许多非裔美国家庭里，仍然要为客人提供饮料，哪怕只是水。这份礼貌清单还在延续，并且它和有教养的南方白人该做和不该做的清单依旧分庭抗礼。在电影版本中，塔拉庄园展示了原因，但是朱迪丝·马丁（礼貌小姐）则在《星条旗的礼貌》中定义了它：

> 更微妙的是，南方人正在学习非洲人的礼仪，他们学得那么彻底以至于他们自己都没有意识到。这种被称为“南方风度”的举止，它开放随意的风格、它的家族式敬语的用法和它那句热情好客的“你们都来看看我们吧！”并不是来自英国。越是自命不凡的南方家庭，他们的孩子越有可能每天受到礼仪的指导，而这指导来自一个从她自己文化背景中得到严格要求的某人——也就是作为嬷嬷的家庭奴隶。

因此奴隶宿舍的统治不仅延伸到了大宅子的口味、食材和烹饪方式，也影响了人们的行为举止。从20世纪到21世纪，这一统治体现在南方人特有的生活方式中，无论黑人还是白人。嬷嬷们会喜欢的。

■ CHAPTER 6

CITY FOOD, SOUTH AND NORTH

第六章

南北方城市中的美食

餐饮服务商、卡拉
小贩以及非洲烹饪
传统的延续

费城街头人物——卖胡椒羹的女人，1876 年

路易斯安那州，新奥尔良。

我和新奥尔良仿佛是命中注定要相遇并产生羁绊的。我第一次去那里旅行是在 20 世纪 70 年代末，当时我作为《本质》杂志的旅行编辑，跟着一个编辑团队前往，为迪拉德大学撰写一期校刊。迪拉德大学是新奥尔良两所历史悠久的黑人大学之一。我记得，当时我非常期待这次旅行，因为密西西比河畔的新月城[1]一直以来都令我着迷。它似乎更像是加勒比海地区或是欧洲，而非美国，与法国和西班牙有着历史渊源。事实证明，它值得让我迷恋。迪拉德校园那些有着白色廊柱的建筑令人叹为观止，同时令人感到无比自豪的是，作为一个黑人

1. 新月城：新奥尔良的别称。地理上，新奥尔良是一个半月形，所以被叫作“新月城”。

机构，它的历史可以追溯到奴隶解放后。另外，这座城市本身也魅力十足。我记得曾在法语区诧异地望着那里的建筑，当时我偷偷溜出了团队，在这座城市里走马观花。我还发现了一家很棒的克里奥尔餐厅——杜奇·蔡司，它的烹饪指导是利娅·蔡司。品尝了她的厨艺之后，我爱上了这座城市。

过了十多年，我又回到新奥尔良参加一个现代语言协会的会议。这次旅行中，我在《城市与乡村》杂志一篇购物文章的帮助下，逛遍了法语区的每一家店铺。我被迷住了：我注视着皇家大街上的珠宝店，在杜梦咖啡馆里狼吞虎咽地吃贝奈特饼[1]，在加拉托里餐厅前排队，我还发现了一家叫作卢库卢斯[2]的古董餐具店，它很有意思——这家店不仅让我买到了第一只苦艾酒杯，还为我带来了一群终生的好友，事实上，是他们最终让我在这座城市安了家。

下一次旅行时这事儿就敲定了。我受邀参加一个由赫尔曼·格里马之家[3]举办的座谈会，这是法语区的一幢历史悠久的住宅，它不仅展出了有钱人家富丽堂皇的前厅，还向公众开放了它的厨房。讲解员介绍了炖灶——法语中它叫作“potager”，还讲解了这里的壁炉烹饪。

1. 贝奈特饼：一种法式无孔甜甜圈，在美国，这种食品经常能在新奥尔良找到。

2. 卢库卢斯：罗马将军和执政官，罗马共和国历史上名列前茅的优秀军事家。卢库卢斯特别热爱美食，他将甜樱桃和杏引进罗马，在那不勒斯开凿连通大海的池塘用来养鱼，在自己的农庄里养殖各种动植物用于餐饮。有一种瑞士甜菜就是以“卢库卢斯”命名的。后世流传着许多卢库卢斯和美食的故事。

3. 赫尔曼·格里马之家：一座历史住宅，是新奥尔良历史的缩影，包括了其近两百年发展历程中的许多重要特征。这座修复后的法国区住宅建于 1831 年，包括联邦主义建筑的外立面、原始的露天壁炉、城市奴隶房和令人惊叹的庭院。

这次座谈会巩固了我对这座城市的爱，也让我和很多与格里马之家有关的女性成了朋友。我还得以参观了这座房子的内部，这让我思考起美国南北方城市中的奴隶制状况。

在我定期回到新奥尔良的旅行中，这座城市的景观以及在法语区很多大房子后面发现的外屋让我入迷。它们很多都是厨房，位于主屋之外，以防火灾。还有男孩儿房，这里的年轻人到了可以指望他种点儿野燕麦的年纪后就住在这里了。在马里尼近郊的一栋著名建筑里，甚至还有一座鸽舍——一个专为餐桌提供烤乳鸽的鸽巢。法语区的地平线上点缀着大量的外屋，但是它们却有着更为阴郁的历史。它们是奴隶宿舍——城市奴隶居住和工作的屋子，这些屋子和他们主人的住所相邻。正是他们的劳动为住在前厅里的人的奢华生活夯实了基础。

和很多美国人一样，我脑海中奴隶制的现实景象只局限于种植园里的一排排小木屋，那些种植园种的是棉花或大米、烟草或靛蓝。我的想象中不包括主要城市地区的那些砖面住宅后方灼热的厨房上方的小卧室。我对新奥尔良的一次次拜访以及后续去查尔斯顿、萨凡纳和其他城市的旅行，让我开始思考南方和北方城市中的奴隶制现象。在新奥尔良，我听人说起有一个严厉的女主人将她的奴隶拴在阁楼上，他们在一次火灾之后才被发现——他们爬上了好多级摇摇欲坠的木楼梯，来到了外屋的小房间里。在南卡罗来纳州查尔斯顿的海伍德－华盛顿之家，我一边望着外置厨房内那巨大的壁炉，一边听讲解员描述厨房的工作，还看到了奴隶们外出打工时必须佩戴的铜质和锡质徽章。这些小院子和外屋以及形状各异的金属徽章是这个国家奴隶制故事的另一个侧面，它每天都在被重新发现，重新讲述。

尽管乡下的种植园让主人和大部分奴隶在各自的日常生活方面保持了一定的距离，但是对于城里的奴隶来说却没有这样的界线。在城市和乡镇，主人和奴隶住得很近，这种情况逐渐发展成我们今天所知道的历史城镇的市容景观。距离我第一次见到赫尔曼·格里马之家那些厨房上面的小房间已经二十多年，尽管城市景观依旧，但是世界已经发生了改变。今天格里马之家厨房的奴隶宿舍仍然保留着，楼上的房间是对公众开放的，讲解员也会介绍它们，介绍奴隶们的故事，他们要掌管炉子、挑水、照料花园、给炉子和炖灶加柴火，还要上菜及负责之后的卫生。今天，他们的故事会和他们主人的故事放在一起讲述，关于他们的城市奴隶制的故事是美国日益扩张的城市地区中黑人－白人生活双联画中的另一面。它为美国南北方的奴隶制故事又添加了一个痛苦的素材。

虽然南方和北方在奴隶制问题上的分歧越来越大，但是它们在某一点上有着奇特的一致性，即黑人和白人在城市地区都住得很近。大多数的城市奴隶相当于乡下种植园的家庭奴隶，他们不仅要负责准备三餐及伺候用餐，还要做所有的家务活。有些城市奴隶既要在主人家里工作，还要在外当差。他们中很多人都有每天例行的工作，一大早就要出门忙活，夜里才回来做其他的杂活。在大大小小的城镇里，他们或是住在厨房上方狭小逼仄的宿舍里，或是住在外屋。这种现象并非南方独有，而是和这个国家自身的历史一样悠久。确实，城市奴隶

制自这个国家诞生伊始就是南方和北方文化版图的一部分。20 世纪的历史书上关于非洲奴隶制的常规讨论指出，南方才是奴隶制的罪魁祸首。在 21 世纪，人们越来越多地重新审视这一观点，而北方及其对奴隶制历史的参与正在变得越来越清晰。

从一开始，北方的城市奴隶制就与南方并无二致。虽然有严格的法律和宵禁令不许他们出现在大街上和集市上，但是那些小镇和城市里的奴隶开始在食品生意中抛头露面。他们成为酒馆和饭店的员工，他们还在街上卖熟食、蔬菜和其他商品，通常都是在主人的授意之下。事实上，许多外国游客都提到过街上的非裔人群和他们的喧闹行为。他们似乎把大街当成了自己的地盘，于是表现得信马由缰，不守规矩。北方解放后，很多之前的奴隶继续经营酒馆、餐馆和其他餐饮机构。在烹饪金字塔的顶端，他们服务于白人，他们引领潮流并通过劳动创造财富。而在比较底层的那端，无论是南方还是北方的黑人以及他们的后代，无论是自由人还是奴隶，都延续了上街叫卖的传统，那是来自非洲大陆的传统，它显示了一种即使连奴隶制也无法压制的创业精神。食物为很多黑人提供了一条独立之路，尤其是在大西洋和墨西哥湾沿岸的港口城市。

19 世纪初，北方的大部分非裔美国人获得了解放，很多人都在酒馆和啤酒屋找到了工作，也在那些领域得到了比别人更多的机会。在北方，自由的有色人种在食品市场占有很大的份额，但是非裔美国人在厨房里寻求财富和名声的故事还要开始得更早，早于这个国家的建立。在罗得岛州的普罗维登斯，伊曼纽尔·“吗哪”[1]·博努恩，一个自由黑人，开了这座城市的第一家牡蛎啤酒屋，那是在1736年，他获得解放的那年。他后来还拥有了一家餐饮公司和一家酒馆。该州还为我们贡献了夏丽蒂·“公爵夫人”·奎米诺[2]的故事，她出生于非洲大陆——她响亮的名字表明她或许是来自今天的加纳。15岁时她被人抓走，1753年她被带到了美国，成为罗得岛州纽波特一个叫作约翰·钱宁的人的财产。她被安排到厨房工作，在那里待了超过四十年，不仅为钱宁还为他的儿子做饭。在闲暇时间，她开始给其他人做饭。她创办了一家餐饮公司，并且被认为是这个繁荣的小镇上最好的糕点师，她的糖霜李子蛋糕很有名。在此期间，她一直都是个奴隶，在她主人的庇护下工作。她仅在晚年才获得了自由。博努恩和奎米诺是证明奴隶和自由黑人在餐饮方面创业可能性的两个案例。

19世纪初，在纽约这样的北方城市里，非裔美国人的数量在逐渐减少，那些地方的黑人人口占比从19世纪前十年的10%逐渐减少为二三十年代的7%，并且持续下降。随着城市的发展，黑人在城市综合人口中的比例下降了：非裔美国人被归入了日益高涨的北欧移民潮。尽管如此，他们仍继续在街头商业活动中占据主导地位，也仍旧是这个国家烹饪行业的主要从业者。

---

1. 吗哪：以色列人在荒野四十年中神赐给他们的食粮。

2. 夏丽蒂·“公爵夫人”·奎米诺（Charity “Duchess” Quamino，约1739—1804）：一个前奴隶妇女，被称为“罗得岛的糕点女王”，尤其以她的糖霜李子蛋糕而闻名。奎米诺早期生活的细节还不清楚。她可能出生在塞内加尔或加纳，可能是1739年，不过也有人认为是1753年。奎米诺自称是一位非洲王子的女儿，这是她的名字“公爵夫人”的来源。

费城是非裔美国人在餐饮服务业发展的一座关键性城市。长期以来，黑人从事餐饮服务是一个常态。毕竟，这座城市曾经见识过华盛顿的赫尔克里士和杰斐逊的詹姆斯·海明兹那样的烹饪大师。内战前的费城是一座港口城市，依赖南方人的金钱、船运和赞助。很多来自旧时南方的人在这座城市里过冬，享受着它的文化魅力。19 世纪初，费城也是一个吸引着非裔美国人的地方，它的贵格会传统让它成为那些逃离南方的人的潜在避风港。这座城市继续与加勒比海地区保持联系，在 1804 年海地革命后，费城接收了更多来自那个岛上的移民，有黑人也有白人，有自由人也有奴隶。在他们移居的这座城市，很多人都加入了那些在食品行业工作的黑人行列。1810 年，据估计约有 11 000 名自由黑人生活在费城，并且至少还有 4000 名在逃的奴隶以不同方式寻求庇护。仅 1820 年至 1830 年的十年间，这座城市的黑人团体就增长了 30%。但是到了 19 世纪 30 年代，情况就不那么好了：黑人团体和市政官员在政治和社会权利方面意见相左。不过，一个日益壮大的废奴团体缓解了一些矛盾。食物以及非裔美国人在餐饮行业的巨大成功也起到了助益的作用。

在费城，据说“如果你在餐饮行业，你会如鱼得水；如果不在，那你就会处在水深火热之中”。这是因为很多人在其中看到了利基市场[1]并填补了它。在美国北方，由于中等收入家庭和单身汉没有奴隶，因此那些没有自己仆人的小家庭或是节俭的家庭会雇用一个公共管

1. 利基市场：在较大的细分市场中具有相似兴趣或需求的一小群顾客所占有的市场空间。

家——通常是一个有色人种的自由人。和那些被某个家庭雇用的私人管家不同，公共管家要为几户人家料理伙食，提供服务。罗伯特·博格尔从公共管家一职中创造了“餐饮服务商”这一角色，尽管“餐饮服务商”这个词直到19世纪中叶才被广泛使用。博格尔就是这样一个公共管家，他也同样是一名殡仪从业者。有时候，人们会看到他白天还在主持一场葬礼，当天晚上又同样泰然自若地在主持一场派对。博格尔还充当服务员的角色，可能还会提供饭菜，根据需求为家庭活动提供必要的工作人员。凭借着多重的职业和他多样的才能，博格尔成为费城主要的餐饮服务商中的第一个黑人。很快，黑人餐饮服务商就成了这座城市的标配。他们组成了一个联盟，用社会学家W.E.B.杜波依斯的话来说，“是自中世纪以来城市中最伟大的行业公会。（餐饮服务商们）全面领导着一群困顿的黑人，带领他们稳步走上了一个美国历史上黑人从未到达过的富裕、文明和受人尊敬的阶层”。博格尔在费城的第八大道开了一家餐饮服务机构。据杜波依斯说，他是“时髦人士的管家，他的品味、他的眼光以及味觉决定了今天的时尚”。

博格尔变得如此出名，以至于在1829年，尼古拉斯·比德尔，一位著名的费城白人，写了一首题为《比德尔致博格尔的颂歌》的多节长诗。它的开头是这样的：

博格尔，欢呼吧，因为你的统治
扩展到了大自然的广阔领地，
从我们最初的呼吸开始
到我们死后也不会停止；

羞答答的少女不愿嫁人，
除非你来将晚餐布置；
如果宴会结束，蛋糕和红酒
是别人端出的而不是你，
那受洗了一半的男孩儿，
会在我们耳边号啕哭泣。
而基督徒的葬礼将美中不足，
除非博格尔应承来协助。

博格尔的出身不明，但在1810年的人口普查登记中，他住在费城南区，那是大部分非裔美国城市居民居住的地区。到他1848年去世，他已经成为费城精英人士的宠儿，从婚礼到受洗再到宴会和葬礼，他凭借斡旋于各种社交场合的能力而名声大噪，同样出名的还有在他餐馆里出售的肉馅饼。

尽管博格尔奠定了基础，但是费城的餐饮盛名同样也来自那些法属西印度群岛的移民。他们在海地革命后来到这座充满兄弟情义的城市，并且接受了法国烹饪艺术与餐饮服务的训练。其中有一个人是彼得·奥古斯汀（有时候写作“彼得·奥古斯丁”）。他在博格尔的基础上做了一些补充，让费城餐饮服务商在全国上流社会家庭的版图中占了一席之地。奥古斯汀从海地来到这座城市后，在胡桃街开了一家餐厅。他和他的家族不仅提供餐饮设施，还提供各类杂货物资——椅子、亚麻织物以及其他服务用品——可用于不同的餐饮项目。他们还训练服务生，像博格尔一样，在不同场合工作。奥古斯汀家族还与另一个从事餐饮服务与餐馆业务的海地家族——巴蒂斯特家族强强联手。这两个家族互相通婚，并且很快建立起了一个声名显赫的企业，之后他们不得不买了一辆带有厨房的有轨电车，在东海岸来回运送服务生和货物。作为上流社会的“品味塑造者”，奥古斯汀家族和它的员工因他们精致的菜品而声名鹊起，他们为远在纽约、波士顿的名门望族提供奶油水龟[1]和酥炸牡蛎这样的菜肴。奥古斯汀家族的事业在整个19世纪持续发展，到了19世纪70年代末，其中一家餐厅获得了“费城的德尔莫尼科[2]”这样的美誉。奥古斯汀家族不断与其他来自海地的餐饮世家联姻，如杜特里奥耶家族。他们的餐饮事业一直延续到1967年，是该市历史最悠久的持续经营的黑人家族企业。

博格尔与奥古斯汀家族是非裔美国餐饮服务商浪潮里的第一代，他们对19世纪后半叶费城的娱乐业了如指掌。他们的继承人在企业中团结一致，共享资源、设备并且巩固他们的购买力；他们批量采购原材料并分摊设备成本。他们不仅为有钱客户的私人事务供餐，提供食物、侍者、水晶器皿、银器、餐巾等，还开设了功能如同餐馆和宴会厅的饭厅。餐饮服务商擅长做生意，具备熟练的社交技巧，他们成为该市的黑人精英。尽管大部分的餐饮家族企业都来自海地，但是19世纪费城最有名的餐饮服务商毫无疑问是托马斯·多尔西，他曾经是一名奴隶。

多尔西在19世纪早期出生于马里兰州的一个种植园，成年后逃到

1. 水龟：生活在北美洲淡水或咸水中的各种可食用的蹼足龟。

2. 德尔莫尼科：纽约的著名餐厅。

了费城。尽管之后他被抓住并送还给了自己的主人，但是在短暂逗留费城期间，他结交了一些自由黑人和废奴主义者，这些人募集了足够的款项为他赎回了自由。19 世纪 30 年代，他以自由人的身份回到这座城市。和大部分刚到这座城市的黑人一样，他学了一门手艺。在费城废奴协会 1838 年出版的小册子《费城各区有色人种行业登记手册》上，他被登记为一名鞋匠。在一本从 1793 年至 1940 年每年由私人出版的《费城城市指南》上，他在 1844 年第一次被登记为一名服务生，并且在 1860 年以前，他似乎一直辗转于这座城市的各种餐饮机构。他第一次以“餐饮服务商”的名头被登记在这本指南上是在 1862 年。而到了 19 世纪中叶，多尔西已成为费城餐饮网络的一大支柱，为上流社会的晚会和宴席提供食物、仆人以及服装饰品等。多尔西只为达官显贵服务，并且以其精美的食物而知名。他在 1860 年 12 月 27 日供应了一桌盛宴，菜单上有各种美味佳肴，包括半壳牡蛎、菲力牛排、帆布潜鸭[1]、俄式奶油布丁、手指饼干和香槟果冻！其他出现在费城顶尖宴会上的美食有龙虾沙拉、魔鬼蟹饼、水龟和炸鸡肉卷。多尔西和他的餐饮业同行，就像后来几十年中他们的追随者一样，以他们提供的优质欧洲风味菜肴闻名遐迩。他们制定了烹饪的标准，是有力的时尚主宰者，他们的影响力足以带动潮流和风尚。

虽然多尔西生来就是奴隶，但他却得到了尊敬。在他去世二十一年后，一个外号“梅佳吉”的评论员在《费城时报》上写道，他“具

1. 帆布潜鸭：产于北美洲，因其背羽呈帆布色而得名。

有一种与生俱来的优雅，能让他周围的人与事物都提升一个层次”。他接待过那个时期的许多名人，如废奴主义者威廉·劳埃德·加里森和像弗雷德里克·道格拉斯这样的杰出黑人，他以此为傲。1875 年多尔西去世时，《费城新闻报》称他为“黑人宴会供应商”，“他为婚礼、舞会或是招待会的晚宴布置餐桌；他……赋予任何一种娱乐活动以特色，而他的在场比任何尊贵的客人都更为重要”。

费城的餐饮服务商具有如此高的社会地位，以至于他们成了城市里非裔美国人团体的领袖，他们在自己的企业里为黑人侍者、黑人厨师等创造工作机会，并且普遍致力于提高那些美国内战后来到这座城市的新自由人的生活品质。在非裔美国人的创业发展受到威胁，且多半是受到越来越多的欧洲移民的阻挠时，餐饮服务业应运而生。它兴起于杜波依斯所说的“一种敏锐的、坚持不懈的、有品味的进化，它将黑人厨师和服务生变成了公共的餐饮服务商和餐厅老板，并且将一帮低收入的仆人培养成一群自力更生、独具匠心的商人，他们为自己积累了财富并且赢得了人们普遍的尊敬”。餐饮服务商证明了黑人不仅有烹饪的天赋，还拥有创造财富的精明商业头脑。这一经验将在美国北方一次又一次地被验证。

尽管费城是这一现象从无到有的节点，但其他北方城市也有着它们的黑人餐饮企业家。约书亚·博文·史密斯是一名立足于波士顿的餐饮服务商，他为哈佛供餐，并且为马萨诸塞州提供餐饮服务。詹姆斯·沃姆利是华盛顿特区的一名餐饮服务商，同时是餐馆和酒店的老板。纽约，自然也有自己的黑人烹饪精英。毕竟，几十年来这座城市一直是这个国家的第二大黑人聚居地（仅次于南卡罗来纳州的查尔斯顿），并且接收了许多海地移民。那里的餐饮行业领导者如亨利·斯科特，他的腌制食品厂和许多从纽约港出发的船只做生意，还有像范·伦斯勒、乔治·贝尔，以及乔治·亚历山大这样的餐馆老板，他们的餐饮店面向社会的各个阶层。在19世纪早期，与费城的餐饮服务商齐名的非裔美籍餐饮企业家是托马斯·唐宁，他是纽约的黑人领袖之一。

唐宁是一个有色自由人的儿子，18世纪最后十年间出生于弗吉尼亚州的钦科蒂格。他与许多来自弗吉尼亚州、马里兰海岸的非裔美国人一样，对该地区的动植物有着深入的了解。水龟、蚌蛤、螃蟹以及牡蛎对于年轻的唐宁来说，一点也不神秘。当他1819年来到纽约时，他发现这些知识是他最有市场价值的技能。此时，一股牡蛎热潮正风靡整个纽约市——吃牡蛎实际上是一种消遣。1810年，城市指南中列出了27位牡蛎采集人，值得注意的是，其中16位都是有色人种。牡蛎贸易提供了一系列的就业机会。在金字塔的底端，牡蛎船的供货对象是自由有色人光顾的酒吧和那些住在纽约臭名昭著的五点区的码头工人。另一些人则在街上把贝壳类海鲜卖给那些行色匆匆、边走边吃的人。

唐宁不是一名牡蛎采集者，他有更高的目标。他先是在曼哈顿市中心的佩尔街租了一块地方，然后物色自己的牡蛎养殖场。根据他儿子为他写的传记，他会在凌晨两点起床，借着灯塔的亮光，乘船前往新泽西的牡蛎养殖场，每天为他的顾客提供新鲜的牡蛎。他的辛勤工作得到了回报，到1823年的城市指南出版时，他已经名列该市牡蛎采集者之中。他的事业不断发展壮大。1825年，他在华尔街拐角处的布罗德街五号开了一家牡蛎餐厅，供应半壳牡蛎，以及刨花橡木烤牡蛎。他的餐厅越来越受欢迎，并且开始吸引精英人士来光顾。唐宁的餐厅是为数不多的几个被认为女性可以去的地方，她们在丈夫或是女伴的陪同下来到这里。很快，正如他的儿子描述的那样：

> 对于女士们和先生们以及整个家庭——全市最尊贵的人们——来说……来此就餐是时髦的，而这会让他们的儿女……想要不停地提起。女士们和先生们手中拿着毛巾，还有一把特制的英国牡蛎刀，打开他们的牡蛎，将一小块淡黄油和其他调料撒入烧得滚烫的牡蛎壳中，然后享用这份美餐。是的，当牡蛎的汁液达到了沸点时，它其中的盐与石灰物质会散发出一种风味，让牡蛎成为一道可口的小吃。真的，让你的嘴唇吮吸一口牡蛎壳中的甘美，你值得拥有。

1827 年，唐宁造了一个牡蛎仓库——一个可以将贝类保存在盐水中的存储空间。他的生意做得太大以至于他采集的牡蛎都不能满足自己的需求。于是，他成为这座城市其他牡蛎采集者的主要客户，交易的公平性以及对产品的了解为他赢得了采集者的尊敬。和许多其他经营牡蛎的餐厅不同的是，唐宁的餐厅是高档的，据一篇评论说，“它镶嵌镜子的拱廊、锦缎窗帘、餐巾和枝形吊灯，是舒适与富贵的标配”。唐宁迎合了精英的需求，精英人士也就来了。记者和金融家都是常客。查尔斯 · 狄更斯曾经在唐宁的餐厅用餐，卡莱尔伯爵和菲利普 · 霍恩也来过，霍恩是 1825 年到 1826 年的纽约市市长。唐宁的餐厅不仅供应新鲜生蚝，它还有各种做法的牡蛎：奶油烤牡蛎、牡蛎煨火鸡、蚝油炖鱼以及牡蛎派等，还搭配其他美食。

1842年，纽约人疯了一样地爱上了牡蛎，消费了大约价值600万美元的牡蛎。唐宁变得更加有钱。除拥有餐厅之外，他还成为生意兴隆的餐饮服务商，且积极参与政治和社会活动。他的口碑是如此之好，以至于被邀请去承办波茨舞会[1]，在那次舞会上，狄更斯夫妇被介绍给了纽约的贵族阶层。仅这一项生意他就赚到了2200美元的巨款。唐宁将牡蛎通过航运运到巴黎，将腌制的牡蛎运去西印度群岛，甚至将一些最好的牡蛎送到了维多利亚女王那里。

尽管出生在弗吉尼亚州的唐宁生来就是自由人，还是一个春风得意的生意人，但是他后来却被称作“种族人士”。他是一个热心的废奴主义者，深切关心着那些被奴役的兄弟。1836年，他帮助成立了纽约市全体黑人反奴隶制联合协会，并在其执行委员会任职三年。他还是纽约有色人种儿童教育促进会的受托人。他致力于选举权运动，以保证非裔美国人的平等选举权。

唐宁的继任者是他的儿子，乔治·托马斯·唐宁，后者延续了烹饪界的传奇，并且于1842年在纽约开设了自己的餐厅。1846年，乔治·托马斯·唐宁在罗得岛州的纽波特建立了家族企业的分支；1854年，他达到了烹饪帝国的至高地位，开办了西格特酒店。具有讽刺意味的是，这座五层楼的建筑只为白人顾客服务，但这在当时相当普遍。

---

1. 波茨舞会：1842年2月14日，纽约为狄更斯的到来举办的一场公众接待会，“波茨”是狄更斯的笔名。

这座酒店还包含了唐宁的住所、一家餐厅、一家甜品店以及他的一家餐饮分支机构。1860 年 11 月 5 日，一场大火烧毁了这栋大楼，使他遭受了约 40 000 美元的损失，但他的事业并未到此结束。他和父亲一样，是一名“种族人士”，他非常关心非裔美国人的待遇问题，尤其是那些参与美国内战的士兵。这种关怀一路引领他到了华盛顿，在那里，他成为众议院的餐厅经理。他担任这一职位长达十二年，在此期间，他致力于公共设施法的通过工作。

1866 年，在他的父亲托马斯 · 唐宁去世时，牡蛎热仍在继续。纽约人每天要消费价值 15 000 美元的牡蛎，1000 多艘船只不断往返于水道，寻找这种贝类。1855 年，《纽约晚报》这样描写唐宁:“他的性格无可挑剔，作为一位餐厅老板，他赚到了一大笔财富，他的餐厅每天都有大批来自华尔街和布罗德街及其附近的大银行家和商人光顾。”唐宁通过牡蛎采集人的技巧和生意人的敏锐，成了 19 世纪上半叶纽约黑人政坛的元老。和费城的餐饮服务商一样，他在职业生涯中十分了解餐饮服务对于白人精英的价值所在，并且利用他的职位创造了个人财富，同时也为其他黑人提供了工作机会。

无论是在费城、纽约还是其他地方，餐饮服务商在为上流白人服务时，他们对服务礼仪的理解以及对他人举止的掌握，都表现出同样的文化流动性，这一点在非裔美国人来到这个国家伊始就已经被证明。能够在各个阶层、不同文化中游刃有余，这不仅为他们的烹饪能力、良好的品位做了证明，也为其精雕细琢的社会本能，及其发达的生存技巧提供了力证。他们用这些天赋为那个时代的非裔美国人团体的振兴与发展做出的贡献，正是其人道主义精神的体现。

博格尔、奥古斯汀家族、多尔西以及唐宁家族在费城和纽约活动的那一时期，美国北方大部分非裔美国人已经获得了自由。而在美国南方一些城市，他们那些仍被奴役的同胞或许有着同样的烹饪技巧，但是他们的劳动收入却微乎其微。尽管东北部城市中的餐饮服务商管理着奢华的娱乐活动并且创造了个人财富，但是在南方城市里，节庆活动是由家庭奴隶操办的，他们既得不到承认，也得不到报酬。自由黑人有时候也会在餐饮行业服务，但是由于家里都是没有报酬的奴隶，所以他们在这方面能挣的钱也很少。黑人能挣到钱的方式是在街上贩卖新鲜农产品和熟食。这是北方黑人用了几十年的方法。

早在殖民时期，非裔妇女就垄断了路边摊市场，卖她们用本土食材做的食物。那时，经常可以看到一个黑人妇女坐在一张小凳子上卖蜜饯或是开胃小菜。被解放之后，她们为自己摆摊儿工作；被奴役时，她们为男主人与女主人工作，摆摊儿挣的钱偶尔被允许保留一部分。很多时候，奴隶被主人雇给别人，那些人为他们的服务支付酬劳，而他们得到的钱很少甚或什么都得不到，因此被称为“奴隶工资”。自由黑人和黑奴一直主导着路边摊儿，直到19世纪中期新的欧洲移民来抢生意。不论是在美国南方还是北方，那些在街边摆摊儿的非裔美国人都会沿街大声叫卖他们的商品，吸引顾客，这给新兴的城市街道带来了一股非洲的气息。

早在18世纪后期，一个笔名为“人道”的纽约媒体社会评论员就曾经抱怨那些喧闹的街头小贩或“叫卖者”制造的麻烦。他发牢骚说，牡蛎摊儿和一桌桌的食物让他在街上寸步难行。确实，在城里的某些特定区域，从破晓到深夜，诸如“最最最最好的洛克威——蛤蜊在这——儿呢”以及“热——苞米”(热玉米) 这样的叫卖声随处可闻，创造出一个独特的非裔美国人的声音景观。

全国各地的报纸都在批评黑人小贩的噪声污染。在南卡罗来纳州的查尔斯顿，这种批评最为激烈，自城市建立以来，街头小贩就是街坊里的常客。非裔美国小贩以一种荒腔走板的热情投入贩卖中，他们往往很爱争论、不服从，还很粗鲁。1823 年 3 月 26 日，查尔斯顿的《邮政与快递》上刊登了一封致编者信，署名为“一个警告的声音”，写道：

> 公共场所的叫卖声应该受到管制。黑人应该学会报出他们要卖的东西，而且要克制他们的诙谐打趣。体面、谦逊的行为应该渗透到我们有色人种的各个阶级里。

几个世纪以来，查尔斯顿人都从街头小贩那里买吃的，这些小贩将商品放在头上顶的或手中拿的篮子里。确实，每一位小贩都有其独特的叫卖声，花式夸赞她或他的商品，就像 20 世纪乔治和艾拉 · 格什温在他们的民间戏剧《波吉与贝丝》的第三幕开始时生动地捕捉到的一样：

> 哦，它们多么新鲜多么漂亮
> 它们刚刚从地里摘下来
> 草莓，草莓，草莓。

18 世纪和 19 世纪，街头叫卖声在大部分城市是很常见的。古老的蚀刻画展示了巴黎街道上的各种小贩，卖巧克力的小贩、栗子小贩、针线小贩等，他们的叫卖声各有特色——就像爱尔兰的莫莉·马龙，她是这样叫卖的："鸟蛤和贻贝，活的，活的，噢！" 查尔斯顿的街头叫卖，和纽约的一样，在传统的主旋律上，加入了一个非洲的花腔。在大陆的西海岸地区，市场中的女性长期以来不仅拥有掌管钱包的权力，还掌握着相当大的政治权力。早些时候，她们是这一地区的经济支柱。可以肯定的是，她们富有挑逗性的口头叫卖方式也来到了查尔斯顿，那里大部分的街头小贩都是非洲人的后裔。自由人、刚解放的新人，还有奴隶都带着一份巧思、一腔热情和一丝侵略性去推销他们的商品。到了 17 世纪末，一位游客评论了这座城市的非洲面貌，以及黑人数量超过白人的事实：

> 这座城市的市容是多么奇怪啊！每条街的街角和门槛上全是黑人；黑人驾着板车和马车，黑人背着重物，黑人在人行道上照顾儿童、贩卖东西，做各种事情的黑人都有。

低地郡的主要农作物——大米、靛蓝和棉花——的种植是基于任务制的，它允许奴隶们在完成自己的任务之后随意支配时间。很多奴隶在他们的小块土地上种些蔬菜来补充口粮，或是和他们的主人换取一些特权，甚至是现金。1800 年，查尔斯顿市议会制定了关于规范奴隶贩子年龄（不能低于 30 岁）和所售商品（"牛奶、谷物、水果、饮食或是其他生活用品"）的书面条例。尽管在南方，城里的奴隶在主人家以外打工是很常见的，但在查尔斯顿，被外聘的奴隶需要佩戴一枚金属徽章。那是一块紫铜、黄铜、锌或锡质的小方片，上面刻着数字和这个奴隶的职业，作为出售商品或是服务的许可证，以表示她或他的合法性。1806 年，卖水果、蛋糕及其他东西所需的徽章费，仅一年就高达 15 美元，比渔民、洗衣女工的徽章费还高，甚至高于门童。高昂的徽章费是为了严格管理水果小贩，因为他们有更多的活动自由，并且他们还能随身带钱。（1813 年，这一费用降到了 5 美元。）主人必须登记他们的奴隶，而主人的名字、地址和他们外聘奴隶的数量，以及每个奴隶的名字、年龄也须随时记录在案。

查尔斯顿的贩售制度并不是特例。在新奥尔良和其他港口城市，奴隶们被他们的主人外借用作建筑工人，或是厨子、裁缝、菜贩等。1846 年 7 月，新奥尔良《花边日报》提到了一种名叫“蔬菜人”的小贩，他们头上顶着二手的香槟篮子在街区里走动，兜售少量的无花果、甜瓜及其他农产品。他们是一些年老的奴隶，被主人派到城里卖那些外围农场里剩余的农产品。这种兜售行为是受到严格管制的。在 1822 年的一项裁决中，市议会（市政厅）要求小贩必须有市长颁发的许可证才能在公共广场和街道出售商品。奴隶是不能获得许可证的，但是自由的有色黑人可以买到它们，并且指定一个奴隶来执行实际的销售。记录簿上密密麻麻地登记着小贩和屠夫熟练工的执照，包括执照持有者的名字、实际工作的奴隶的名字，以及颁发执照的街道。但是出售面包、蔬菜、奶制品和饲料的小贩则不受法律规定的约束。

1831 年，规定进一步禁止奴隶售卖主人的书面许可未指定的商品。任何被发现违反此条法规的人都会被处以“第一次违反打 20 鞭，第二次及其后违反打 40 鞭”的处罚。埃蒂安·德·博雷是一个大型甘蔗种植园主，他的种植园就在现在的奥杜邦公园所在区域，他为自己的奴隶买了许可证，作为回报，他赚了几千美元。（有一年，德·博雷从他的小贩那里赚的超过了 6000 美元。）关于他的奴隶是否从这笔钱里获得了工作收入，则没有记录。

在新奥尔良，街头小贩对这座城市来说如此具有代表性，以至于他们成为文艺作品的原型人物：卖果仁糖的、卖卡拉（炸米糕）的，等等。他们被来到此地的艺术家画进作品里，刊登在当时的报纸上。里昂·弗雷莫是最早捕捉小贩形象的艺术家之一。在 20 世纪 50 年代中期，他绘制的素描和水彩画就已经描绘过那些后来成为城市代表的人物。在一幅画中，一个卖香草冰激凌的小贩将冰柜顶在头上。另一幅画则描绘了一个卖卡拉的小贩，她装面糊的碗颤颤巍巍地放在她的太阳巾（头巾）上。她随身携带一个小火盆和一篮盖着布的成品，弗雷莫觉得这种食物“粗糙、油腻”。

卡拉是经典的新奥尔良食物，通常是沿街叫卖的，在圣路易斯教堂前尤其集中。在那些禁食后才能领圣餐的日子里，做完弥撒的人可以先买一点儿来垫垫肚子，直到能吃到一顿饱饭。卡拉小贩的叫卖被记录在路易斯安那州一本叫作 *Gumbo Ya-Ya* 的经典民间故事集中，作者是莱尔·萨克森、罗伯特·塔兰特和爱德华·德赖尔，他们还注明有两种不同的卡拉：一种是大米做的，一种是黑眼豆做的。这两种都来自西非：大米版来自利比里亚，黑眼豆版则来自尼日利亚西南部的约鲁巴人。这两种卡拉都指向了一个有趣的事实，那就是非裔美国小贩卖的街头食物通常都和他们早已遗忘了的大陆有着千丝万缕的联系。

美国内战前，在南方乡村大宅厨房里的黑人之手将白人味觉非洲化的同时，这个国家南北方城市地区的街头小贩也在文化和烹饪上保持着与非洲的联系，他们提供的零食、油炸小吃是传统非洲烹饪在新世界的变体。

不管是处于社会的上层的北方的餐饮服务商，还是处于底层的南方的卡拉小贩和街头叫卖者，城市地区的黑人，无论南北，无论是自由人还是奴隶，都延续了那个他们从未听说、从不知道也从没有声称他们属于那里的大陆上的礼仪风俗与叫卖传统。渐渐地，无论是自由人，还是那些向往着自由的人，他们都成了朝着完全公民权梦想迈进的美国人，他们成了城市食物供应链中的主力军。

一位服务于绅士的绅士

19 世纪的锡版相片，作者收藏

我年轻的朋友们，你们必须考虑到，在一个绅士家庭里做用人是和其他任何你所熟知的岗位完全不同的，我想是这样的。这个职位的舒适、特权以及愉悦，你很少能在别的职位中找到；另一方面则有很多困难和对脾气等的考验，或许比你在人生中可能参与的其他任何职位中的麻烦和考验都更多。

罗伯特·罗伯茨在他的著作《家仆指南》(又名《给私人家庭的忠告:含仆人的工作安排和执行的说明……及主要供家仆使用的100多种实用菜谱》)一书的前言中如此写道:“该书出版于1827年,是第一批由商业出版社发行的非裔美国人的著作之一。”今天,罗伯特或许成了一个谜:一个19世纪早期的自由人,却在颂扬家庭奴隶制生活的优点。也难怪,他属于那个时代的人。他开创性的作品和他所揭示的世界记录了非裔美国人在南方和北方从事家政服务的生活方式与传统。

罗伯茨的出身是自由人还是奴隶已无从考证,但是他似乎是18世纪末在查尔斯顿出生的。他于1812年来到新英格兰,那时他已经是一个自由人,还能读写,且拥有后来带给他巨大财富与名望的家政技能。据说,他是应内森·阿普尔顿的聘请来到波士顿的。阿普尔顿是一名波士顿商人、政客,他在1802年到1804年间访问过查尔斯顿。罗伯茨到达波士顿后不久,就遇见了多萝西·霍尔,一位来自埃克塞特的黑人独立战争英雄的女儿,并且和她结了婚。尽管罗伯茨在19世纪20年代的波士顿城市指南上被登记为一名搬运工,但那或许是一个失误,因为在那十年间和更早的时候,他在为阿普尔顿与柯克·布特做管家,后者是一名马萨诸塞州的实业家。一些学者相信,罗伯茨曾经在1810年至1812年跟随阿普尔顿出国,并且在英国遇见了布特。在他的书中,罗伯茨提到他曾经服侍过法国、英国和美国的一些最上流的家庭。

1825年至1827年,罗伯茨作为管家开始有了名气。当时他在为马萨诸塞州的前州长克里斯托弗·戈尔工作。罗伯茨遵循的是可靠的英国大管家的传统,并在戈尔的监督下管理着这个富裕的家庭。《家仆指南》的第一版在戈尔去世后不久出版，其中包括了前州长的一段遗言：“我仔细阅读了这本著作，认为它应当是很实用的。”

罗伯茨的指南是用英国家庭手册的风格写的，它的与众不同之处在于，它是写给两个假定在受训的男管家——约瑟夫与大卫。罗伯茨对服务过程中的艰辛与痛苦直言不讳，并且劝告他想象中的徒弟要随时保持与人为善的态度，去观察、理解他们雇主的性情。他还劝告年轻人“对你和什么人在一起要非常小心”。或许，《家仆指南》中关于如何切割烤肉、如何摆盘以及如何布置餐具柜的指导已经过时，但是，罗伯茨给予约瑟夫与大卫的一点建议仍和1827年的一样，真实不虚：“请记住，我年轻的朋友们，你的性格是你一生的全部财富；因此你必须时常当心它，不要让它有丝毫瑕疵或污点。”

《解放黑人奴隶宣言》，1864 年，美国国会图书馆提供

哦，自由！

欢庆大赦。

1861年4月12日，星期五，世界改变了，对所有的美国居民来说，无论是奴隶还是自由人，一切都变了。日出前，分离主义者的炮兵向南卡罗来纳州查尔斯顿港的萨姆特要塞开火。美国内战打响了。在战争持续的四年间，同胞互相残杀，家庭分崩离析，死亡的美国人数量超过以往和之后的所有战争。战争解放了奴隶，也撕裂了这个国家，即便过了一个多世纪，南北双方的这种割裂仍能被感受到。这是一个在各方面都接受考验的时期。尽管事实上这个国家的许多贵族与大部分有影响力的人都是南方人，但是务农的南方对战争的准备是不充分的。时间被拖延了若干年，他们的遭遇比生活更工业化的那些北方人更加艰难。美国内战标志着美国的成熟，这场冲突在南方是尽人皆知的，而这是一个血腥、残忍的转变。

起初，奴隶对当时的政治一无所知，他们的主人骗他们北方人是魔鬼，会把他们打残，或是用别的方法迫害他们。但是，随着战争的推进，事情的真相逐渐清晰。那是一个复杂混乱的时期，在这期间南方的奴隶和他们的主人一起吃着苦、受着难。恐惧与不安对他们来说是家常便饭，同时还要面临口粮的减少。事实上，大部分的奴隶都不清楚战争是什么，以及它将如何直接改变他们的生活。只是慢慢地，他们才闪现了一丝希望，或许战争能结束他们的奴役生涯。那时的证词里有大量曾经为奴的人第一次见到北方士兵时的回忆。那些当年还是孩子的人，记得穿着蓝色军装进军南方的士兵给他们糖果，对他们很友善。北方军队最终抵达了南方的城镇和村庄，那里的奴隶们仍然每天辛勤劳动着。他们有很多作物要播种、浇灌和收割，而随着战斗的继续，一年四季的苦力也依旧无情地重复着，只不过女主人接替了去打仗的男主人。而在整个奴隶时期一直让主人如此困惑、恐惧的奴隶通信网络，现在却开始运转了。然后，有一天，它来了。

一开始，它是一句老亚伯·林肯的低语，在北方那个被叫作华盛顿的地方，白人们坐在政府里，做出了解放奴隶的决定。起初，这似乎只是一个谣言，它传遍了南方各州，给那些不堪重负的人们带来了一些希望、一丝可能性，这些人每天都要与别人强加于自己身上的所谓命运进行抗争。那一股细流、一抹希望开始于1862年9月22日。流言慢慢传开。弗吉尼亚州的仆人在拿着沉重的银汤勺，端上盛在骨瓷器皿中的精致饭菜的时候，偷听到了这些讨论。而这些话又传到了没有暖气的小木屋里，那里的人们用苔藓、破布将墙上的洞堵住以抵抗即将到来的冬天的寒风。在北卡罗来纳州，人们从烟叶上摘下甲虫时，它是无声的信号；在佐治亚州，它是人们在棉花地里弯腰时的耳语；在路易斯安那州，它在煮糖车间大桶甘蔗汁热气腾腾的蒸汽中被分享。林肯总统发布了一项公告，给脱离联邦的各州一百天的时间来放弃他们过去的蓄奴立场。这有可能吗？

然后，在1863年1月1日，大赦的那一天终于来了。林肯总统签署了《解放宣言》。这一消息尽管如此令人振奋，却没有像现在的信息传播速度那么快地被传开。相反地，消息缓慢地传遍了美国南方。许多种植园主认为，最好在庄稼收割之前封锁住消息。但是，有些曾经的奴隶自己承担起了加速消息传播的责任，并且成立了一个叫作“林肯法律忠诚联盟”的组织，或简称“4-Ls”。他们的任务是传播解放的消息。并且，就像上涨的潮水以势不可挡的必然性包围了这片大地一般，消息传到了弗吉尼亚州的烟草种植园，穿过卡罗来纳州与佐治亚州低地郡的沼泽，越过密西西比州与佐治亚州的棉花田，并扩散到了海岛上的靛蓝种植园。它沿着路易斯安那州甘蔗种植园上的田坎飞驰，那里有些奴隶主本身就是黑人，最后，消息抵达了得克萨斯州的外围。最终，所有那些在奴隶制下工作的人们都能卸下他们的负担了。

大赦给曾经的奴隶带来了自由与一时间的欣喜，但是当战争还在激烈进行的时候，并没有人能给刚解放的奴隶提供什么计划或解决方案。他们大部分是文盲，而且是在一种依附性的文化中成长起来的，没有任何资源可以依靠。许多被叫作“黑货”的人，他们找到北方军队，跟着士兵，以此获得食物、衣服和庇护。另一些人则自力更生，寻找新的生活方式。但还有一些人选择留在主人身边，留在他们所知的唯一的安全世界里。

威廉·麦克·李是南方联盟将军罗伯特·爱德华·李的奴隶厨师，在战争的整整四年间一直跟随着他，为他做饭，充当他的管家。威廉·麦克·李回忆说，在战争期间他唯一一次挨主人骂，就是因为他杀了一只下蛋的鸡来做了一顿饭。那是在荒野之战[1]前，他的主人请了

1. 1864年5月5日至7日的荒野之战，是美国内战中尤利西斯·S.格兰特中将与乔治·G.米德将军在弗吉尼亚地面战役中对抗罗伯特·爱德华·李将军以及北弗吉尼亚邦联军队的第一次战役。双方军队都遭受了巨大的伤亡，总计约5000人死亡。

“一帮将军”来吃饭。他祭出了李将军的黑母鸡，“把它收拾好，里面塞上面包，拌上黄油”——用他认为符合这帮将军规格的饭菜招待了他们。和威廉·麦克·李一样，那些留下来的人用他们在奴役期间获得的智慧帮助他们曾经的男女主人在战争及其余波中存活下来。

以这种方式，南方黑人与白人在食物上的共生关系贯穿了整个战争时期。然而，讽刺的是，一个慷慨的举动成为奴隶制终结的尾音。在阿波马托克斯[1]投降之后，当路易斯安那州的兵团战败后前往伯克维尔火车站搭乘最后一程列车回家的时候，他们得到的最后一份口粮是几百根整穗的玉米，那是一个自由的黑人给他们的，他说：“这将是我最后一次见到他们了。”每个人都得到了两根玉米及一杯高粱：这是对于整个奴隶制期间白人与黑人相互依存的优雅注解。

李将军在阿波马托克斯签署投降协议并不意味着之前的南方奴隶将不再遭受贫困。相反，它预示着新的困难与挑战。那些获得自由的新人曾经被刻意地保持无知、文盲的状态，如今没了主人的“照顾”，他们发现自己没了工作、住所、食物。解放的冲击，加上对这一重大事件缺乏准备，让很多奴隶丧生，但仍有些人运用他们常年在奴役生涯中获得的智慧与生存技能活了下来。托马斯·鲁飞，一个北卡罗来纳州的前奴隶接受了公共事业振兴署的采访，他回忆说：“我们在烟熏室里挖土，把它煮干，然后筛出里面的盐来给我们的食物调味。我们到外面捡来被扔掉的骨头，把它们敲开，取出里面的骨髓用来给我们

1. 阿波马托克斯：在美国南北战争中，1865年4月9日李将军率领的南军向格兰特将军率领的北军投降的地点。自1892年建立新城后，此地已成废墟。1954年全部被辟为历史公园。

的绿叶菜调味。”聪明才智胜出了。

随着解放，战争结束了，分离、失联的家庭试着找到彼此，那时的黑人报纸上充满了寻找失散家人的广告。父母亲与子女团聚，丈夫找到了妻子，姐妹发现了被卖掉的兄弟。还有一些人谁也没找到。所有人都要继续面对新的黎明，在自由中找出一条通往崭新未来的路。他们凭着自己在奴隶时期表现出的创造性技能（裁缝、理发、干农活、金属加工、木工等）谋生。他们中很大一部分人会用他们的知识与能力在餐饮世界中创造出全新的人生。

■ CHAPTER 7

WESTWARD HO!

第七章

到西部去，嚄！

移民、创新，以及一道不断加深的烹饪分水岭

一名阿帕切侦察兵和一名第10骑兵团水牛战士，1889年4月，弗雷德里克·雷明顿（Frederic Remington）绘，美国国会图书馆提供

得克萨斯州，达拉斯。

所有东西在得克萨斯州似乎都更大。坐着出租车从机场进城的路上，我就发现装饰二手车经销店的国旗似乎是其他州的四倍之大。6月的天气也铁定要热上两倍。我跟我的新朋友，一个瘦骨嶙峋的第七代得州人，开着车在城里兜风，我惊讶地发现达拉斯看起来如此熟悉。它符合我所知的许多南方城市的样子。排房[1]密密麻麻挤在一起，宣称这是它们的领土，仿佛公然藐视着城市重建的混乱历史，而这一重建摧毁了南北方的黑人社区。我猜想得到，那些老剧场里曾一度有过繁荣的蓝调俱乐部。

1. 排房：一种狭窄的矩形住宅，通常不超过 3.5 米宽，房间一个接一个排列，房子的两端各有一扇门。

那些寓所维护得很好，让主人引以为豪，在这里，阶级分化仍然很明显，可以从精英们住的结实的砖房与那些经济能力较差的人住的摇摇欲坠的隔板房中看出端倪。我可以看到阶级分裂的印记，这在非裔美国人的世界里一直存在，但是在解放后这种分裂变得更加根深蒂固。一种熟悉感油然而生，因为我住在一个黑人社区，尽管是在北方。这种熟悉感还出于我知道移民潮将黑人带出了南方。我们继续沿着州际公路行驶，公路将旧城区一分为二，像一条蛇蚕食着自己的身体。我们在一家得克萨斯风格的烧烤店稍作停留，那里面还有牛肉供应；我们还去了一趟黑人书店，寻找当地与黑人有关的图书，然后继续上路。我到达拉斯来是有事要做的：我受邀在非裔美国人博物馆的六月节庆典上演讲。

六月节是得克萨斯州的节日，庆祝该州对《解放宣言》迟来的接受。得州黑人以特别的热情来对待他们的大喜之日。最初，解放庆典是反省的时刻，主要形式是祈祷会与宗教仪式，感恩他们从奴役中解脱出来。渐渐地，传教者用浑厚语调念出的动人的感恩祈祷变得世俗化，到了20世纪早期，六月节变成跳蛋糕舞[1]和有许多正步走的马匹参加的游行活动。现在的庆典活动更多是选美比赛与棒球赛，而不是过去的严肃说教。

然而，一路走来，六月节的主心骨一直都是餐桌。早期，那些在

1. 蛋糕舞：起源于19世纪中期举行的“奖品舞”（以蛋糕为奖品的舞蹈比赛），通常在美国南部奴隶解放前后的黑奴种植园聚会上举行。它最初是一种带有滑稽形式的列队舞伴舞蹈，可能已经发展成对白人奴隶主的做作舞蹈的微妙嘲笑。

令人感到悲伤的厨房里做苦力的人会好好吃一顿来纪念他们的自由。早期庆典的标志是野餐与烧烤，丰盛的餐桌上铺着亮丽的桌布，上面摆着烤肋排、炸鸡这样的特色菜，还有各种各样的夏季农产品，如黑眼豆、桃子和西瓜等。

达拉斯的非裔美国人博物馆坐落于得州展览会场。尽管那里发出了空气污染警报，气温超过32摄氏度，但人们还是会出门在此消磨一整天。清凉饮料已经拆封，草坪椅围成欢乐的圆圈，便携式烤炉已经生上了火。人们围在一起听布鲁斯音乐，品尝几种自制的烧烤，灌下几加仑超级甜的红苏打水，然后享受为自由而庆祝的喜悦。我和博物馆的教育主任一起走过展台，我对得克萨斯州的非裔美国人的长寿感到惊讶。后来，当我不时在博物馆里走动以躲避让人发晕的气温时，我开始意识到“我们”对于得克萨斯州历史的重要性。有一些房间专门用于与牛仔文化有关的非洲先人以及那些曾经在该州东北部被奴役的人的展览。甚至有一个区域专门介绍达拉斯被破坏的黑人社区。里面有些箱子，装满了纪念品，它们是从被拆除的房子、早已被人遗忘的俱乐部里收集来的：黯淡的镜框内掉色的照片、很久以前就已经不成套的杯子与杯碟，还有关闭的剧院的节目单残片。

当我在这些展厅中漫步时，我意识到西部广阔开放的土地自然地吸引着那些曾在东南部被奴役的人。尽管第一批非洲人是作为西班牙人的奴隶抵达此地的，而这里在16世纪成了美国西部，但是，随着六月节庆祝的解放与大赦，非裔美国人向西部移民的活动才真正开始。西部为探险者、移民、企业家和劳工提供了空间——非裔美国人的经验在各种维度得到了扩展。

ı◇ı◇ı◇ı

无论是获得解放还是尚未解放的非裔美国人，他们都希望去到一个地方，那里没有“过去”——就像从橡树上垂下的西班牙苔藓——在头顶萦绕。他们想要离开南方，而西部的新天地在向他们招手。这个国家正在向西部移动，这个地区突然变成了国人眼中的香饽饽，各个种族的探险家都能在这里找到一席之地，并且人们会以他们的功绩、辛勤劳动而不是他们的家族血统或是肤色来评价他们。这种“向西看”的情况发生在种族主义日益激烈的时期。19 世纪最初的几十年的标志性事件，是土著从东南部迁徙到了后来被称为“印第安保留地”的地区。那是一个反黑人的暴力时期，一直持续到内战，其特点就是种族暴动与镇压。西部是一个过去被连根拔起的地方，在这里能建立新的开始。得克萨斯州将有望在 19 世纪最后几十年成为通往西部的门户，事实上，从东部、东南部向西部的移民开始得更早。

一个不太可能的起点就是费城。1800 年，这座兄弟情义之城有着国内最大的自由黑人人口，是超过 4000 名自由黑人的家园。1833 年，当罗伯特 · 博格尔正在为费城的上流阶级服务之时，他与同城的自由非裔美国同胞正在寻找一条出路，摆脱美国没完没了的种族主义。第三届促进自由有色人种年会提出迁往西非的建议，但是经过长时间的讨论，最后决定的方案是向得克萨斯州移民。得克萨斯州在 1833 年还是墨西哥的一部分，而墨西哥有着自己悠久的非洲蓄奴历史。（自 1521 年至 1824 年墨西哥废除外国奴隶贸易之日，大约有 20 万非洲人被送到了那里。）不过早在 1829 年，混血总统维森特 · 格雷罗就下令解放奴隶了。对于费城会议上的自由黑人来说，邻国废除奴隶制似乎确实很有吸引力，于是数百人移民到了现在属于得克萨斯州的北方地区。但是他们的期待与希望却在 1836 年破灭，当时得克萨斯州成了一个独立的蓄奴共和国，这一身份一直保持到了 1845 年，然后它成为美国的一个前蓄奴地区。在解放前，它一直是蓄奴的，而且是最后一批宣布解放奴隶宣言的州之一，那是在 1865 年。

另一批非裔美国人也在 19 世纪 30 年代早期抵达了西部。不过，他们是和美洲土著一起来的，他们是和五大文明部落（切罗基、穆斯科格－克里克、奇克索、乔克托和塞米诺尔）融合在一起的黑人。他们在被称为“血泪之路”[1]的一系列痛苦旅程中被迫前往印第安保留地。对这些黑人来说，“血泪之路”开始于 1831 年的第一阶段：乔克托人“自愿”迁移。这一阶段一直持续到了 1838 年，16 000 名乔克托人被迫从田纳西州、亚拉巴马州、北卡罗来纳州和佐治亚州离开，重新安置在今天的俄克拉何马州。1832 年，乔治 · W. 哈金斯，一名乔克托人，在《给美国人民的告别信》中写道：“我们乔克托人宁可自由而受苦，也好过生活在有辱人格的法律之下，在他们的队伍中，我们的声音不可能被听到。”自然，他的话引起了那些同印第安人一起向西部行进的非裔美国人的共鸣，也引起了南方所有被奴役者的共鸣。

1848 年，加利福尼亚州发现了金矿并引发了淘金热潮。两年后，

1. 血泪之路：1828 年至 1837 年美国历史西进运动中的著名历史事件之一。杰克逊政府表面上称要执行人道、公正、开明的政策，保证印第安人迁移自愿进行。但实际远非如此，各种丑闻时有发生，印第安人吃尽了苦头，被屠杀或虐待致死者不计其数。

西部对另一些非裔美国人来说，也变得非常有吸引力。加利福尼亚州于1850年作为自由州加入联邦。那一年，只有1000名黑人生活在加利福尼亚。但是等到1860年，3000名黑人加入了他们，定居在旧金山与萨克拉门托地区。然而，承认加州作为自由州加入联邦的妥协，导致更严厉的逃亡奴隶法案出台，以加强对南北方自由黑人与黑奴的压制。在1860年南方各州分裂与内战开始的前几十年里，这个国家在蓄奴问题上就已经越来越两极分化，在西部开放定居的地区，这种分化正在上演。加州是自由州，俄勒冈州与华盛顿州也是自由州，但这个议题在新墨西哥州、犹他州悬而未决，堪萨斯州与内布拉斯加州的蓄奴问题的主权在民。自由得不到保障，因为法律在变，而领土上到处都是政治观点各异的白人定居者。

尽管如此，黑人仍如涓涓细流汇向西部，他们前往俄勒冈地区，前往科罗拉多加入1859年的派克峰淘金热。解放后，涓涓细流变成了一股稳定的水流，其中有牛仔、在铁路上工作的人（这些铁路将这个国家重新连接了起来）、开荒者，还有保护这些人的“水牛战士”[1]。到19世纪最后的几十年，向西的迁徙已经席卷成浪涛。重新安置的黑人在他们曾经被奴役的领域找到了工作并创造了就业机会。他们在不同领域工作，凭借自己的聪明才智，以及对文化多样性的灵活把握自由穿梭。他们在刚起步的铁路、旅馆和寄宿家庭里工作。他们为矿工、

1. 水牛战士：最初指于1866年9月21日在堪萨斯州莱文沃斯堡成立的美国陆军第10骑兵团的成员。这个绰号最初来自印第安人战争中印第安部落对黑人骑兵的称呼，最终成为1866年形成的所有非裔美国军团——第9骑兵团、第10骑兵团、第24步兵团、第25步兵团——的代名词。

开荒者、定居者乃至不法分子提供餐饮，他们还在西部公路沿线涌现的小城镇上开餐馆、酒吧。伴随着对“平等无处不在”理念的渴望，非裔美国人凭着自己的头脑、双手以及心灵，带来了受非洲启发、受美国影响的昔日南方家园的味道。

第一批到达西部的人中，有些是内战前曾在得克萨斯与印第安地区工作过的黑人牛仔。他们是在 1845 年之后，作为奴隶被他们的盎格鲁主人带来的，当时这个独立的共和国已经被并入美国。解放后，又来了第二批农场工人，他们孑然一身且身强体壮。这两批人都找到了把牛群赶到牛道上的工作。这一工作出现在内战结束之时。随着商业路线的扩张、新兴铁路的迅猛发展，屠宰场将肉运送到全国各地成为可能，因此围绕着铁路枢纽建立的屠宰场获得了发展。

有趣的是，像西部牛仔这样的典型美国人的原型，或许很大程度上要归功于非洲大陆。臭气熏天的奴隶船带来的众多技能之一，就是如何与牛打交道。富拉尼游牧民族生活在西非，地域涵盖了从塞内冈比亚到尼日利亚，从马里到尼日尔河地区再到苏丹。他们习惯了放牛的生活，并且对畜牧业有一定的了解。殖民初期他们抵达弗吉尼亚州之后，便开始改变美国的养牛方式。西非富拉尼牧民覆盖的地区的放牧方式与后来南卡罗来纳州内陆地区的放牧方式很相似，都有着南北季节性迁徙的模式，这一模式在得克萨斯地区至今仍在使用。

美国内战结束时，遵循着这一受非洲启发的方式，黑人与白人牛仔将牛群从得克萨斯地区南部的农场放牧到北部的市场，这些市场是随时间推移在沿途发展起来的。最受欢迎的路线从格兰德河出发，到堪萨斯州的阿比林市。在阿比林，一个叫作约瑟夫 · G. 麦考伊的企业家建立了一个中继站，可以将牛圈养起来并且通过联合太平洋铁路将它们运到东部的市场。到 1867 年，铁路沿途可以季节性地听到牛蹄的敲击声。那一年，有 35 000 头牛沿着这条路放牧。1871 年，这一数字增加到了 70 万，但那时这片地区已经有很多人定居，可用于放牧的土地变得十分稀少，于是牛群被转移到了更远的西部。

无论是在这条阿比林小道上，还是任何一条后来发展起来的路线上，放牧都是一项耗时漫长、尘土飞扬、艰辛困苦的工作。因为在整个放牧过程中，牛仔能见到的唯一的人就是团队中其他的成员。平均一个团队的成员不少于十一人——通常是一个领队、八个牛仔、一个牧马人和一名厨师。领队通常是牛群的主人，拥有绝对的权威。牛仔负责让牛群保持队形。牧马人通常是团队中最年轻的，级别也最低。他负责照顾牛仔的马匹，帮助厨师拾木头生火、装卸流动炊事车，还要洗碗。团队中最重要的成员是厨师，他往往是整个团队的知心人和调解人，而且所有人都要靠他来获得营养。要做出让口味不一的成员都满意的饭菜，需要一双巧手，从干货到新鲜宰杀的肉类都要会做，还要寻觅绿叶菜，这通常是一份吃力不讨好的工作。但是由于这项工作相对自由度较高，因此有大量的黑人牛仔选择了这个职位。

早期放牛时，牛仔会自己带食物，自己做饭。等到放牛路线成熟起来而牧群扩大了之后，每一个团队都有了自己的厨师。这位厨师有很多职责，还要负责执行营地纪律，按时准备三餐。他的流动厨房被称为流动炊事车，是应旅行的伙食需求而发展起来的。流动炊事车是一种结实的车辆，它能携带两天的旅行用水和食物补给，包括面粉、豆类、糖、培根、腌猪肉、咖啡、糖浆等，以及无处不在的番茄罐头，它们是用来给很多菜调味的。车上还装备了最基本的医疗设备与厨具，包括必不可少的荷兰烤箱，它可以做出各种食物，有时令人快乐，有时则难以下咽。早上，流动炊事车在牧群前面行驶，带着食物和铺盖，有时候甚至还带着表明牧群所有人的法律文件。厨师是第一个起床的，他要生火，并且在带领牛群开往下一个营地之前准备好早餐。在一天结束的时候，牛仔们回来，他需要为牛仔们准备好热腾腾的饭菜、他们的铺盖、灼热的篝火——这篝火他还要继续照看，还有一壶永远为牛仔们煮好的咖啡。

厨师通常是放牛路上最年长的人之一，通常是一个不再能忍受鞍马颠簸的退休牛仔。他是值得信赖的人，因为除了食物、水和药箱之外，牛仔们的私人物品通常也都放在马车上。不论厨师是白人还是黑人，他们都是其领地的绝对统治者。在 19 世纪中期，种族观念盛行，危机四伏，黑人牛仔厨师不得不小心行事，这点不足为怪。然而，即使是黑人牛仔厨师也保留了一定的自主权。对他们来说，就像对任何一个野炊厨师一样，他们的权威是不容反抗的，报复可能来得很快，而且总是不太愉快的，不管团队成员是白人还是黑人。一个无礼的放牛人或许会发现厨师用尽一切方法来报复他，从冷掉的咖啡到丢了的铺盖，再到堆满软骨的饭菜。

厨师通常是久经沙场的老手，要担任团队成员的医生和牙医，还有告解神父及代理母亲。厨师须知道如何沿路寻找野菜，以及如何处理、烤制沿途的小猎物。他还必须懂得如何生火、控火，使火苗既能均匀地烹饪饭菜，又不会冒出火星溅到马车上，把车引燃。厨师有时候也被称为“cosi”（西班牙语“cocinera”的缩写，意思是厨师），他必须是户外烹饪的能手，要判断在哪里生火、在哪里摆放尖锐的烤肉铁架，还要操作荷兰烤箱、平底锅和烤盘。厨师的工作是照顾团队成员，而在一个快乐的团队中，厨师就是宝贝。有些围地厨师是在放牛路上围地管理流动炊事车上工作的，就像那些在相对固定的环境里掌勺的农场厨师一样。

很多牛仔厨师都和山姆一样，没有姓氏，正如约翰 · D. 扬在 J. 弗兰克 · 多比的《灌木丛中的牧童》一书中回忆的那样。山姆重达 220 磅，而且他已经 35 岁，他太重了，不适合鞍马生活，年纪也有点儿大。但是据扬说：

> 他总是说着快活的话，或是唱着快活的歌，他似乎对我们每一个人都充满了感情。当我们在附近灌木丛安营扎寨的时候，每一个牛仔进来前都会用绳子绑一大块木头绕在流动炊事车上。这块木头总能让山姆乐得不行，不管他想不想要它。

山姆用牛仔们带来的木头生的火创造了奇迹。每当营地在一个地方驻扎的时间够久，牛仔能打猎时，山姆就会做出一些平原上最棒的“珍馐佳肴”。当他有时间做烤羊排、烤牛排或是野火鸡的时候，大伙儿就能尝到山姆所谓的“喜宴”了——它是晚餐与晚宴喜结的连理枝。然后，牛仔们便迫切等着山姆的呼唤，他让他们洗个脸、梳个头，然后“趁它热辣水灵”之时前来品尝。

并非所有厨师都像山姆一样可爱、有才华。泽诺是个“法国黑人”，1872 年在放牛路上做厨师。他用相似的罐子来保存小苏打和甘汞——一种白色无味的粉末，用来通便、消毒，他因此而出了名。一个牛仔轻描淡写地回忆道：“我们很难受，因为我们吃了泽诺的面包，尽管那味道很奇怪。”他们确实吃了像泽诺的甘汞面包那样真的很可怕的食物，但他们也吃到了像山姆做的那般可口的食物。

在蒙大拿州的 RL 牧场，乔治凭借他可口的馅饼、饼干，以及对牛仔们的善待而被人铭记。戈登·戴维斯——传奇的放牛领队阿贝·布洛克尔的厨师，当他骑着他的“左轮公牛”进城，用小提琴演奏着“水牛姑娘，难道你今晚不想出来吗”时，他预演了电影《灼热的马鞍》中的一幕！吉姆·辛普森，怀俄明州的一名围地厨师和农场厨师，“精通对付荷兰烤箱和锅碗瓢盆”。另一些人则默默无名，但是牛仔们在自己的回忆录中追忆了黑人厨师和他们的厨艺，以及他们做的饭菜。牛仔们回忆起酵母饼干是如此轻盈，看起来就像在空气中飘浮；而牛排则裹着浓稠的褐色肉汁；面包布丁淋上了糖浆，还点缀着葡萄干。然而，并非所有回忆都是美好的。也有人记得的是硬邦邦的牛排、磕牙的饼干，以及喝起来像泥浆似的咖啡。

最让人回味无穷的一道菜是“狗娘养的炖菜”，也叫作“婊子养的炖菜”。它和用苹果干做的苹果派或用啤酒瓶擀的面团一样，是牛仔厨师的一道主打菜。每当放牛途中宰杀了一头哺乳期的小牛时，就可以做这道菜了。用里脊肉片加上新鲜的心脏、肝脏、舌头和脑一起烹饪，再用浓厚的肉汤来调味。“狗娘养的炖菜”之所以与众不同，精髓在于小牛犊的“骨髓肠”。（那是位于牛的两个胃之间的一截肠子，在小牛的哺乳期，里面充满了一种类似骨髓的物质。）它为炖菜添加了一种类似牛奶发酵后的风味。对一些人来说，加一个“臭鼬蛋”[1]（它得用到洋葱）是必不可少的；对另一些人来说，则深恶痛绝。有些人认为这道菜是从科曼切人[2]那里学来的，但是它对内脏的使用以及相当多的流动炊事车厨师是非裔美国人这一事实，或许表明这里面有非洲人的功劳。可以肯定的是，从面包布丁上的糖浆到烤羊肋排，再到菜肴妙不可言的风味，黑人牛仔厨师将非洲的烹饪方式带到了西部。他们也非常巧妙地将非裔美国人的食物带到了得克萨斯牛仔们的食谱中。正如一位食品历史学家所说："把蹄子上的肉、墨西哥与上南部的饮食，以及黑人的烹饪传统放在一起，你就能吃到得克萨斯西部的美食了。”

广阔的露天牧场上的自由吸引着那些成为牛仔厨师的人。这份工作尽管保证了自由，却无法带来巨大的财富。不过西部确实给那些有进取心与创造力的人提供了充足的机会去创造可观的财富。1848 年萨特磨坊发现金子之后，一些黑人前往加利福尼亚，希望能一夜暴富，但是淘金者几乎清一色都是白人。大多数到这里来的黑人都是靠给新晋的百万富翁服务来谋求财富的。他们中有一些是妇女，她们希望能充分利用淘金热后旧金山悬殊的男女比例的优势，那个比例是158：100。发展中的精英阶层迫切需要家政服务，而在淘金热的最初几年，家庭女佣得到了最高的工资。黑人、亚洲人和白人妇女经营洗

1. 臭鼬蛋：一种用熟鸡肉、洋葱、干酪、鸡蛋、面粉等混合物做成的椭圆形炸丸子。

2. 科曼切人：美洲原住民中的一个部落，西班牙殖民者为这片土地带来马匹后，科曼切人成了所有印第安部落中最骁勇善战的骑兵，因此一跃成为大平原南部的统治者。

衣店、寄宿公寓，还做家佣、裁缝的工作。在这一片天地里，有一个非裔美国妇女将她的烹饪技能以及对家庭事务的敏锐洞察转化成了巨大的个人财富，她的名字叫作玛丽·艾伦·普莱曾特。

尽管玛丽·艾伦·普莱曾特在历史上被称为“普莱曾特嬷嬷”，但是众所周知，她在有生之年拒绝了这个头衔，在很多个场合她都说过:“不要叫我‘嬷嬷’。”普莱曾特过着一种18世纪流浪汉小说中的生活，她在一系列的冒险中走遍了全国各地。谣言与含沙射影的讥讽围绕着普莱曾特，足以炮制一部系列短剧。似乎我们关于她所掌握的唯一确凿的信息就是她生活在旧金山，并且在那里发家致富。

普莱曾特总是乐于对她的出身加以渲染。据说她出生于1814年至1817年间。她在1827年左右来到南塔基特岛，给一个名叫“赫西”的店主做契约用人。在履行契约之后，她留在了赫西那里，并且通过他积极地参与到废奴运动中。她继续与地下铁路[1]合作，并且最终在1852年来到处于淘金热潮中的加利福尼亚州。

玛丽·艾伦·普莱曾特在加利福尼亚获得白人的待遇，并且在白人中用了她第一任丈夫的名字：史密斯。她在“凯斯和海泽”公司找到了一份工作。这是一家由佣金代理商组成的公司，是为别人买进和卖出货物的最重要的中间商，在不断发展的经济结构中起着经纪人的作用。普莱曾特负责管理商人雇员的寄宿公寓。在一个女人很少的地区，这个机构与其他类似的地方是为这座城市注入活力的男人们聚在

1. 地下铁路：19世纪美国秘密路线网络和避难所，用来帮助非裔奴隶逃往自由州和加拿大，并得到了废奴主义者和同情者的支持。

一起吃饭的地方。到 19 世纪 50 年代晚期，普莱曾特在旧金山为一些最精英的家庭与最显赫的单身汉做饭。她很好地利用了做饭的机会，抓住他们在饭桌上无意间透露的消息，开始通过一个年轻的职员——托马斯·贝尔的帮助来赚钱，他是她雇的私人经纪人。(有传言说贝尔是她的情人，他工作得特别出色，后来成为加利福尼亚银行的副总裁。) 1875 年，当加利福尼亚的黄金与康斯托克银矿的白银流遍整座城市、每天创造出新的百万富翁的时候，他们已经积累了相当多的财富。普莱曾特最终开了自己的寄宿公寓，并成为一名房地产和矿业股票的行家。

普莱曾特的性格十分复杂，不止一位传记作家试图理清她生活的脉络，但都失败了。在众多通过经营寄宿公寓和餐厅来满足西部单身汉的需求、谋求财富的非裔美国妇女中，她无疑是最成功的一个。与她在东海岸的同行多尔西、唐宁一样，普莱曾特是一名坚定的民权活动家。她曾为突袭哈珀渡口的约翰·布朗捐款，还曾为取消旧金山有轨电车的种族隔离做斗争。然而，就像 19 世纪早期多尔西与唐宁在纽约、费城的旅馆一样，普莱曾特的寄宿公寓只为这座新兴城市的白人精英服务，她雇用有色人种，但并不为他们提供服务。

尽管在不同时期她曾拥有至少 3 家寄宿公寓，但其中最有名还是位于华盛顿街 920 号的那一家，它的特色在于，餐厅除了有最好的红酒、优雅的食物外，还“在楼上装修豪华的客房里配备了组合式的私人餐厅与卧室”。在这家奢华的旅馆里，普莱曾特雇了一批黑人员工，他们孜孜不倦地将特调的烈性饮料端给客人，并且利用客人们散落在餐桌边的信息为她赚钱，那些信息是她不断增长的组合投资的基础。

人们指责普莱曾特坑蒙拐骗，她让她的客人沉迷于烈酒和放荡的女人，有些人甚至管她叫“鸨母”。但是在她经营寄宿公寓的时代，在她生活的那个世界里，一个温暖的同床共枕的肉体被认为是包含在房费里的。尽管有这些指责和影射，普莱曾特在美国非裔美国人的烹饪故事中仍然十分重要，因为她是西方最成功的非裔美国女性餐饮企业家。她利用自己的品味、商业头脑，以及烹饪技能积累了相当可观的财富，成为正在崛起的旧金山的一股平权力量，并且赢得了“加州民权之母”的称号。

普莱曾特的菜谱似乎随着那些对她人生的准确描述而消失。1970年出版的《普莱曾特嬷嬷的烹饪书》中据说保留了一些她的菜谱，尽管它们被作者海伦·霍尔德里奇修改过。据出版商说，作者“测试了那些菜谱并且等比例地减少了分量，有些地方则加入了那个年代的厨师所不知道的一些食材”。1970年的这些菜谱无疑是改良过的，但是其中有一些地方仍能看到普莱曾特原始版本的蛛丝马迹，例如“密苏里的种植园”一章中的“跳跃约翰”，值得注意的是，它使用的是黑豆而不是更传统的黑眼豆；还有“新年晚餐”一章中的酿茄子，它会出现在任何一个新奥尔良家庭的餐桌上。当然，这本书中收集的菜谱既体现了普莱曾特人生的广度，也证实了那时非裔美国人烹饪的多样性。从种植园的简单饭菜，如红薯饼、猪小肠，到传统的西部菜肴如煎牡蛎蛋卷——用黄油炖牡蛎配上鸡蛋和奶油，应有尽有。其中有些真正精致的菜品，或许曾经在旧金山的饭店供应过，比如巧做旱金莲，在这道菜中，旱金莲花被填上了奶油奶酪和用牛至调味过的熟俄勒冈鲑鱼的混合物。后一个食谱很有意思，如果它真实可信的话，那么它或许可以表明普莱曾特的烹饪是多么标新立异。奶油奶酪，尽管在 1754 年就出现在英语辞典中，在 17 世纪已经为法国人所熟知，但是在美国，直到 19 世纪 70 年代才有人使用它，而在普莱曾特的年代它还是昂贵的新奇事物。除非普莱曾特自己的食谱被发现，否则我们永远都不会确切地知道哪些食材、哪些技巧是她的，哪些又是霍尔德里奇的。书中食谱的范围是值得注意的，因为它提醒我们一道烹饪分水岭的存在：一边是南方种植园中奴隶小屋的食物，另一边则是那些大宅子里由自由黑人或黑人奴隶为他们的白人主人做的饭菜。随着这个国家向西迁移，那些具有烹饪知识，知道如何迎合上流白人的需求做出精致饭菜的黑人发现，他们的财富蕴藏在为新贵提供的餐饮服务之中。

巴尼 · 福特就是这样一个人。加利福尼亚的淘金热也吸引了福特前往西部。福特 1822 年出生于弗吉尼亚州，在南卡罗来纳州的种植园长大。作为一个年轻人，他逃离了南方的奴役，很可能是通过地下铁路的帮助，然后去了芝加哥，那里的废奴主义者收留了他。他在那里结婚并且学会了理发的手艺。等淘金热开始后，他和他的妻子于 1851 年前往加利福尼亚。当时横贯大陆的铁路还没建成，从东部去往西部有 3 条路线。陆路的旅程包括一段长达 2000 英里的小路，一路还会经历各种短缺与贫瘠，包括没有新鲜的饮用水，还要担心印第安人的突袭。旅行期的长短取决于季节性的天气状况，没有旅行者能估计出需要多长时间。而沿着合恩角的海路也好不到哪里去。并且这一趟不舒服的航程要花费超过 6 个月的时间。比较短的海路则需要穿越巴拿马疟疾猖獗的中美洲雨林，在大西洋沿岸等待前往旧金山的轮船。福特一家选择了后一条路线，但是当他们的船停在尼加拉瓜的格雷敦港时，他们下船并且留在了那里，他们决定开一家小旅馆，为那些踏上和他们一样旅程的人提供服务。他们成功了，这家被称为“美国饭店”的旅馆，以其干净的客房和“家常美国菜”著称。

但福特一家并没有留在尼加拉瓜。那里的战争威胁及科罗拉多金矿的发现让他们改变了目标，回到美国。1859 年，他们来到靠近丹佛市的一个地方。福特试图要回属于他的财产。他遭到了拒绝，因为作为一个非裔美国人，他名下不允许拥有产业。他试图请一名白人律师，但那也以失败告终，当他竭力为自己的财产攀登时，这名律师直接把他从这座高山上扔了下去。他的索赔不了了之，一切都毁了。福特一家又一次白手起家。这一次，福特凭借他之前在芝加哥学到的生意，在丹佛市中心开了一家理发店，建立起客户群。但是 1863 年，一场大火把丹佛市许多地方夷为平地，福特的理发店也没能幸免于难，他又要从头再来了。这场大火后，丹佛市颁布了 1863 年“砖块条例”，条例规定城市中的所有新建筑必须用砖块或石头建造。这是一个挑战，但是这一次，一位非常信任福特才能的当地银行家给了他 9000 美元的贷款。福特在丹佛市中心第十六街与布莱克街街角开了一家“人民餐厅”，此时距离火灾发生才不到四个月。

1863 年《落基山新闻》上一则新开张的人民餐厅的广告是这么写的：

福特的人民餐厅

丹佛市，布莱克街

B. L. 福特诚邀他的老客户及广大群众
来拜访他宽敞的新酒吧、
餐厅和理发店
地址还是老地方。先生们会发现
他的餐桌全天候供应
科罗拉多和东部
最上乘、最精致奢华的菜品
在楼上的酒吧
女士们和先生们的私人派对
可以安排特别餐点，以及牡蛎晚宴
他的吧台上备有
东部市场上用黄金和美钞第一手买到的
最最顶级的酒和雪茄。
新鲜啤酒每日送达。
各种野味、鳟鱼等随时静候新老客人，
西部任何一家餐厅
都无法提供如此别具一格的服务。

客人蜂拥而至。这家餐饮机构包括一个餐厅、一个酒吧，以及向他过去的生意致敬的一家理发店。福特为丹佛市的精英阶层和新贵服务，新贵通常是粗犷的矿工。（毕竟，这是“永不沉没”的莫莉 · 布朗[1]的丹佛。）他提供的菜单和以玉米面包为基础的标准奴隶饮食大相径庭，菜肴用的是当地或全国甚至全世界最好的食材，菜品的设计也迎合了城里讲究人的胃口——他们追随的是欧洲和纽约的品位。

19世纪初的几十年，在东部海岸的富人中间发展起了一种餐厅文化。德尔莫尼科餐厅1837年在纽约开张，成了这座城市必打卡的地点。长达7页的菜单上印着英语和法语，提供20道小牛肉菜品、15道海鲜、11种牛肉菜肴，以及各种开胃菜、蔬菜、糕点和水果。还有一系列的酒精饮料，酒单上甚至有波尔多的顶级葡萄酒。德尔莫尼科抬高了美国全国的餐厅水准，而巴尼·福特的客人想要同样的饭菜。他的鳟鱼、牡蛎和野味都搭配了用最昂贵的食材制作的酱汁。丹佛日益壮大的上流阶层为它们买单，他们不仅用美钞现金付账，还用他们挖到的黄金来买单。福特获得了巨大的成功，后来他将人民餐厅扩张成了远洋饭店。福特被认为供应了“两大洋间最正宗的饭菜”，他意识到正在横跨全国的铁路线的商业重要性，并且着手利用它的增长。1867年，他在怀俄明州的夏延市有了第二家餐厅，之后发展成为第二家酒店，为那些从新的铁路上来的人提供服务，这些线路开始在西部纵横交错地展开。

1830年，在南卡罗来纳州的查尔斯顿，第一辆美国制造的火车头开创了铁路时代。1862年，美国国会通过了一项法案，要求两家铁路

---

1. 莫莉·布朗：1867年出生于密苏里州，美国人权活动家、慈善家和演员，在“泰坦尼克号”沉没事件中幸存下来。1893年，布朗和她的丈夫在科罗拉多州丹佛市的一个矿场发现了金矿，获得极大的财富。有一部电影就叫作《永不沉没的莫莉·布朗》。

公司建设一条将大西洋和太平洋海岸连接起来的铁路，以促进西部移民。中央太平洋公司和联合太平洋公司承担了这项任务。1869 年 5 月 10 日，随着一颗金色道钉[1]的打入，这两条铁路在犹他州的普罗蒙特里汇合。这个国家被连在了一起。到 1895 年，又有四条铁路建成，国家铁路线继续生长。在铁路旅行中找个地方吃饭是一件无法计划的事。旅行者要么不得不自己为旅行准备食物，要么就得在火车停站时冲下车，从当地小贩那里买东西吃。例如来自弗吉尼亚州戈登斯维尔的黑人女服务员兼搬运工，内战后，她在切萨皮克—俄亥俄州的铁路线上为旅行者供应炸鸡和咖啡。

1867 年，乔治 · 麦迪莫 · 普尔曼创办了他的“酒店车厢”，它立刻成为旅行的风尚。它的理念是在隆隆行驶的横跨大陆的铁路车厢中为富裕阶层提供酒店的一切舒适享受。普尔曼的酒店车厢包括了一个 3 英尺宽 6 英尺长的厨房、一间食品储藏室，甚至还有一个酒窖，考虑到空间的狭小，四到五位工作人员在其中创造出了令人叹为观止的多种菜肴。这个车厢很成功，但是精英们却觉得吃饭和睡觉应该分开，于是酒店车厢逐渐被淘汰，取而代之的是新的专门提供食物的餐车。第一辆餐车被命名为“德尔莫尼科”，向纽约著名的餐厅致敬，它是优雅用餐的典范。普尔曼最初的酒店车厢在解放后不久就出现在了铁轨上，为很多新解放的家庭奴隶提供了就业机会，他们在奴隶制中被

---

1. 金色道钉：1869 年 5 月 10 日，横跨北美大陆的中央太平洋铁路和联合太平洋铁路在犹他州“大盐湖”北边茫茫大沙漠里一个叫普罗蒙特里的小镇附近接轨。最后的两根铁轨是来自中国广东的华工扛上去铺好的，最后的几颗道钉也是华工用铁锤敲好的。这最后的道钉被美其名曰“金色道钉”，那个地方现被称为“金色道钉国家史迹地”。

定义为“家政服务”的角色。约瑟夫·赫斯本德在1917年写作《普尔曼车厢的历史》时宣称：“普尔曼公司是当今世界最伟大的雇用有色劳动力的雇主。”他继续用雄辩的口吻表达了当时对非裔美国人的主流看法，提出他们“作为一个种族，多年来被训练出从事各种服务的能力，而且在需要始终如一的善良、体贴和忠诚的环境下，他们出于本性忠实地履行了职责”。

铁路在发展中，逐步为乘客提供了餐饮，也形成了自己的地方特色。早在“新鲜”“本地”“地域性”成为21世纪烹饪一代的口头禅之前，火车上已经在创造反映它们路线的菜单了。旅行者们能在加利福尼亚州吃上熟的无花果，在俄勒冈州吃到珍宝蟹，在爱达荷州吃到新鲜的鳟鱼。

铁路提供了就业机会，也让非裔美国人和他们的食物有了另一条通往西部的道路。到了19世纪末，非裔美国人在餐车上无论做厨师还是侍者，都做得很出色，他们能在艰难时期找到有保障的工作，并且为家庭成员获得打折的出行福利。19世纪后期，火车员工在全国各地走动，并在各地的终点站如加利福尼亚州的奥克兰和洛杉矶、华盛顿州的西雅图等地安家，他们成为20世纪早期黑人移民潮的先锋。

福特的成功，就像玛丽·艾伦·普莱曾特那样，都是源于为白人上流阶级提供餐饮服务。那些在普尔曼的餐车里工作的人也为精英们服务，他们的品味与天分得到了褒奖，但是他们的大部分菜单和非洲或是战前南方种植园的食物都没有什么关系，而是受到了欧洲流行风味和欧洲大餐饮食观念的启发。他们与那些在西部新兴城市中生活并创造财富的人一样，乘坐火车出行，在高档餐厅里就餐。

大部分去西部的黑人都太穷了，买不起火车票。取而代之，他们坐的是货车或是马车，而很多情况下，他们只是步行。这一地区的小型定居点还给他们提供了工作，那些地方通常有一家酒吧或是寄宿公寓、一家杂货店，或许还有一个驿站。这是开荒者的西部：这个地区是在普通人的劳作下一天天建造起来的。黑人开荒者大部分是由过去的奴隶和那些前来寻找新的土地和机会的人构成的，他们在平原上的生存岌岌可危，受到了印第安人的突击和不法分子的威胁，同样的威胁还来自沙尘暴和干旱。非洲的口味随着这些解放后移民的黑人开荒者的铸铁锅和荷兰烤箱来到了西部。这些初来乍到的西部人生活在小镇、飞地以及偏远的定居点里，在那里他们发现自己只能依赖邻居和以水牛战士形式存在的军队的保护。

美国传奇的第 9 和第 10 骑兵团是格兰特将军在 1866 年创建的，前者在海湾师部，后者在密苏里师部。很难找到愿意带领黑人部队的军官，而且很多人拒绝带领军队——就像《小巨角》[1] 里臭名昭著的乔治·卡斯特那样。有些军官没有那么多偏见，他们签了约，大批黑人新兵也一样。尽管收入很低，还有严重的种族歧视，刚解放的黑人还是来到了这里。他们大部分是生手，没有接受过训练，但是不到一年，第 9 和第 10 骑兵团的团员就踏上了西部的征途，开始他们超过二十年没有中断的服役生涯。第 9 骑兵团在得克萨斯州、新墨西哥州、堪萨斯州、俄克拉何马州、内布拉斯加州、犹他州和蒙大拿州服役；第 10

1. 《小巨角》：1951 年上映的美国电影，讲述的是一个骑兵巡逻队发现一群印第安人准备伏击卡斯特的第 7 骑兵师的故事。他们向卡斯特将军发出警告，而他即将开始一项虚假的自杀任务。

骑兵团的总部设在堪萨斯州的莱文沃思堡，负责堪萨斯州、俄克拉何马州、新墨西哥州和亚利桑那州。水牛战士占了西部骑兵的20%，他们在北美大平原、新墨西哥州以及亚利桑那州巡逻。在这个向西迁徙的国家的前哨地区，他们的职责是保卫秩序，而那确实是一项重大任务，因为他们要应对与印第安人的战争、边界冲突和一般的不法行为。土著把他们当成值得尊敬的对手，并为他们起了“水牛战士”的称号，因为他们的坚韧不拔，以及有着螺旋状的卷发。

尽管这些士兵声名远扬，战绩斐然，但是来自白人的歧视却如影随形，甚至出现在连队的食堂里。水牛战士不是美国军队“亲生的”，他们的军官常常抱怨饮食。饭菜只有单调的猪肉，以及咖啡、面包、豆子、糖浆、玉米面包和红薯等主食，很少有变化。在水牛战士的食品柜里，看不到西部军队哨所常见的那些主要饮食。没有梨子罐头、饼干、白糖、芝士、糖蜜或者酸菜。得克萨斯州孔乔堡的哨所医生威廉·布坎南不停地向他的上级抱怨饮食，说这里的饮食比不上其他的哨所：面包是酸的，肉的质量也很差，供应的豌豆罐头日期太久已经变质了，而且里面的东西被罐头金属盒及上面的焊料所污染。布坎南义愤填膺，他向哨所的副官提起书面申诉。士兵们在红河战争[1]的大大小小的战斗与冲突后回到营地，迎接他们的唯一的口粮，就是与曾经在战前喂饱过亚拉巴马州农场工人一样单调的食物——猪肉、玉米粥

1. 红河战争：由美国联邦军队于1874年发动的军事行动，目的是把科曼奇、基奥瓦、南夏延和阿拉帕霍族北美印第安土著部落从美国南部平原驱赶出去，强迫他们搬迁到位于俄克拉何马州境内的印第安保留地。

和糖浆。在有些远征途中，战士们有幸遇上了好天气，就能通过打猎或者寻觅一些配菜来弥补他们不合格的口粮。或许会有鹿肉或羚羊肋排，或是野火鸡来打打牙祭，但总的来说，劣质的饭菜、劣质的马匹以及漏水的营房里铁床上的稻草铺盖是水牛战士的标准生活物资。

不过，有的时候，指挥官会想方设法得到特许的口粮，这时候他们就会举行一些庆典，比如1876年圣诞节，本杰明·格里森指挥官为整个孔乔堡的卫戍部队举行的庆祝活动。军乐队演奏着音乐，官兵们则坐下来饱吃了一顿，有“三明治、火鸡、牛舌、橄榄、芝士、饼干、糖醋泡菜、糖果、葡萄干、苹果和4种蛋糕——还豪饮了几加仑的咖啡”。水牛战士的经历是向西迁移的故事中的另一面——故事中，这个国家的种族歧视跟随着那些移民的脚步向西蔓延，这些移民携带着铺盖卷和装着他们仅有财物的薄薄的旅行袋。

对那些想在南方以外的地方扎根、自力更生的人来说，堪萨斯州是一个很受欢迎的目的地。1862年的《宅地法》[1]适用于西部其他州和地区，但是对黑人来说，堪萨斯州是无人不知无人不晓的。内战期间，这里是逃亡奴隶的避风港，而这个州的名字在非裔美国人的脑海乃至心中继续产生着共鸣。《宅地法》允许任何一个美国公民，无论种族或性别，只要他没有对抗过美国政府，都可以提交申请拥有160英亩政府勘测过的土地。而垦殖农民必须生活在这片土地上并且开发它。五年后，垦殖农民可以向当地土地管理局提交申请，证明自己的居住时

---

1. 《宅地法》：美国政府于1862年颁布的土地法，同时也是在美国南北战争的第二年，由亚伯拉罕·林肯总统签署的关于西部土地分配的法令，是在南北战争期间美国的重要法令之一。

间以及对土地做出的改善，这样他就能得到地契。内战之后，美国退伍军人可以从他们的居住要求中扣除服役时间。然后，本地的土地管理局会向华盛顿特区的土地管理总局递交一份包括最终资格证明的文件。只要居住满 6 个月并且做出最低限度的改善，在向政府支付每英亩 1.25 美元后，就可以获得有效的所有权申明。

1877 年，最后一支联邦军队从南方撤出，对于前奴隶来说，种族歧视与镇压变得如此繁重，以至于民权领袖成立了一个委员会，成员来自南方各阶级。委员会自费在整个地区派遣调查员报告情况。他们的报告是灾难性的：前主人的鞭打、私刑，以及一长串滥用新获得的权利的行为。委员会向华盛顿提出申诉，但是无人理睬。有人要求在西部开辟一块土地，或者拨出一笔款项用以将人送到利比里亚，但是这项请求也没有得到同意。最后，在密西西比州的黑人国会议员约翰 · R. 林奇的支持下，来自 14 个州的黑人代表在纳什维尔再次会面，决定支持移民，宣称“有色人种应当迁居到那些他们能享受到美国法律及宪法所保障的所有权利的州区”。这项声明后来被称为《1879 年出埃及记》。曾经的奴隶们成群结队地离开，许多新成立的非裔美国人的教会赞助了移民团体。据估计，在十年间，有 2 万到 4 万的非裔美国男性、女性和儿童前往西部的堪萨斯州。他们的人数如此之多，以至于为他们准备的设施不堪重负，并且引发了政府对于处理移民问题与随之而来的接待服务不到位的调查。但是他们确实搬迁了，也确实坚忍下来了。他们自称为“出埃及者”，这一称号来自《圣经》的《出埃及记》中人们奔向自由的意象，这一意象渗透在许多的奴隶歌曲中。

这些出走者来到了一个充满可能性的西部。那些全部由黑人组成的小镇，如堪萨斯州的尼科迪默斯与俄克拉何马州的兰斯顿，都是由早先移民到那些地区的黑人建立的。尼科迪默斯的奠基者 S. P. 朗德特里牧师，于 1877 年 7 月 2 日发表了一篇致《美国有色公民》的广告。他在其中建议他们：

> 我们，堪萨斯州格雷厄姆郡尼科迪默斯镇生活区，现在拥有自己的土地和城市建设用地，它优雅地坐落于堪萨斯州格雷厄姆郡 21 号山脉 8 号镇 1 区的西北方，位于大所罗门谷，托皮卡以西 240 英里，而我们可以很自豪地说，这是我们见过最美好的乡村……现在是你在堪萨斯州西部大所罗门谷的政府土地上安家的时候了。

这个镇是以“尼科迪默斯”命名的，他是一个传奇的奴隶，通过一艘奴隶船来到美国，并且赎回了自己的自由。生活并不像乐观的朗德特里牧师预言的那样轻松。出走者的浪潮导致了服务系统的崩溃，而那些新来的人第一年不得不住在防空洞里，还要应付干旱和歉收。但这个镇还是成长、兴旺了起来，直到 19 世纪末密苏里—太平洋铁路从这里经过，然后它开始变得萎靡不振。卡扎里 · 弗莱彻是这个镇上的原始居民，也是该镇的邮政局局长，他盖了镇上的第一家酒店，也就是圣弗朗西斯酒店兼车马出租所。到 1880 年，这里已经有两家酒店、一份报纸、一家银行和一家药店，还有三家杂货店。1887 年，尼科迪默斯拥有了一家冰激凌店和一支棒球队——这有力地证明，离开南方的非裔美国人只想要一样东西：他们自己的美国梦。在堪萨斯州的其他地方，出走者的浪潮也让现有的基础设施不堪重负。饥荒迫在眉睫，人们甚至要向遥远的英国寻求帮助。尼科迪默斯一直存活到了今天，但只是勉强维持着—— 2004 年它的人口只有约 20 人，并且被指定为国家历史遗址。

俄克拉何马州是另一个受欢迎的目的地。截至 1900 年，非裔美国人在这个州拥有的土地达到了 150 万英亩，价值 1100 万美元。这个州有 20 多个黑人城镇。很快，加利福尼亚州的艾伦斯沃思、新墨西哥州的布莱克多姆、科罗拉多州的迪尔菲尔德和其他类似的城镇吸引了离开了南方的人们。许多城镇也成为想要去更远的西部地区的人的休息站，为那些在附近休憩的人提供服务。最重要的是，这里有同类为伴。

但是黑人城镇并不是非裔美国人唯一去的地方。很多人住在了放牛路边的小镇上，为放牧人、牛仔提供服务。他们住在发展中的城市里，或是住在西行路线的沿途，在车马出租所、酒吧和酒店里工作，这些工作是他们在奴役生涯中十分熟悉的。还有一些人聚集在城市里，在科罗拉多州的丹佛市、内布拉斯加州的林肯市、怀俄明州的夏延市、密苏里州的圣路易斯和堪萨斯城等这样的地方建立黑人社区。他们搬到和他们有着相同历史、相似口味的人那里。在大多数社区，黑人商店的窗户上都贴着简易的招牌，告知负鼠、美洲山核桃和其他南部食物到货了，南方的饮食与烹饪方式在此得到了维系。

在向西部移民期间，很多黑人用他们的家政技能尤其是烹饪技巧改善了自己与家人的生活状况，这些人中妇女尤为突出。在西部，黑人女性很是英勇，她们独当一面或是和男性一起工作，她们开餐厅、酒店和寄宿公寓。根据1890年的人口普查，西部黑人女性结婚的可能性是白人女性的5倍，比起白人女性，她们受教育程度也更好，可能上过6个月或者更长时间的学。黑人女性的先驱者尽管大都籍籍无名，但并不总是面目模糊。从那个时代的照片上可以看到，强壮的妇女们穿着她们星期天最好的衣服，笑容满面地迎接她们不确定的未来，或是骄傲地坐在科罗拉多州的迪尔菲尔德、内华达州的里诺或亚利桑那州的图森这些地方的草皮屋或小木屋前。在一张照片中，一家人聚在密西西比河畔，凝视着远方，仿佛在等待着自由的到来。一个孩子睡在草垫子上，一个少女吮着自己的拇指，地上围绕着他们的是一口铸铁锅、一个荷兰烤箱、一只硬陶瓷罐子——这是它们一起西行的饮食习惯的无声见证。

解放后非裔美国人的烹饪史巩固了非裔美国人饮食发展的两种趋势：一是展现出新解放者源于非洲影响之下的猪肉加玉米的饭菜；另一则是崇尚更欧洲化的食物，它们来自之前的自由有色人种和黑白混血精英，其中包括了那些由黑人为白人精英创造的菜品。这两种趋势共同预示着菜肴的多样化发展，这些菜肴构成了今天非裔美国人的饮食辞典，并且反映了非裔美国人在美国丰富多样的经历。20世纪向北方的移民将会弥合烹饪阶级之间的分水岭，并且将这一切毫无保留地公之于众。

把一切都写下来

黑人大逃离，密西西比州维克斯堡码头上的场景，1879 年，詹姆斯 · H. 莫泽（James H. Moser）绘，美国国会图书馆提供

烹饪书在当今世界是如此流行，以至于我们都习以为常了。我们只要走到厨房的架子上，或是打开电脑，就能得到我们一辈子都做不完的菜谱。但是，并非一直是这样的。第一本美国的烹饪书是阿梅莉亚 · 西蒙斯的《美式烹调法》，出版于 1796 年。而第一本南方的烹饪书则是玛丽 · 伦道夫的《弗吉尼亚家庭主妇》，出版于 1824 年。不过，这些书只是写给精英人士的。食谱被一代又一代的厨师记录并保存在家庭收藏中，或是口口相传保留下来。对于大多数奴隶厨师来说，不

管是在奴隶小屋中还是在大宅子里，口头传授的方式一直到解放之后仍然占据主流。在大部分蓄奴地区，黑奴学习读写是不合法的，即便在奴隶解放之后的前几十年，也只有非裔美国精英人士才完全识字。因此，值得注意的是，第一本非裔美国人的烹饪书出版的年代恰好是奴隶解放的年代。

阿比·费希尔于1881年出版的《费希尔太太所知道的古早南方烹饪》一书在很长一段时间里被认为是第一本非裔美国人写的烹饪书。然后，在2000年，密歇根的古董书商让·隆戈内得到了一本薄薄的小册子，改变了非裔美国人食物历史的研究轨迹。隆戈内发现了一本幸存的马林达·罗素的孤本，罗素是一名有色女性。这本书题为《一本家庭烹饪书》，于1866年在密歇根州的波波县出版。

马林达·罗素在她的烹饪书的封底声称自己是一名自由的有色女性，毫无疑问，她把自己区分于那些刚解放的人。但是，她在序言中详细讲述的生活让读者了解到，尽管自由极其重要，但自由本身并不能对经济或是身体上的舒适有任何保证。她的生活证实了向西部移民的种种风险。罗素的母亲是一名自由女性，在她年轻时就去世了。罗素在19岁时试图移民去利比里亚，却被骗走了积蓄，只好另谋出路。她选择以烹饪谋生。她走遍了弗吉尼亚州、北卡罗来纳州和肯塔基州，做过各种工作。她做过护士、洗衣工，开过寄宿公寓，做过厨师、烘焙师和伙食包办者。她结了婚又守了寡，并且成为一个残疾孩子的母亲。她是一个不知疲倦的工人，她设法又存了一笔钱，但这笔钱也被偷了。罗素离开了南方，“被敌人多次伤害后，在南部边界挂上了休战白旗”。然后她去了密歇根州的波波县，在那里，再次试图弥补亏损。

这本被认为是第一本非裔美国人写的烹饪书，最初只是一个西部移民别出心裁地想要赚一些现金的方法。

罗素在她的前言中向非裔美国人的南方烹饪传统致敬，并且声明她的手艺是从“范妮·斯图尔特，一个弗吉尼亚的有色厨师”那里学来的。她同样表明她做的是“弗吉尼亚家庭主妇的家常菜”。确实，她的265个菜谱有着伦道夫书中言简意赅的风格，通常只有一句之长。对一个曾经经营过面包房的人来说，食谱中包含大量的布丁和蛋糕是不足为奇的。尽管罗素在弗吉尼亚州度过了相当长的时间，而且她宣称她的烹饪技巧是在那里学到的，但是其中却很少有南方口味的菜谱。她给出的是炸牡蛎而不是炸鸡，是俄式奶油布丁和“漂浮之岛”[1]而不是更传统的南方甜品。其中还有一道红薯片派，甚至有一道秋葵菜（okra），她管它叫“ocher”，但是总的来说，她的菜肴更多反映的是美国中产阶级的饮食习惯。

我祖母或许会认为罗素与阿比·费希尔的区别就像粉笔与芝士的区别那么大。费希尔很长一段时间被认为是第一本非裔美国人烹饪书的作者，她出生于1822年，生来就是奴隶。我们对她知之甚少，只知道她嫁给了亚历山大·C.费希尔，而他来自亚拉巴马州的莫比尔，1880年他们搬到了旧金山，费希尔先生在那里的人口普查中将自己的职业登记为一名腌菜、蜜饯制造商。次年，阿比·费希尔的书出版。在“前言与致歉”中，她表示自己与丈夫“没有教育方面的优势”。

1. 漂浮之岛：法国经典甜品之一，英式卡仕达酱上漂浮着打发的蛋清，仿佛像苍茫大海中的孤岛一样，于是人们为之起名为“漂浮之岛”。

在这一点上，她就像数百万其他的奴隶一样，没有接受过正规的教育就迎来了解放。有些人在解放后学会了读写，但是成千上万的人充其量只认得几个字。

这本书的书名《费希尔太太所知道的古早南方烹饪》说明了人们对费希尔太太关于南方烹饪到底知道些什么很感兴趣，而费希尔声称她经常被她的女性朋友和主顾——其中有九个人她提到了她们的名字和地址——要求透露她的一些南方烹饪的知识与经验，以及如何制作腌菜、果冻。她解释说，她在烹饪技艺方面有超过三十五年制作“汤羹、秋葵汤、焖水龟、炖肉、烤肉、糕点、馅饼、饼干，以及制作果冻、腌菜、沙司、冰激凌，还有果酱、果脯等”的经验。她的食谱写得很详细，“就连一个孩子都能理解并且学会的烹饪技艺”。那个时代的大多数烹饪书都没有太多说明，都假设厨师理应懂得那些知识，但是费希尔对于她自己提供的指导非常细心且严格。她建议厨师在做她的水果蛋糕时面粉不仅要过筛，还要炒成棕色，要把蛋白和蛋黄分开打发。她建议读者，两磅的红薯可以用来做两个馅饼。她的牡蛎秋葵汤是用菲雷粉（一种碾碎的黄樟叶）来勾芡的，她把它叫作“gumbo”(秋葵汤)，这是正宗的克里奥尔风味（在莫比尔待过一段时间的人都知道)；她提醒她的读者“蒸白米饭和秋葵汤要分开上桌。布餐时，每一盘秋葵汤里放一勺米饭”。

和罗素一样，费希尔赞美了南方黑人的饮食传统。尽管罗素在序言中简要地承认这是她烹饪训练的起点，但却是费希尔将它呈现在了餐盘上，书中有许多传统南方人和非裔美国人喜欢的菜肴的详细菜谱，比如填火腿、玉米煎饼以及西瓜皮泡菜。不过，费希尔与罗素不能被单纯地视为最早的非裔美国人烹饪书的作者。通过这些作品，她们也保留了创造它们的烹饪文化，这一烹饪文化让和她们一样的人们在西部移民的过程中生存下来并且发家致富。在这一过程中，每一个人都推动了非裔美国人在美国社会中寻求认同的愿望，也增进了他们生活中日益丰富的饮食多样性。

■ CHAPTER 8

MOVIN' ON UP!

第八章

一路向北！

应变能力、反抗精神，
以及大大小小的企业家

在弗吉尼亚州汉普顿的汉普顿学院上烹饪课的非裔美国妇女，约 1899 年，弗朗西斯·本杰明·约翰斯顿（Frances Benjamin Johnston）摄，美国国会图书馆提供

伊利诺伊州，芝加哥。

我一直都是兰斯顿·休斯[1]式的人，而不是卡尔·桑德伯格[2]那样的人：我在纽约的城市飞地比在其他任何地方都更自在。世界公认第二城[3]是屠猪之城[4]，但它真的不是我的菜。20 世纪 70 年代我去了风城[5]，那时候我是《本质》杂志的编辑。芝加哥的南部还是当年的南

1. 兰斯顿·休斯（1902－1967）：美国最优秀的黑人诗人之一，“哈莱姆文艺复兴”的领袖。
2. 卡尔·桑德伯格（1878－1967）：诗人、传记作家，出生于伊利诺伊州的格尔斯堡一个瑞典移民家庭。
3. 第二城：芝加哥的别称。
4. 屠猪之城：由于其巨大的猪肉加工行业，芝加哥又被称作“世界屠猪城”。
5. 风城：芝加哥气候夏日酷热，冬季不寒，终年多风，被称为“风城”。

部[1]，朋友们带我去了一连串的酒吧、夜总会，包括“Flukey's”，一家小有名气的当地酒吧。进入其中就像是打开了一扇通往过去的门：墙上贴着红色植绒墙纸，沿着一面墙是长长的桃花心木吧台。它看起来更像是一家19世纪的妓院。那是一个男人们戴宽边帽、穿厚底鞋招摇过市的年代，他们耀武扬威，做着交易，像光彩夺目的孔雀那样趾高气扬。酒吧女招待管每个人都叫“宝贝”“甜心”，她们似乎是直接从南方的甜蜜家庭里来的。波旁威士忌加姜汁汽水，夜晚变得越来越温柔，我开始意识到这群人都有着共同的历史、共同的根基。人们交流、分享着他们的共同家乡密西西比州的消息。他们问起朋友和家人的近况，还传阅着那些最近从家乡来的旅行者带来的几份当地报纸。现在一切都过去了，“Flukey's”是往日的再现，和很多其他酒吧一样，它也是大迁徙时代的众多酒吧之一。当时那些来自同一个南方小村庄或小镇的人抱团聚在一起。“Flukey's”让我对人们直接从密西西比州来到芝加哥的路线有了真实的感受。对他们而言，密西西比河提供了一条走出三角洲的路线，方向正北：纳奇兹、维克斯堡、孟菲斯、圣路易斯，然后进入伊利诺伊州和芝加哥。

自那以后，我又多次回到芝加哥。有一次我的厨师朋友马文·琼斯带我去了芝加哥的烧烤店聚集区，那是一件令人难忘的事。我们去了那些我从来不敢独自前往的角落。我仍记得在狭窄的走廊里，我们闻着烟火味以及烧肉的甜辣气味在一队人中排队等待，并且好不容易

1. 芝加哥大致可以分为南、北、西三个区域。以芝加哥市中心为分界，居住在北部的以白人以及富有的亚裔为主；芝加哥南部以黑人为主；而城西多为墨西哥裔与黑人混合。

在小酒馆的烧烤售罄关门之前排上了队。我们大快朵颐：吮吸着尖尖的肋排，在纸盘子里吃着剁碎的烤猪肉。烤肉的味道是酸甜的，配着红酱汁，是我在孟菲斯最喜欢的一些餐厅里吃到过的味道。孟菲斯是北上芝加哥的一个站点，有些人就定居在那里。也有一些人只在那里待到赚够了钱，然后就继续北上芝加哥。这两座城市与密西西比河三角洲的关系仍然很深厚。

芝加哥一直是离开南方的黑人的灯塔。它的包容大度吸引着那些除了一身力气与聪明才智之外一无所有的人。芝加哥是由黑人贸易站老板让·巴蒂斯特·普安·迪萨布莱创建的，它一直以来都是黑人企业家的城市。没有人能比约翰·H. 约翰逊更加成功，1942 年他在那里成立了约翰逊出版社。约翰逊从阿肯色州移民而来，他的成功是 20 世纪上半叶上演的那些创业成功小故事的传奇版本。他开始出版《黑人文摘》以及后来的《乌木》，并建立了自己的帝国——之后成为世界上最大的黑人出版公司——的故事是一个传奇。对我来说，不去拜访约翰逊出版社的办公地，芝加哥之行就是不完整的。我的朋友夏洛特·莱昂斯追随第一任黑人美食编辑弗蕾达·德奈特的脚步，在《乌木》杂志担任美食编辑已经超过三十年。

建造之初，《乌木》总部不仅是出版巨头约翰逊家族的骄傲，也是全国非裔美国人成就的见证。就在 2008 年，我很欣慰地发现一些教会女士[1]——她们头上牢牢地戴着帽子，双手服帖地套在手套里——将约

1. 教会女士：美国电视台一系列小品中反复出现的人物。

翰逊出版总部作为她们芝加哥之行的一个景点。她们去参观这栋建筑，看看曾经作为她们生活中的一部分的杂志是在哪里出版的。这座大楼是 20 世纪 60 年代的顶级建筑——充满异国情调的木制家具、挂着艺术品的走廊，带有开阔视野、可以看到街对面格兰特公园辽阔景观的行政办公室，自己的档案室和图书馆。它反映了对所有权的自豪感，这是非裔美国人创业精神的一部分，在芝加哥最为突出。

第一任黑人美国总统把总部设在芝加哥并非没有来由的，因为这座城市以及它一直以来为非裔美国人提供的机遇，体现了非裔美国人对被认可及平等的竞争机会的不懈追求，即便在 21 世纪也依然如此。在 19 世纪末和 20 世纪最初几十年，芝加哥与其他北方城市对非裔美国人来说必然是像灯塔那样闪亮。那些像约翰 · H. 约翰逊一样的人离开了南方来到北方扎根，他们带来的不只是生活得更好的梦想，还带来了工作的意愿，带来了他们的家庭和团体意识，他们的足智多谋与应变能力让他们将南方的家庭饮食变成了大大小小的生意。

几个世纪以来，逃跑的奴隶“跟着酒葫芦走”[1]，他们找到了北极星，踏上了北上的自由之路。在 19 世纪最后二十五年以及 20 世纪上半叶的大部分时间里，解放奴隶的后代走上了先人的路途。店里买来

1. 跟着酒葫芦走：一首非裔美国人的民歌歌词，“酒葫芦”也是北斗星的别称。

的粗糙的新衣服和轻薄的纸板箱代替了褴褛的衣衫和装着微薄财物的背包，但是，在奴隶和自由人的心灵与头脑中，最重要的行囊是希望。希望不会改变。它一如既往——希望找到一个能自由生活的地方，希望找到一个能养家糊口的地方，希望找到一个在这个国家能做自己并且享受安宁的地方。

他们从敌意越来越深的南方走向了北方。1877 年南方的重建时期结束，而政府试图落实的对新解放的非裔美国人的保护措施也被中止。重建的承诺，连同更公正的税收制度以及试图将黑人融入美国生活的尝试一起，都玩儿完了。重建时期的结束在南方导致一系列“吉姆 · 克劳法”[1]的实施，它要求在公共交通上实行黑人和白人隔离，然后是学校、公共场合和餐厅。内战结束时成立的白人至上组织不断壮大。“三 K 党”，起源于内战结束时的南方老兵，又死灰复燃，1915 年第二个“三 K 党”成立。接下来，暴力升级。1889 年到 1932 年间，美国有 3700 起针对黑人的私刑记录在案。对南方的很多人来说，内战赢得的权利慢慢消失在了勉强维生的艰苦农作之中。他们在南方的地位没有得到任何的提高，是时候离开了。

1910 年，国内八分之七的非裔美国人都生活在所谓“棉幕”之下的南方。到了 1925 年，国内十分之一的黑人都移民去了北方。仅 1916 — 1918 年，就有接近 40 万非裔美国人——差不多每天 500

1. 吉姆 · 克劳法：即黑人歧视法，泛指 1876 年至 1965 年间美国南部各州以及边境各州对有色人种（主要针对非洲裔美国人，但同时也包含其他族群）实行种族隔离制度的法律。这些法律上的种族隔离强制公共设施必须依照种族的不同而隔离使用，且在隔离但平等的原则下，种族隔离被解释为不违反宪法保障的同等保护权，因此得以持续存在。

人——踏上尘土飞扬的道路，面朝地平线，向北方进发。他们朝着大都会而去，那里的工厂提供了就业机会，这些工作是日益发达的工业化所创造的。他们来到芝加哥、底特律、匹兹堡、克利夫兰和纽约这样的城市，创建社区、聚集地，从而获得存在感。他们在自己的教堂、自己的商店、自己的餐厅和聚会场所里互相支持、彼此维护。

最初，北方公司还曾派经纪人去招聘，但是当涓涓细流变成一股浪潮，就不再需要经纪人了。人们会自己应征。那些到北方谋生的男人找到一个落脚点后，会把兄弟们叫来，然后是全家，社区街坊就这样建立起来了。这些工作既不是铺满黄金的大道，也不是传闻中的赚快钱，而是一些有种族隔离的工作，这些工作付给黑人的钱比白人少，而且还让他们和新一波的欧洲移民去竞争。制造业与工业方面都有工作机会，对有专业技能的人来说，即使在北方，他们也有能力在那些为黑人提供服务的行业赚钱。医生、牙医以及殡仪从业人员也来到了北方，他们成为新的社会团体的核心并且使之蓬勃发展。

黑人出版业发展了起来，通过它的专栏和关系网激励移民北行。像《纽约阿姆斯特丹新闻》《匹兹堡通讯》和《芝加哥卫报》这样的报纸很大程度上影响了移民潮，以至于有些城市禁止它们发行，认为它们正在诱使那些构成南方非技术劳动力的黑人离开。但是他们还是北上而来，走的路线与地下铁路一样坎坷。那些从密西西比河三角洲来的人北上去了芝加哥。从佐治亚州、亚拉巴马州和上密西西比河来的人则去了匹兹堡、克利夫兰和底特律。而从卡罗来纳州与弗吉尼亚州来的人则去了华盛顿、费城和纽约。在移民早期，芝加哥有着独特的吸引力。在1910—1920年，芝加哥的黑人人口增长了148%。这座城市的工业扩张需要健壮的后背、宽阔的肩膀，以及愿意来这里工作的人，而南方的黑人响应了这一需求。不过，到了 20 世纪 20 年代，许多来自南方实行分成租佃制地区的北上者心中真正的“麦加”是纽约市，那儿有着越来越壮大的黑人的灯塔——哈莱姆。

他们来到的哈莱姆并不一直都是黑人社区。在联邦政府时代，一直到 19 世纪，纽约黑人都住在市中心，然后他们住到了现在被称为“格林尼治村”的地区。随着城市的发展，他们搬到了北边。到 19 世纪晚期，大部分黑人已经都搬到市中心外房龄二十至三十年的住宅区里，那个地带被叫作“田德隆区”[1]。那儿之后，人们搬到了北面远至圣胡安山街区，靠近西 53 街，在那里他们得以住进更大、更新的公寓。最后，在 20 世纪之交，人们开始向市郊迁移。“Harlem”（哈莱姆）最初拼作“Haarlem”，是荷兰与德国资本主义过度建造的郊区。房东很难为他们的新房找到租客。最开始黑人进入这个街区的速度很缓慢，以莱诺克斯大道以东的一两栋建筑为中心，逐渐向西推进。它遭到了抵制与报复，并引发了激烈的战斗。当到达临界点时，白人搬走了，哈莱姆向新来的黑人租客敞开了大门。

在哈莱姆，就像在美国国内其他北方社区一样，新来的人必须仰赖非裔美国作家拉尔夫·埃里森所说的“狗屎、勇气和常识”才能活下去。他们找到了方法，并且迅速建立起自己的辖区——就像全国很多发展中的黑人社区一样——哈莱姆分为了神圣与世俗两派：星期天

1. 田德隆区：田德隆的本意是“嫩腰肉”“里脊肉”。

的圣徒们坚定地在分界线的一边；而星期六晚上的“罪人”，连同他们的酒吧、俱乐部，则相应地坚决站到了另一边。

哈莱姆很快出现了一个充满活力的非裔美国人的教堂网络，这些教堂由无数的教派组成，它们成为新社区的主心骨。它们在商讨复杂的就业门路方面提供指导，并且成为新来者的聚集地，他们在这里可以遇到有相同境遇的人。教堂的集会成为分裂的两派社区中基督教会那一边的社会基础。人们的出生、婚礼、葬礼，人生的各个阶段都伴随着兄弟姐妹们嘹亮的“哈利路亚”“阿门”的回响。南方教会与北方教会合作，通过建立移民俱乐部推动向北方的移民——一些组织密切关注报纸上的工作职位，帮助那些不太熟练的人省去繁文缛节，这些人通常是文盲，无法与官僚机构谈判。北方创业者的来信鼓舞了那些留在南方的人踏上征程，而北上者与留在家乡的人之间，也维系着一根纽带。

星期六晚上的“罪人”也创造了他们的北方世界：在那里，点唱酒吧与南方星期六晚上的跺脚舞变成了北方的布鲁斯俱乐部与爵士舞。这是一个进步的时代，但也是一个思乡与失根的时代——那时候，尽管一只猪蹄加一瓶啤酒就能让人从北方世界的艰苦劳动中得到慰藉，但这里到底不是承诺中的天堂。北方移民在新兴的黑人社区开的小餐馆里找到了食物和同伴。这些小餐馆通常是由妇女们经营的，她们在自己家的公寓或房间里提供餐饮，这些地方发展为小小的夫妻店，邻里们都知道他们的炸鸡和秋葵、猪脚和甘蓝——简而言之，它们是流离失所的南方人所渴望的、触动乡情的安慰食物。

不论前往纽约的移民是哪一派，他们都必须承受比这座城市其他地区更高的租金。他们扎堆的哈莱姆公寓被仓促地用薄薄的墙板与逼仄的走廊分隔开。其中有许多是火车公寓[1]，一个房间直接连着另一个房间，住在里面的人没有隐私可言。没有热水是常态，厕所还常常要和住在楼下阴暗走廊里的人共用。淋浴设备——如果在镀锌的浴缸外还有别的淋浴设备的话——位于厨房，而且浴缸或许还有另一层用途，给额外的租客用作床铺以分担租金。厨房用的是煤炉，只有最时髦的房东才在20世纪20年代至30年代逐渐将它们换成管道燃气。制冷设备都是由售冰人提供的，他们将大块的冰拖上租客的台阶。这些冰块被用于冷藏柜，以冷却食物，直到冰块融化，几天后又得再换。

尽管如此，黑人仍急切地想要站稳脚跟。他们接受了这些条件，努力在衰败腐朽中过上好日子。底层创业者再次捡起他们在南方家庭劳作和打散工时获得的技能，做起一些小生意，这些小生意最终发展成了大企业。在这些小企业的创立中，他们证明了使几代人在奴隶制中生存下来的那种聪明才智。帕特西·伦道夫利用别人不要的东西制作泡菜、胡椒酱、香料和调味品，然后卖掉。弗兰克·伯德为美国公共事业振兴署编录了一些哈莱姆的生活方式，他的记录中提到：

> 顺便提一句，所有商品里卖得最好的恰巧是腌西瓜皮。她在这一南方美食上获得的利润高达95%，因为西瓜皮不需要她花一分钱。有些人在卖每片5分钱到1毛钱的西瓜，她征得他们的同

1. 火车公寓：纵长排列的一套狭窄的公寓房间。

意，可以收集他们篮子里所有的西瓜皮，想要多少都行。在盛夏时节，她将西瓜皮带回家，处理后把它们放进水果罐里，然后卖给那些十分喜欢它们的人，这些人老早就习惯了这种美味的“家常”菜，它能给肉类带来可口的风味，尤其是烤猪肉，或是更受欢迎的猪肋排。

另一些人也即兴发挥，走上街头充当小贩，正如作家拉尔夫·埃里森在《看不见的人》中写到的那个卖南方特产的人一样。尽管这本书是虚构作品，但是埃里森就像伯德一样，也为公共事业振兴署做过关于 20 世纪 20 年代到 30 年代哈莱姆居民的调查，书中的人物都是基于现实生活的。这部作品引起了许多哈莱姆移民的共鸣，他写道：

当时，在远处的角落，我看到一个老人正在一辆奇怪的马车边上暖手，从一根火炉管里升起了一股稀薄缭绕的烟雾，将一阵烤红薯的香气悠悠荡荡地带到我身边，它让我突然之间产生了思乡之情。我站在那儿仿佛中了弹似的，深深地吸了一口气，回忆翻滚，我的思绪不停地回溯、回溯。在家时，我们曾用壁炉里滚烫的煤块来烘烤红薯；曾经把冷掉的红薯带去学校当午饭；曾经偷偷地大嚼特嚼；当我们躲在最大的那本书——《世界地理》后面不让老师看见时，我们曾用力吮吸柔软的红薯皮上甜甜的果肉。是的，我们喜欢将红薯用糖腌渍，或是在酥皮馅饼里烘烤，或是包在面团里炸透，或是和猪肉一起烤，让它裹上深色的油脂；我们也曾生啃它们——那是多少只红薯，又是多少个寒暑啊。

埃里森用烤红薯的香气唤起了孤独的北方移民对那个世界的记忆，这样的剧情在哈莱姆及其他北方大都会的街道上日复一日地重演。在黑人街区的主干道上，各色各样的小贩在摊位和手推车旁向新来的人提供着传统的南方食物。

哈莱姆的居民生活在拥挤的、差强人意的公寓里，这促使他们走上街头，并且为市郊街区带来了生气和活力，大部分的观察者都提到了这一点。食品小贩和早夜市是城市的一大景观。确实，对弗兰克·伯德和特里·罗斯而言——他们记录了那一时期哈莱姆的街头小贩——灶棚、手推车以及马车小贩给哈莱姆街道带来了比市中心商业区更“生机勃勃”的氛围。小贩们用抑扬顿挫的节奏、幽默押韵的词语卖着猪蹄、炸鸡、热玉米和其他蔬菜。在这方面以及其他许多方面，他们都是查尔斯顿与新奥尔良菜贩子的直系后裔，甚至是那些在殖民时期与19世纪早期散布于纽约市中心街道的街头黑人食品小贩的后代。

在市郊，非裔美国人垄断了街头食物，并且靠兜售他们最熟悉的食物谋生。那些食物的品类能追溯到奴隶制时期。猪蹄作为猪身上的一部分，在南方非裔美国人的饮食王国里毫不含糊地占有一席之地。它们吃起来不优雅，肉也不多，但是它们有许多的骨头，可以从上面啃下猪皮、软骨和小块的肉。它们也是哈莱姆最成功的食品小贩之一的商标。哈莱姆文艺复兴作家詹姆斯·韦尔登·约翰逊在《图解调查》1925年3月刊发表的一篇文章中称赞了她的商业技巧：

“猪脚玛丽”是哈莱姆的一个代表人物。每个人都知道“玛丽”和她的摊位，就算没有买过她的东西，也曾被她的猪脚、炸鸡和热玉米的香味吸引过。“玛丽”的真名是玛丽·迪恩，她在第17大道和第137街的街角买了一栋5层楼的公寓，价格是42 000美元。

约翰在关于“猪脚玛丽”的故事中谈到了她的创业敏锐度与她的理财能力。他的故事是简化的版本。莉莉安·哈里斯·迪恩——这是“猪脚玛丽”真正的名字——1901年来到哈莱姆，是来自密西西比河三角洲地区的移民。她成了当地的传奇人物。随着故事的发展，她开始做家庭用人。当她挣到5美元时，她花3美元买了一台婴儿车和一个煮衣锅，其余的钱买了猪脚。然后她就开始在临时手推车上工作了。她做的热猪脚立刻获得了成功，于是她就留在了摊位上。那个摊位位于第135街与莱诺克斯大道（现在是马尔科姆·X大道）的街角，一直持续了十六年。她日常的工作制服是一件新浆洗的格子连衣裙，一度似乎是她唯一的财产，但是很快她就买了一辆炊事车，她嫁给了隔壁书报摊儿的老板，进入了房地产业，最终不仅买了约翰逊在1925年的文章中提到的房子，还买了哈莱姆周围的许多房子。在她1929年去世前，她早已退居加利福尼亚，用她挣来的375 000美元过得舒舒服服。从目不识丁、孤身一人开始，她靠卖猪脚、猪小肠和其他经典南方黑人食物如炸鸡、薯蓣和烤玉米，积累了一大笔财富。

习惯上，炸鸡总是和非裔美国人联系在一起，这导致了种族的刻板印象，这一印象渗透到了20世纪爱吃鸡的非裔美国人与他们的“福音鸟”[1]。事实可能比较平淡无奇。炸鸡是一种可以热吃也可以冷吃，还可以带着走的食物，而且它对那些厨房用具很有限的人来说无疑是比较好操作的。埃里森描写得如此引人入胜的红薯——被错误地叫作薯蓣——是另一种南方的纪念物。有些食品小贩卖的是烤玉米。烤猪耳朵过去是在非洲大陆及加勒比沿海的街边售卖的，几乎从纽约诞生的那天起它就一直是这座城市的街头小吃。埃里森虚构的红薯小贩、“猪脚玛丽”和其他像他们一样的人开创了事业，在有些情况下也积累了财富。通常他们的财富是通过出售一些标志性的黑人食物而获得的，那些食物充分体现了它们的文化适应力。不经意间，它们也促成了传统非裔美国人的饮食文化自南向北迁移。

尽管在芝加哥和底特律，非裔美国人通常会和来自南方同一地区或相邻南方各州的人做邻居，但是在纽约，工作的诱惑已经蔓延到了美国的边境之外。移民到“大苹果”[2]的人遇上了从世界各地来的黑人移民，他们也同样回应了哈莱姆的塞壬之歌。他们来自说英语的牙买加、蒙特塞拉特岛、巴巴多斯岛，还有特立尼达岛和多巴哥岛，他们也来自说法语的马提尼克岛、瓜德罗普岛，还有说帕皮亚门托语和荷兰语的阿鲁巴岛与库拉索岛。他们都受到了工作机会的诱惑，来到了哈莱姆。他们将自己带来的食物加入这个大熔炉中。在卖红薯的小贩与卖猪脚和炸鸡的小贩拼起来的小吃摊儿边上，加勒比的街头小贩也

1. 福音鸟：指炸鸡，炸鸡通常在星期天去教堂做礼拜的那天供应。

2. 大苹果：指纽约市，其由来据说和爵士乐有关。1920－1930年，爵士乐大行其道，有个爵士乐手大唱：“成功树上苹果何其多，但如果你挑中纽约市，你就挑到了最大的苹果！”

用各种语言叫卖着热带水果：

> 哟，这儿有几内亚菜！
> 哟，这儿有椰子，
> 哟，这儿还有菠萝！

当他们沿街售卖热带的香蕉、椰子和菠萝时，他们也将那些岛上的节奏带到了他们的叫卖声中。1928年《纽约时报》的一篇文章提了一个问题："什么才是哈莱姆诱人的味道？"作家约翰·沃克·哈灵顿发现：

> 哈莱姆是有色文化、欢乐和艺术的大都会，也是黑人的饮食之都。哈莱姆的游客来自美国南部、西印度群岛、南美洲，甚至来自非洲。从饮食来看，哈莱姆与其说是一个地点，不如说是一个国际化的聚集地。它是一个避风港，那里的食物具有奇特的心理作用，它们不仅满足了生理需求，也慰藉了心灵。

哈莱姆的那些市场是非洲移民美食的烹饪大熔炉。加勒比海地区的根茎类植物，比如芋类、小芋头和木薯，还有来自非洲的真正的薯蓣，它们出现在了市场里的红薯摊位旁，那些红薯在美国南方冒名顶替了薯蓣。哈灵顿还提到了"哈莱姆被称作水晶粉的蔬菜，它们像是细颈南瓜和膨大黄瓜的结合体，表面覆盖着一层柔软发白的细丝……经过适当的改刀、切条，这种长相清奇的蔬菜被加入汤锅和炖锅中——尤其是在秋葵汤里”。他说的是一种在墨西哥被称为“chayote”的蔬菜，这种蔬菜在牙买加被叫作“chocho”，在法语世界被叫作“christophene”，而在新奥尔良被叫作“mirliton”，它在哈莱姆烹饪大熔炉的汤锅与炖锅中找到了容身之处。

市场上美国黑人的南方食物是许多人的主食。哈灵顿也观察到了，“西蓝花之于公园大道，就好比精选的羽衣甘蓝之于曼哈顿上城区的殖民地”。绿叶菜在市郊市场里占有主导地位。他注意到，猪肉是“主要的肉类食品”，他补充说“猪身上的每一个部位都能在哈莱姆的厨房里占有一席之地”，他还评论了猪肉作为调味肉片在许多他所描述过的菜肴中的作用。他比很多人都勇敢，尝试了猪肠——也就是猪小肠，说“那些它的拥趸最主要是喜欢它们香喷喷的气味”。哈灵顿还不清楚，烹饪肠子散发的刺激性气味让它们被许多非裔美国家庭拒之千里之外。猪肠的制作过程必须是十分小心严谨的，这意味着只有在非常干净的家庭或是餐厅里才能吃到。肠子和像猪肚（猪的胃）、“猪脚玛丽”的猪脚这样的菜肴定义了非裔美国人的饮食偏好，这种偏好可以回溯到南方的乡下。它们是奴隶时代的厨房的往日重现，那时奴隶们用猪身上不入流的食材即兴发挥，作为他们日常饮食的补充。在20世纪20年代哈莱姆的市场、厨房中，它们和来自加勒比海地区的相似菜肴不期而遇，这些菜都是用猪下水做的，并且有着相近的非洲风味。

贯穿这一时期，街头市场与熟食小贩一起繁荣起来，小商贩叫卖着他们的商品，为家庭主妇和那些希望得到泛非洲补助金的人提供路边小吃。

哈灵顿写道：

> 星期六的下午和晚上，莱诺克斯大道宽阔的人行道变成了小树林、花园和广阔的田野。巨大的桶里露出红色的甘蔗，有6—8英尺长，稍后它们就被切成小段，孩子们像吃棒棒糖一样吃着它们。深深浅浅的绿色、黄色和暗红色的大蕉和香蕉，被摆成了诱人的“手掌”。“Tanyans”和小芋头的金字塔浮现眼前：大量的甘蓝和成堆的黄色、淡红色的大薯蓣诱惑着发薪日的采购。

讽刺的是，大多数来哈莱姆的白人游客体验到的并不是这种多元文化聚宝盆式的饭菜。哈灵顿在市郊的哈莱姆俱乐部或夜总会里写作，那是白人“忆苦思甜”的鼎盛时期。而他的开场白——“什么才是哈莱姆诱人的味道？”——提醒读者市场上的饭菜是不会出现在让那个时代的哈莱姆出名的热门景点菜单上的。

20世纪20年代来到哈莱姆的黑人，来到的是一座饱受禁酒令折磨的城市。1920年1月16日，《第18号修正案》的实施慢慢将市郊变成了一个充斥着非法酒吧、卡巴莱[1]夜总会的地方，并且创造了定义那个时代的活力四射的夜生活。其中最出名的是康妮客栈、鸟巢俱乐部、小天堂，还有传奇的棉花俱乐部。但是事实上，哈莱姆可以满足每一种味蕾，无论它多么具有异国情调。从第129街到第135街，仅

1. 卡巴莱：有歌舞表演的夜总会。

在莱诺克斯大道与第 8 大道之间就有十几家正式的俱乐部和酒馆，它们提供精心制作的歌舞表演，配上女声合唱团及著名人士如由艾灵顿公爵与凯比 · 卡洛威领导的乐队。还有很多小型的，通常是非法的酒吧，提供爵士乐、布鲁斯、变装表演等各种娱乐节目。最有名的地方，比如棉花俱乐部，是严格实行种族隔离政策的。除了表演者、厨房工人以及工作人员之外，黑人不允许进入俱乐部。这里弥漫着异国情调的氛围，以期唤起人们对种植园时代的记忆。浅肤色的女人裹着暴露的印花方巾，充当舞者或是热带的幻想对象，配上棕榈树和热带雨林的装饰就齐活儿了。俱乐部老板都是白人，而厨房员工则是黑人。他们的菜单丰富多彩，以吸引不同口味的城里人。他们提供的黑人菜肴总是与它们的装饰一样，伪造出异国风情。文化评论员哈灵顿对此表示质疑：

> 如果黑人想要用他喜欢的饭菜赢得纽约，正如他用爵士乐与灵歌赢得了世界其他地方那样，那么有朝一日我们应该吃什么呢？绝不是夜总会或卡巴莱菜单上的那些菜。哈莱姆在白人的展示餐厅提供的是嬷嬷们做的南方风味的炸鸡、烤敲打饼干。但是这些食物就像中国的炒杂碎一样——都是给外国人吃的。

在棉花俱乐部，菜单上有牛排、龙虾或是虾仁盅[1]，有精选的中国

---

1. 虾仁盅：一种正餐前的开胃菜。

菜比如蘑菇鸡片，还有墨西哥菜及少许南方黑人菜肴，比如哈灵顿反对的“嬷嬷炸鸡”与烤肋排。那些忆苦思甜的“都市黑人”，就像因毒舌的黑人作家佐拉·尼尔·赫斯顿的写作而被熟知的白人形象一样，当他们在著名的俱乐部吃着由白人俱乐部老板提供的龙虾和仿造的国际食品的同时，尝到炸鸡和烤肋排或许会让他们感到一阵喜悦的战栗，产生一种对黑人食物的亲近感。但是，他们对哈莱姆真正的饮食的无知与他们对于哈莱姆真实生活的无知，可谓并驾齐驱。他们自以为了解的哈莱姆居民有着截然不同的生活和日常饮食，这些居民的饮食习惯更多根植于美国南方非裔的烹饪文化，它的重头戏是猪肉、鸡肉和玉米。

哈莱姆的居民干完苦差事或是做家务累了时，不会去当地的著名俱乐部里放松筋骨，那里的种族隔离政策意味着黑人不允许入内，他们去的是租金派对[1]。正如催生了红薯小贩与街头摊贩的创业热情一样，租金派对出自聪明才智，同时也是经济需要。派对在星期六或星期四晚举行，这两天是女佣和其他家庭用人的传统休息日，这一宴会旨在为那些即使付得起钱也不被允许进入著名俱乐部的人们提供廉价的娱乐活动，同时也能给收入不高的人带来外快。新来的黑人在房租上被人漫天要价，这意味着哈莱姆比曼哈顿其他地区的租金每月高出 15 到 30 美元。一个不能“负担租金”的人就会举行这样的派对，他们打印传单，然后开张营业。传单上通常是押韵的对句：

1.　租金派对：为筹措房租而办的舞会。

做个天使般的孩子你什么也得不到，
所以你还不如忙得不可开交，疯得神魂颠倒。
就算你不会跳查尔斯顿舞也不会跳鸽翼[1]，
你也必定会“晃荡”那玩意儿。

随着派对的盛行，男女主人通常会宣传他们将要出售的南方特色菜：

猪肚和猪蹄是特色菜
排好队，注意脚下，
因为在社交惠斯特派对[2]上，
会有很多精力充沛的黑人。

主办人：露西尔和米妮
纽约西117大街149号地下室
1929年11月2日星期六晚

家具清空，从当地殡仪馆借来椅子，一切就绪。灯光调暗，还加上了一个红色或蓝色的灯泡来渲染气氛。通常会有一个由失业乐师组成的临时乐队，还会有一场南方食物的盛宴。诸如猪脚、“跳跃约翰”、

1. 鸽翼：即鸽翼式，舞步的一种。
2. 租金派对的传单上不会直接写“租金派对”，而是写“社交派对”“社交惠斯特派对”“仲夏派对”等。

火腿肘子配卷心菜、秋葵汤、红薯饼和在萨凡纳被叫作“混血米饭”的番茄饭，这些或许都会和经久不衰的炸鸡一起呈上餐桌。很快就会有人开始唱歌，所有人都玩得很开心。派对会象征性地收取一些费用，如果租客足够幸运的话，到了夜晚结束时，就有足够的钱来付下一个月的房租了。哈莱姆的文艺复兴诗人、作家兰斯顿·休斯回忆道：

> 我参加过的星期六晚的租金派对比任何夜总会都更有趣，它在小公寓里举行，上帝知道谁住在里面——因为客人很少住在那里——但是那里的钢琴声常常会夹杂着一把吉他，或是一把奇怪的实心电吉他，抑或有人拿着一对儿鼓从街上走进来的声音。而且，那里总能以非常便宜的价格买到特别棒的走私威士忌和好吃的炸鱼或是热气腾腾的猪小肠。唱歌跳舞和即兴娱乐一直持续到窗外天空微明。

租金派对是创业激情的另一面。有些派对变成了常规项目，甚至变成了小型俱乐部和临时的地下餐厅。

就像那时许多非裔美国人的地盘一样，哈莱姆也有它自己的阶级分层。尽管大多数人每天做的都是零碎的工作，比如做家政服务或从事体力劳动，收入菲薄，但是也有少数人是例外，他们变得有权有势又有钱。关于非裔美国人社区如何在摆脱奴隶制五十多年后成长、繁荣起来，黑人的政治观点被分为两派，分别以 W. E. B. 杜波依斯与布克·T. 华盛顿为代表。

杜波依斯是一个生长在马萨诸塞州的北方人，是这一时期的开创性人物。他在费斯克大学接受教育，那是南方解放后涌现的历史性黑人高等学府之一。后来，他成为第一个获得哈佛博士学位的黑人，并在德国攻读研究生。杜波依斯主张“10% 天才论”，即社区里教育程度与社交能力占优势的 10% 的人将会崛起，并且“把所有值得利用的资源带到有利于他们的地方”，他还认为对这部分人进行人文教育是非裔美国人成功的关键。

黑人世界文化两极的对立面则是布克 · T. 华盛顿，他是那一时期另一位伟大的黑人政治家。他的工作与杜波依斯形成了反差，一如他的生活。华盛顿出生于弗吉尼亚州的黑尔福特，是奴隶出身，因内战胜利而获得自由。出身的差异导致他们哲学立场上的分歧。华盛顿认为农业和技术教育将会为黑人提供工具，他们利用这些工具就能在劳动力市场上找到工作，而经济上的认可将最终导致社会的认可。基于此，华盛顿支持社会机构的发展，比如汉普顿大学（成立于 1868 年的汉普顿师范与农业学院）、塔斯基吉大学（成立于 1881 年的塔斯基吉师范与农业学院），学生们在那里学习做生意。华盛顿是塔斯基吉大学的校长，这所大学原来是多才多艺的科学家乔治 · 华盛顿 · 卡佛的私塾，他的研究确定了几种传统非裔美国人食物的多种用途，像是花生和红薯。塔斯基吉大学不提供杜波依斯所主张的人文课程，而是设立了家政学、机械工业、体育教育、农业、商业营养学和教育学等学士学位课程，还有护士培训证书课程与特殊贸易课程。正如华盛顿所说：“当我们学会尊重、赞美劳动，并且将智慧与技能投入生活里平凡的工作中去时，我们将获得相应的成功。”

杜波依斯与华盛顿之间的争论解释了全国各地涌现的所有黑人社

区居民之间的阶级分层。在金字塔的顶端高坐的是杜波依斯所说的10% 的天才：他们受过教育，有文化，熟悉欧洲传统，常常对于黑人社会剩下的 90% 未受教育的群众不屑一顾。他们也有娱乐活动，但不是在租金派对上；他们的社交场合是茶会、社交舞会、晚宴、文学讲座、午餐会和鸡尾酒会。他们的食物与他们的社交风格一样，都是模仿欧洲的，尽管他们或许和杜波依斯一样，偶尔也喜欢吃炸鸡。他们不需要租金派对，而那些煮沸的猪小肠或猪肚的刺鼻气味也绝不会污染他们设施齐全的住所的空气。哈莱姆文艺复兴作家多萝西 · 韦斯特曾描写过一场精英鸡尾酒会上的食物：“鸡尾酒、插着牙签的小香肠、黑橄榄和青橄榄、撒了薄脆片的奶酪、两英寸的三明治，连续不断地在房间里鱼贯穿行。”

很少有人能跨越巨大的阶级鸿沟。但是，在哈莱姆，阿莱利亚 · 沃克既不是贵族也不是无产者。在创造了哈莱姆文艺复兴的艺术家与作家团体中，她脱颖而出。她是作家沃克夫人的女儿。沃克夫人是第一个黑人女性百万富翁，靠美发用品生意发家致富。阿莱利亚继承了她母亲的巨额财富，成为哈莱姆“最富有的女主人”，她招待了哈莱姆上流社会的所有人，事实上是她创造了这个上流社会。她邀请黑人和白人、艺术家、黑帮和生意人来她家做客。她的那些哈莱姆聚会变成了一个个传奇。她了解烹饪与文化的阶级落差，以及哈莱姆忆苦思甜的陷阱。在一次聚会上，据说她给她的白人客人提供了猪脚、猪小肠和家酿杜松子酒，而用鱼子酱、野鸡肉和香槟招待她的黑人客人。

顶着“桃花心木百万富婆”的封号，沃克以她的财富为荣并且挥霍无度。在一次心血来潮的创业热情中，她将自己在哈莱姆的褐沙石房屋的一整层楼设计成了一个俱乐部，作为艺术家及其追随者聚会的地方。她将之命名为“黑暗之塔”，这是根据《机遇》杂志上库伦伯爵的专栏命名的，库伦是哈莱姆文艺复兴的领军人物之一。沃克将沙龙搞得十分气派，但开始向她的客人收费：寄存一顶帽子 15 美分，一杯咖啡 10 美分，一杯柠檬汽水 25 美分，一份三明治要卖 50 美分。那些参加过她的盛大晚宴，并且在她的招待下大快朵颐的人，不愿意为她的热情好客买单。她错误地判断了她的朋友，这次投资没能成功。

随着 20 世纪 20 年代的美好时光逐渐消逝在大萧条的阴霾之中，沃克的财富也在缩水，她不得不卖掉勒瓦罗别墅，那是她在纽约市郊欧文顿镇上的大型产业。不过，她依旧吃得很好。香槟是她的标志性饮品，她一直痛饮到生命的终点。1931 年，随着哈莱姆文艺复兴的衰落，这个被诗人兰斯顿·休斯称为“20 年代哈莱姆快乐女神”的女人也与世长辞，享年 46 岁，当时她刚吃完一顿有龙虾、巧克力蛋糕和香槟的晚餐。她的去世标志着一个时代的终结，也标志着哈莱姆早期辉煌的落幕。

禁酒令一直持续到 1933 年，但是哈莱姆的镀金时代[1]却随着 1929 年的股市崩盘而结束。经济大萧条改变了哈莱姆，租金派对、卡巴莱夜总会和俱乐部的日子一去不返，取而代之的是失业潮，本已拮据的哈莱姆居民以及全国类似的人将要与更艰难的经济状况做斗争。很多

1. 镀金时代：繁荣昌盛的时代，尤指美国内战后的二十八年，即 1870－1898 年。

情况下，黑人都只是奴隶制后的第一代或第二代，他们知道当美国的经济走下坡路的时候，非裔美国人是最先感受到它正在紧缩的那部分人。到了1934年，芝加哥的黑人失业率已经达到40%，而在哈莱姆则是48%。南方的情况更糟糕，有80%的黑人工人申请政府补助。在繁荣的那几年获得的脆弱的立足之地很快被侵蚀，工人们发现他们要和新失业的白人竞争工作，而那些工作之前被认为是“黑人工作”。是时候祈祷和整顿了。

如果说20世纪20年代哈莱姆的重头戏是星期六晚的租金派对和非宗教的庆祝活动，那么30年代的哈莱姆则转向了教堂。正如南北方的教堂是许多人向北方移民的主要推动力一样，在大萧条加剧的困难时期，它们也为南北方的黑人提供了一条团结起来的途径。在这些艰难时期，很多之前星期六晚的“罪人”都加入了星期天“圣徒”的行列。有许多教派可供选择：非洲人美以美会、非洲人美以美锡安会、基督教卫理宗主教派教会、国家浸礼会、美国全国浸礼联会、全国进步浸礼联会、主内真神会，还有地方上的小团体。然而，30年代最重要的机构之一是在常见的基督教派之外的“神圣之父”的和平使命运动。它由一位有着超凡魅力的领袖所创立，以食物与宴会作为礼拜仪式的焦点，坚持自立、创业。对于那个时代，它是一种完美的信仰。

“神圣之父”迪万少校1876年左右出生于南方某地。他的早年生活笼罩在神秘与混乱之中，没有留下什么记录。他以巡回传教士的身份在南方和西部游历。1914年左右，他和几个信徒一起在布鲁克林的贝德福－斯都维森地区定居下来，向没有加入他们的人提供他的寓所作为聚会、聚餐的地方。这些宴会十分奢华，而且是免费的。他也为那些提出申请并尊重他教义的人提供住处，只是象征性地收极少的钱。他宣扬的教义包括禁酒、努力工作、诚实、种族平等，以及节制性欲等。1919 年，迪万搬到长岛的塞维尔，召集了更多的成员，这些成员有些是富有白人家庭的黑佣，有些则是白人。迪万少校变成了“神圣之父”，他自称是上帝。他的信众越来越多，人们到处去听他讲话，听他讲关于种族平等的信念。(他的第二任妻子佩妮修女，是一个白人。) 尽管数以百计的人来听他演讲，但是在大萧条的深渊中，很多人是来参加宴会、分享食物的，这成为这一宗教约定俗成的惯例。萨拉·哈里斯是一名前社会工作者，在 20 世纪 50 年代写过迪万的事迹，在她 1970 年再版的著作《神圣之父》中回忆起她参加过的那些宴会：

> 就在我落座前，一组制服笔挺利落的女侍者，有黑人也有白人，将食物端了进来。这是一场多么美妙的盛宴啊：酱汁炖鸡、烤鸭、清炖牛肉、小排、炸香肠、焖羊肉、肝和培根、炖番茄、菠菜、球芽甘蓝、青豆、芦笋尖、水果沙拉、冰激凌，还有巧克力蛋糕。
>
> 我身边有一个黑人姑娘，叫甜爱小姐，她是一名高级秘书，她告诉我人们为这顿丰盛的筵席付了他们认为应付的钱，而那些付不起的人则可以免费吃。

宴会上，食物会从迪万坐着的主桌传下来，这样的话，盘子就不会碰到桌子，以免从迪万那里流淌出来的祝福之链被打破。提供的食物从传统的南方饭菜到更欧式的菜品，比如芦笋尖、抱子甘蓝等应有尽有，它们与礼拜者们混杂的出身相一致。当信徒在吃饭时，迪万就做演讲，布道持续一个小时以上，强调正向思维以及他信仰中的其他美德。

到 1931 年，他的人气变得非常高涨，以至于有些宴会能吸引 3000 人参加。在大萧条初期，他的经济管理学说对黑人来说不啻于一贴安慰剂。然而，塞维尔的居民并不赞成自己的邻居，迪万被指控扰乱治安，并被处以短期监禁。然而，这种报道徒然增长了迪万的声望，令他的和平使命运动发展壮大了起来。出狱后，迪万神父搬到了哈莱姆，在那里开始自己的房地产事业：被称为“天堂”的房地产和住房项目，成员可以在那里以低廉的价格生活并且找到工作，通常是在迪万开的只能用现金的商业项目里。那些被称为“天使”的追随者，也被赋予了新的名字：漂亮孩子小姐、布查 · 博爱小姐、通用词汇小姐、月光小姐、谦逊先生、约翰 · 虔诚，等等。

魅力超凡的迪万神父是一位宗教企业家，而他成千上万的国际信众，无论黑人白人，都致力于营造他的金融帝国。作为回报，迪万神父为他的追随者们提供了收入和住所，而他关于种族、经济平等的信条帮助许多黑人（还有白人）度过了大萧条的那些日子。在迪万购置的诸多产业中，有一些是酒店、餐厅，它们都是根据他的原则来运营的——小的合作组织联合起来为了和平使命运动进行买卖交易。正如哈里斯所说：

迪万餐厅的业主并不想从迪万神父“赐福他们去做”的投资中得到回报。除了他们确实必需的生活花销之外，他们不想从餐

> 厅多挣一分钱……迪万餐厅的业主非常知足。在指定的旅馆或限定辖区，15美元就能满足他们的食宿，还有零用钱来支付经批准的外部开支。

迪万神父的餐厅，正如迪万神父所有其他的业务一样，都开在归迪万神父所有的建筑里，并且只接受现金支付。迪万神父认为，“如果你要花100万美元买一家酒店，或是用10美分在F. W. 伍尔沃斯便利店买点儿东西，那你就必须付现金”。此外，餐厅还有其他的节省方式，比如餐厅的食材都来自迪万神父的农场或商店，它们都是为了这份事业的利益而经营的，而服务员和厨房的帮工都是迪万神父的追随者，他们的需求和欲望都很低，只需要付最低的工资。这是一个精湛的计划，其中几乎所有的必需品都是由迪万神父组织提供的。

它的效果不错。然而，随着经济的重启，迪万神父的追随者开始减少。当1965年迪万去世时，他的财产估值约1000万美元。食物一直是他的主要传教工具，而他的和平使命运动直到他去世之前都被认为是那样一个地方——你只要用很少的钱，或是简单地说出这句“和平，这可真棒！”就能得到一顿有着许多非裔美国人传统美食特色的家常便饭。这成为迪万的标志。迪万的第二任妻子将这份使命延续到了21世纪。

人们缓缓走出了大萧条的痛苦阴影，而美国从颓靡不振中抬起头来，准备再次开战。那场“结束一切战争的战争”并没有完成它的使命。欧洲再次陷入分裂与纷争，很快美国就被拉入另一次全球冲突中。这一次，非裔美国人比第一次世界大战前夕更远离奴隶制，他们决定在国家的战争中发挥自己的作用，并且决定以完全平等的态度这么做。但是武装部队并不这么认为，他们仍然被隔离了。应征入伍的大量非裔美国人又一次被安排去做最低级的服务工作。他们为作战部队提供后援，一般是搞清洁卫生，或是准备伙食。低层次的工作是很典型的，但即使是那些不被允许充分参与战争的黑人，也有过一些英勇的事迹。

有一个人表现了这样的英勇，他就是多力·米勒，当珍珠港投下炸弹时，他在“亚利桑那号”航空母舰的餐厅工作。尽管他从来没有学过如何使用高射炮，但他还是在受伤前操作了一架，并且击落了两架敌军飞机。他从美国政府得到的奖励是一枚勋章。然后他又回到了船上，在一片狼藉中工作，并没有得到晋升。在白人的军队里，他没有多少其他的岗位可选。塔斯基吉空军是一个值得关注的例外，但是就算他们被安排了轰炸任务，也不能开飞机空投！对很多前战斗人员来说，从战争中归来成了最后一根稻草。那些人目睹了欧洲相对没有偏见的生活，他们决心要让他们为平等而付出的努力得到承认。正如那个时期的代言人兰斯顿·休斯所说：

> 黑人士兵去过许多地方，见过许多人，即使是面对敌人，他也感受到了尊重和情感，而这他在自己的国家却从未有过。事到如今，他无法在精神上再回到美国的种族自满中，当然也无法再回到汤姆叔叔的旧日时光中……事实上，汤姆叔叔很可能是在诺

曼底、在安齐奥[1]或硫磺岛被杀死的，他再也不会被年轻勇敢的黑人军队复活了，他们是带着新的自由理念与目标回到美国的。

如果汤姆叔叔死于安齐奥，那么杰玛姨妈就是在后方的战争工厂里被杀掉的。正如一位女士所说："还是希特勒让我从安妮小姐的厨房里走了出来。"黑人妇女作为护士和救护车司机也参与了战争。在大后方，她们种植"胜利花园"[2]；为了支援战争，她们放弃尼龙丝袜，省下锡纸；当她们的子女在冲突中牺牲时，她们成了"金星妈妈"。最重要的是，那些曾经有着长期在外工作经历的女性去了工厂工作，她们的数量史无前例。在战争结束时，她们也不想再回到过去在国家的生活里扮演的卑躬屈膝的家庭角色中，她们加入了退伍军人的行列，去争取更大的公民权利，更充分地实现美国梦。

第一次世界大战为北方移民和北方黑人财富的增长铺平了道路，第二次世界大战则为最终推动公民权立法铺平了道路。中间的这段时间是一个试验场，非裔美国移民在其中充分展示了他们的足智多谋、随机应变和生存的能力。无论贵贱，这一时期都显示出非裔美国人如何凭借创业能力与辛勤工作，利用自己的烹饪才能，继续为经济成功与社区发展提供跳板。这一模式既适用于受过教育的人，也适用于没上过学的移民。这一烹饪创业精神出现的时期，正是非裔美国社区的

1. 安齐奥：意大利中部的一座城市，位于罗马东南偏南的第勒尼安岸。第二次世界大战中盟军军队于 1944 年 1 月 22 日在安齐奥登陆。

2. 胜利花园：在第二次世界大战中，数以百万计的美国人和英国人被鼓励种植胜利花园、后院的私人花园和空地，这些都是为了减少对新鲜农产品的需求而设计的。

餐桌变得日益国际化的时期，因为来自加勒比海与拉丁美洲的人和那些从南方来的人在大街上、市场里和餐馆里融合在了一起。退伍归来的男男女女都坐在餐厅或欧洲咖啡馆里，他们知道是时候让他们平等地在这个国家的餐桌和午餐柜台前坐下来了，就像在家里一样。他们成为 20 世纪 50 年代民权运动变革浪潮背后的推动力。

把消息传出去：莉娜·理查德和弗蕾达·德奈特

作者的父母（中）和她的姑姑、叔叔在纽约桑给巴尔俱乐部

在大迁移时期，食物在这个国家逐渐成为一门科学。弗朗西斯·梅里特·法默于1896年出版了《波士顿烹饪学校食谱》一书，标准化了度量并改变了美国的烹饪方式。家政学成为一个不断寻求发展的领域。历史上黑人学校强调的是农业与技术学科，比如汉普顿大学、塔斯基吉大学和白求恩－库克曼大学（成立于1905年，成立之初是培训黑人女孩儿的戴托纳教育和工业培训学校），它们提供以实践为核心的课程。那些在食品相关方向学习的人学会了烹饪以及规范的服务——这些课程设计的目的就是为了培训他们从事家政，或铁路、旅

馆以及餐厅里的服务工作的。

从 1936 年到 20 世纪 40 年代末，塔斯基吉大学甚至还专门为从事食品、招待行业的非裔美国人发行了一本杂志，名为《服务》。杂志第一期出版于 1936 年 8 月，它的封面是一张由黑人侍者、黑人搬运工和黑人厨师的照片组成的三联画，其中还嵌入了一张布克 · T. 华盛顿的照片，他是塔斯基吉大学的校长，也是一位主张将教授技术技能作为赋权方式的思想家。杂志有类似“沙拉的重要性”、赞扬“效率的美德”这种文章，而“餐桌对话”“有威望的领导人”“前方！”和“所有成员！”则分别是服务生、厨师、行李员和搬运工特别感兴趣的专题板块。《服务》杂志详细描述了已经变得五花八门、包罗万象的非裔美国人的饮食世界。其中有香蕉甜甜圈和巴西坚果圣代的食谱，它还通过一些关于阿根廷和巴哈马的旅行文章让人领略更广阔的世界。但是在对进步与成功的热情讲述中，还穿插着一些热门话题的讨论，比如有一篇文章详细讲述了“黑人农民”种植的战备粮食，还有一篇 1942 年的文章，题为《三 K 党骑兵》。《服务》聚焦于酒店、餐馆和自助餐厅的黑人身上，而且用杂志把这些文字信息传递出去：它的传播范围遍及了整个南方，到达哥伦比亚特区乃至更远的地方，到达了大迁移将非裔美国人带去的那些地方——新泽西州、纽约州、伊利诺伊州、密歇根州、俄亥俄州、宾夕法尼亚州、康涅狄格州和马萨诸塞州。

杂志上的文章标题和它的广泛发行提醒人们，和过去一样，大量男男女女的黑人将食物和食品相关的服务作为支付账单的一种手段。而文章的内容也同样提醒我们，除了在黑人机构或是服务行业（铁路、食品加工厂、酒店和服务员工作）之外，黑人几乎没有什么工作机会，除非是给白人家庭提供家政服务。然而，越来越多的黑人家政学家和家庭经济学家开始拓宽视野，向黑人公众和整个世界传播关于非裔美国人烹饪的信息。这方面的两位先驱是莉娜·理查德和弗蕾达·德奈特。

新奥尔良的莉娜·理查德和她同时代的很多人一样，都是从做用人开始职业生涯的。她 1892 年出生于新罗兹，很小的时候就搬去了新奥尔良。14 岁时，她帮母亲和姨妈在该市滨海大道的一栋豪宅里干家务、做饭挣钱。从学校毕业后，她被魏林家族雇用，他们如此看重她的烹饪天赋，遂将她送到了当地一家烹饪学校去提升她的烹饪技能，后来又把她送去了波士顿的范妮·法默烹饪学校。她于 1918 年毕业，并且最终确认自己的烹饪天赋是独一无二的。她回忆说："我很快发现他们没什么能教我的了，我都知道了……说到烹饪肉类、炖菜、汤类、沙拉之类的菜肴，我们南方厨师把北方厨师甩开了一里地。"理查德渐渐用上了她的技能，1920年时，她已经在家里提供餐饮服务了。1937 年，她已经开了一家烹饪学校、一些秋葵汤小店，以及一家餐饮服务公司。1938 年，她私人出版了一本烹饪书并且在全市推广。1939 年，她已经是一位名人，有足够资格在新奥尔良当地出版《莉娜·理查德的烹饪书》了。《纽约先驱报》的克莱门汀·巴德尔福德和詹姆斯·比尔德这样的名人都在媒体上提到了这本书，为之带来了大量的读者。这本书 1940 年在国际上出版，名为《新奥尔良烹饪书》，这是第一本由非裔美国人出版的新月城的烹饪著作。理查德还是一位创新营销者，无论她在哪里做饭，都会顺带卖书，就像在新奥尔良百货公司一样。她还和迪万神父达成协议，通过他来卖书。迪万神父会见理查德女士后，就向他的追随者推销了她的书，卖给他们的价格是 2 美元，或是标价的三分之一。

作为一位餐饮从业者，理查德主要为白人做菜。事实上，她的第一本作品是献给爱丽丝·鲍德温·魏林的，那是她最初为之做家佣的女士。但是，除了碎洋蓟慕斯和龙虾沙拉，理查德也将许多更传统的非裔美国人的烹饪名词加了进来：脆皮香蕉、炸鸡（尽管是克里奥尔风味的）、玉米面包，还有大量路易斯安那州独特的克里奥尔菜，诸如名为“daube glacé”的牛肉冻、胡桃糖和烤佛手瓜等。理查德的厨艺名气越来越大，甚至被邀请到新奥尔良以外的地方去做菜，例如纽约州加里森的鸟与瓶酒店，还有弗吉尼亚州的威廉斯堡殖民地。事实证明，这些旅行是成功的，但最终她都会回到自己的家乡城市。

1947年，她在那里成为第一个拥有自己的电视秀的非裔美国女性。她是在种族隔离的南方做这个节目的，那时即使在大部分白人家庭里电视机也很少见。在茱莉娅·查尔德用电视改变了美国人对食物的想法的近二十年前，理查德就在新奥尔良用作为新媒体的电视宣传自己，传播非裔美国人的食物了。

如果说理查德是一位在全国影响力越来越大的非裔美国餐饮企业家的话，那么弗蕾达·德奈特就是这个国家——如果不是全世界的话——非裔美国人饮食的代言人。1946 年约翰·H. 约翰逊任命她为《乌木》杂志的第一任美食编辑，当时杂志才创立不久。约翰逊意识到，对于非裔美国人来说，正确的营养知识是可能性不断增长的世界中必要的组成部分，而德奈特恰好符合这一要求。

与 20 世纪上半叶的许多人不同，德奈特并不是从家务活中接触到烹饪的。她出生于堪萨斯州的托皮卡，童年居无定所，在南达科他州的修道院学校和明尼苏达州的圣保罗高中上过学。她接受过家政学培训，并在纽约有着二十年的餐饮从业经历，还曾一度与非裔美国演员卡纳达·李合作经营过一家哈莱姆餐厅，名为“鸡舍”。

作为《乌木》的第一任美食编辑，这位堪萨斯本地人成为这本杂志的烹饪形象大使，在全国各地对黑人和白人公众演讲，并且做烹饪示范。《乌木》杂志建立了非裔美国人出版物中的第一个家庭服务部，德奈特对此也发挥了重要作用。她在一份早期的备忘录里描述道：

> 在我们的家庭部办公室里有一个实验厨房。我们在那里测试配方和产品，还为广告商构思新点子，这是我们非常骄傲的一项服务……
>
> 我们还出版了《美食秘诀》，这是一本月刊，覆盖全国范围超过 75 000 名妇女，甚至远销南非。它其中包含了辅助菜单、大量关于美食和家居用品的小贴士，事实证明，它已经成为家庭服务部最受欢迎的特色项目之一。

广告商找德奈特做产品代言；她的专栏、食谱和照片出现在杂志上，她同时在黑人、白人的大学与高中演讲，她还在全国进行了数百次的烹饪示范。她为形形色色的《乌木》客户——比如康乃馨炼乳、金州保险公司等——撰写了数不清的有关烹饪秘诀与食谱的小册子。或许她最为持久的遗产是她的烹饪书《与美食的约会》，这本书出版于 1948 年，书中展示了她为《乌木》收集和发明的一些食谱。它的新版本《乌木烹饪书》仍在发行，为未来的人们收集整理了 20 世纪中期的烹饪方式。

莉娜 · 理查德与弗蕾达 · 德奈特的职业生涯预示了非裔美国人食物的新时代，在这个时代中，接受过食物料理与家政学方面专业训练的黑人，运用《乌木》杂志这样的新兴媒体和电视等新科技，在国内、国际上赢得了声誉，并且向全世界讲述非裔美国人食物不断扩大的广阔性与多样性。

■ CHAPTER 9

WE SHALL NOT BE MOVED

第九章

我们矢志不渝

静坐运动、灵魂食物[1]，以及不断丰富的烹饪多样性

---

1. 灵魂食物：非裔美国人的传统食品。

1960 年静坐运动的发生地——伍尔沃斯餐馆，北卡罗来纳州格林斯伯勒，美国国会图书馆提供

佐治亚州，亚特兰大。

新南方的首府对我没有什么吸引力。我第一次去那儿的理由很丢人——去找一个出轨的男友，结果换来了流泪、分手和两天的宿醉。那是我第一次去南方。三十五年前的这次旅行唯一的好处是，它让我看到了“中产化”之前的“甜蜜的奥本”大道[1]。不知怎么，我竟在我那趟徒劳无功的行程间歇还抽空去了一次帕斯卡尔餐厅，品尝了传说中的炸鸡。帕斯卡尔餐厅是马丁·路德·金和他的追随者们策划民权战略时待过的餐厅之一。尽管我那时心情糟糕透顶，但是当我坐在餐厅里时，我还是忍不住好奇哪个位子是金博士曾经坐过的，他最喜欢

1. 一个历史悠久的非裔美国人社区，位于美国佐治亚州亚特兰大市东部。“甜蜜的奥本”这个名字是约翰·韦斯利·多布斯创造的，指的是“最富有的黑人群体”。

的菜又是哪些。有人告诉我，在那些会议上，主要点的都是炸鸡。

似乎每一座南方城市在从前的黑人区都有一家类似的餐厅。在民权运动时期，它成为搞运动的人聚会与策划战略的中心。伯明翰就有一家这样的餐厅，孟菲斯、莫比尔和蒙哥马利也有。新奥尔良有杜奇·蔡司，而亚特兰大有帕斯卡尔，当然还有迪肯餐厅，尽管它和很多其他餐厅一样，都没能幸存下来。那时，它们都有着相似的地下室风格的精致装饰，红色的塑胶雅座，墙上镶着木结斑斑的松木板。还有亲切的女服务员，她们会甜言蜜语地劝客人吃到撑，她们穿着的尼龙制服，紧紧地裹着丰满的胸部，通常一侧还放着一块浆洗得笔挺的手帕，就像胸花一样。菜单上的菜让人想起南方的安慰食物：猪肉是最好吃的肉类，而猪肠刺鼻的香气常常在厨房里萦绕；猪脚也有供应，大家都啃着蘸了辣酱的骨头，啃得不亦乐乎；猪排煮到熟透，再和浓稠的肉汁一起焖。配菜包括软烂的糖渍薯蓣（是的，它们其实是红薯），每一口咬下去都会滴落糖汁和肉桂。蔬菜也总是少不了的——羽衣甘蓝、芜菁或芥菜，或是三者在一起——它们都是现摘现做的。它们搭配熏猪肉一起吃，稍后几年，它们也和烟熏火鸡翅搭配。秋葵在大部分菜单上都占有重要地位，出现在秋葵汤里，或是和番茄、洋葱一起做成炖秋葵，或是和玉米、番茄一起做成南方的豆煮玉米。至于甜点，有一连串让人甜到掉牙的甜品，它们是非裔美国人食物的标志：填满时令水果的酥皮馅饼、面包布丁、米布丁（有的有葡萄干，有的没有）、松软的椰子蛋糕、扎实厚重的磅蛋糕、撒了巧克力粉的鸡蛋糕等（尽管红丝绒蛋糕此时还不怎么常见）。还有各种派——用猪油做的酥皮，上面或下面放上新鲜的馅料：红薯派、糖浆核桃派、肉豆蔻苹果派。厨房里总是有米饭，用以盖浇上浓厚的奶油肉汁搭配炸鸡食用，面包篮里总是有蓬松的方形玉米面包，还常常有热饼干。这些地方经常在早餐时间就开门了，那些能在里面吃早饭的幸运儿会吃到饼干和糖浆：卡罗糖浆[1]、蔗糖糖浆或是高粱糖浆，偶尔才会有枫糖糖浆。这里还有很多做好的鸡蛋、香肠肉饼（不是烤肉串），以及南方和北方都有的玉米粥。

随着20世纪末非裔美国人饮食习惯的变化，以及后来若干年中他们社区的升级，有些餐厅，像是亚特兰大的迪肯餐厅和纽约的科普兰餐厅都没有幸存下来。其他的餐厅，比如芝加哥的军队和洛斯餐厅，似乎被封存在了它们那个年代的琥珀之中。可是帕斯卡尔餐厅就像亚特兰大一样，在我第一次去那儿之后就欣欣向荣地发展了起来。最近一次去这座城市旅行，我开始了解和喜欢上它，我住进了帕斯卡尔，它已经变成了酒店加餐厅的综合体。房间是汽车旅馆的简约风格，但是餐厅很洋气、很时尚，很能代表新亚特兰大，显示出那些富有胆量和决心的人在这座城市的一切可能性。

帕斯卡尔和南北方类似的地方一样，都是历史的轴心点：在那些地方，黑人的创业精神遇上了扩张中的全国非裔民权运动。它们是富有生机的非裔美国人社区的中心。在北方，它们是思乡的南方黑人移民的庇护所，这些人为了寻求更好的机会坐着火车或是徒步北上，在这里，他们能够尽情满足身体、心灵的需求，享受他们记忆中过去南

1. 卡罗糖浆：一种商业生产的玉米糖浆。这种糖浆是用玉米淀粉制成的，它通常用于使食物甜而湿润，同时也防止糖结晶。有不同种类的玉米糖浆以卡罗的名称销售。

方的食物。在南方，非裔美国人知道在这些餐厅里他们会受到欢迎，而在那些日子里，白人机构肯定不会欢迎他们。20 世纪五六十年代，它们成为各种意见的集散地——非裔美国人将在这些地方制定战略，策划、组织和启动，以寻求完全平等的下一个篇章。毕竟，在非裔美国人长达三百五十多年的历史中，我们被贬到厨房之中，被实际地或隐喻地奴役着。20 世纪六七十年代，在这些餐厅中盛极一时的食物逐渐变成了所谓的“灵魂食物”，因为它在走向制度化平等的征途中，不仅填饱了人们的肚子，也慰藉了他们的心灵。

1948 年，第二次世界大战后不久，杜鲁门总统废除了美国武装部队的种族隔离，木已成舟。美国的战后时期是一个空前乐观，且中产阶级迅速增长的时期。回国的士兵可以利用 G. I. 法案[1]来得到享受津贴的教育。新的郊区建起了楼房，而人们也开始往城外搬迁。富庶无所不在。全国的超市遍地开花，走廊里堆满了新的产品，等着被放进当时很多人新买的闪亮的冰箱、冰柜中。男人们拿出了夏威夷衬衫和围裙，走进最近风靡一时的后院里，点起烧烤架，沉迷在另一种全国风尚之中。“快速”和“方便”是那时无数女性的口号，她们曾经为了支援战争而进入就业市场，当战争结束时，她们再没有回到过去照料家

1. G. I. 法案：军人安置法案，最先于第二次世界大战末期起草生效，旨在给退伍美军军人提供免费的大学或者技校教育，以及一年的失业补助。

庭与灶台的角色中。像速食米饭、鱼糕、立顿洋葱汤和贝蒂妙厨[1]、皮尔斯伯里蛋糕粉等产品铺满了货架。那些在日本、意大利、法国和南太平洋打过仗的人，也品尝过不同的食物，国民的口味也变得宽泛起来。对很多美国人来说，希望仿佛是地平线上的一盏闪烁的明灯，但是对非裔美国人来说却并非如此。

对那些从战争中归来的非裔美国士兵而言，生活俨然发生了变化。一些人当然能利用战争带来的好处，但是他们也重新意识到充分平等的迫切需要。毕竟，他们曾经给伤员包扎伤口、为军队提供食物、在后方军工厂和海军造船厂里帮忙，他们做了所有的脏活累活。光荣的塔斯基吉空军甚至在引导美国轰炸机前往目的地的过程中从未损失过一架飞机。是时候让这个世代无视他们、忽略他们的国家站出来，最终实现平等了。归来的黑人士兵带着不同的态度回到了家，此前他们的命运就是二等公民。欧洲截然不同的种族立场也证实了美国式的生活并非唯一的出路。有一条更好的出路，而是时候让美国认识到这一点了。非裔美国士兵从前线回家，不是为了被关在美国梦之外的。

归来的非裔美国士兵回到了一个严格种族隔离的南方：教育、住房、公共设施和餐饮都严格按照肤色划分。“吉姆·克劳法”仍然影响着南方的选民，完全剥夺了他们的选举权。在北方，越来越多富裕的白人中产阶级搬到了新建的郊区。他们离开了北方的黑人——那些人搬到了市中心，在战后衰落的经济状况下寻找工作——他们被迫住在

1. 贝蒂妙厨：美国通用磨坊旗下品牌，产品几乎覆盖家庭烘焙的各个方面。

城内，那里的环境每况愈下。然后，在1954年，最高法院对“布朗诉托皮卡教育委员会案”的裁决开启了一系列根除“吉姆·克劳法”的法律裁定，使得完全的公平有更多实现的可能。它宣布:“我们得出的结论是，在公共教育领域，‘隔离但平等’的原则是没有立足之地的。教育设施的隔离本质上就是不平等的。”这一裁决后来又有了1955年所谓的“布朗第二案”，要求应该“谨慎而快速地”废除不平等的学校制度。美国即将发生改变。

最初经历了一段短暂的平静期，看似可以通过立法手段来实现这一转变，但这些决定遭到了南方强硬派的大规模抵制，他们非常愿意为维护“南方的生活方式”而战。1955年艾默特·提尔[1]被处私刑，让很多南北方的非裔美国人对所谓的“南方的生活方式”有了概念，而这一方式已经存在超过了三百五十年。要求平等的呼声越来越高。蒙哥马利巴士抵制运动[2]让罗莎·帕克斯变得不朽，也给马丁·路德·金带来了名声，还为未来的抗议活动奠定了基础。越来越多的抗议活动依赖于高度组织化的黑人团体，这些团体的领导人既能干又很坚定。他们精心策划，不仅要实现小目标，还要让全国的注意力都集中在南

---

1. 艾默特·提尔：1955年，14岁的艾默特·提尔从芝加哥前往密西西比州探亲，在一家小杂货店被指控骚扰一名白人女店员，被两个白人恶棍残忍地毒打致死，抛尸河中。艾默特·提尔的尸体三天后才被找到，惨不忍睹。然而他的母亲坚持举行开棺葬礼，让儿子的惨剧为世人所知，并被广泛报道。最终艾默特·提尔的遭遇成了20世纪60年代黑人争取自身平等权益的民权运动的导火索之一。

2. 蒙哥马利是美国20世纪中期种族隔离最严重的城市之一，其法律曾经要求非裔美国人给白人让座。1955年12月1日，非裔美国妇女罗莎·帕克斯在巴士上拒绝给白人让座被捕，在她被捕的几天后，民权斗士们号召蒙哥马利市内的非裔美国人拒绝搭乘公交，步行或者搭乘的士上下班，以表达对于帕克斯的逮捕以及种族隔离政策的反对。巴士抵制运动从此拉开帷幕。

方，集中在国内种族平等的要求上。活动分子利用了黑人的教堂网络。他们也在当地的黑人餐厅里碰头，比如亚特兰大的帕斯卡尔餐厅和新奥尔良的杜奇·蔡司餐厅，还有在私人家庭中。在这些地方，他们围着餐桌，在一盘盘非裔美国人的传统南方菜肴如炸鸡、羽衣甘蓝、奶酪通心粉前制定策略，计划他们的运动。

南方基督教领袖会议[1] (SCLC) 成立了，这是一个由教会、社区组织，以及民权团体组成的松散的联盟。它开始崭露头角，并且得到了南北方白人自由主义者的支持。很快，它开始挑战全美有色人种进步协会[2] (NAACP) 的权力，这一传统的黑人领袖组织曾经在1954年历史性的“布朗裁决”的通过中发挥了重要作用。SCLC推进了运动，但最重要的是，SCLC开始在南方的黑人大学校园中训练学生积极分子，他们掀起了下一波的抗议活动。这一波抗议并没有发生在餐桌旁或是金和他的追随者们策划蒙哥马利巴士抵制运动的黑人餐厅里。相反，它发生在“五分一角商店”[3] 的午餐柜台前，那里的菜单上提供的是汉堡包和烤芝士或是鸡肉沙拉三明治。

这一阶段的平权斗争开始于北卡罗来纳州的格林斯伯勒，时间是1960年2月1日。下午四点半，来自北卡罗来纳农业与技术学院

1. 南方基督教领袖会议：美国黑人民权组织，1957年由马丁·路德·金建立，他希望整个南方贯彻非武力抵抗原则。在亚拉巴马州的蒙哥马利，他成功地运用这一原则领导巴士抵制运动，结束了座位隔离制度。

2. 美国全国有色人种进步协会：即美国白人和有色人种组成的旨在促进黑人民权的全国性组织，总部设在纽约。该组织的目标是保证每个人的政治、社会、教育和经济权利，并消除种族仇视和种族歧视。

3. 五分一角商店：廉价商店，也称为“一角商店”。

(A&T) 的新生小伊泽尔·布莱尔、富兰克林·麦凯恩、约瑟夫·麦克尼尔和大卫·里士满坐在一家伍尔沃斯的午餐柜台前，点了份餐，并且发起了静坐运动，这一运动将成为敲响南方种族隔离丧钟的信号。在种族隔离的南方，社会的行为规范是很复杂的。黑人可以去商店买东西，而且他们也确实在午餐柜台后工作和端盘子，但是，他们却不能在店里坐下来吃东西。那天下午，当这四名年轻人找座位坐下来，一边做功课一边等他们点的东西时，这一切就要发生变化了。他们没有等到他们点的食物，尽管他们一直等到了商店关门。第二天，其他人也加入了他们：贝内特学院——格林斯伯勒的一所黑人女子学校——的学生们，还有北卡罗来纳大学女子学院的一些白人。尽管这四名学生在没有任何大型民权组织或社区组织授权的情况下就开展了运动，但是他们的抗议很快在该地区引起了轰动，到了第五天，数百名学生拥入了市区的商店，和平地主张他们的权利。静坐运动席卷了全国，南北方一百多个城市都举行了示威游行，而午餐柜台也立刻成为南方不平等的国家象征。

穿着整齐的大学生安静地坐着的画面，以及他们保持平静和尊严时受到屈辱的样子改变了这个国家，这一运动迅速在全国范围传播开来。北方与西部的黑人和白人包围了曾经在南方实行种族隔离的大型连锁店；而在南方，静坐运动快速蔓延到了纳什维尔和亚特兰大，那里的运动扩大到了包括废除所有公共设施的种族隔离以及获得平等的教育和就业机会。格林斯伯勒的抗议活动最终导致该市废除了午餐柜台的种族隔离。在纳什维尔，主要的餐厅在 1960 年 5 月取消了种族隔离，而亚特兰大的抗议活动导致当地商界和政界在 1961 年 9 月做出让步。

尽管很多抗议运动的领袖都受到过 NAACP 和 SCLC 这样的传统组织关于消极抵抗的训练，但是有些年轻的积极分子担心这种运动的势头会减弱。他们呼吁继续采取非暴力行动，但也承认他们需要更多的战斗力。1960 年 4 月 15 日至 17 日，他们召开了一次会议来让抗议运动继续进行下去。萧尔大学[1]的学生和 SCLC 的组织者艾拉·贝克，在向来自 13 个州 50 多所不同的高中、大学的代表发言时提醒他们，这“不只是一个汉堡”的事——对于一个开始于四个年轻的大学生决定坐下来吃他们的午餐，争取他们的权利的运动，这是一个恰如其分的食物象征。这场改变文化的抗议活动并不是针对午餐柜台供应的主流食物——65 美分的烤火鸡、50 美分的火腿芝士三明治，抑或是价格为 15 美分、作为美国图腾的苹果派，它针对的就是“平等”本身。静坐示威拉开了这个国家肮脏的小秘密的帷幕，让世界看到美国生活中的不平等之处。任何一个活在那个时代的人都能生动地回忆起那些画面：衣着整洁的年轻学生、反对者们肆无忌惮的暴怒，以及学生们赢得的胜利。食物成为社会的隐喻。

民权组织将这场运动带到了国家的日常意识之中，并且获得胜利。但在 1964 年的民权法通过之前，还发生了自由乘车者运动[2]、更

---

1. 萧尔大学：成立于 1865 年，是美国南方历史最悠久的黑人大学，位于美国北卡罗来纳州雷利，学校在整个北卡罗来纳州有多个成人与职业教育校园。

2. 自由乘车者运动：美国的民权活动家们从 1961 年开始乘坐跨州巴士前往种族隔离现象严重的美国南部，以检验美国最高法院针对波因顿诉弗吉尼亚州案（1960）和艾琳·摩尔根诉弗吉尼亚州案（1946）判决的落实情况。

多的联合抵制运动，密西西比州杰克逊市发生了梅德佳·艾福斯谋杀案，华盛顿特区举办了游行，四个小女孩在伯明翰的教堂被炸死，约翰·F. 肯尼迪总统被刺杀，还有数不清的其他暴力活动。该法案禁止在公共场所进行歧视，包括餐厅、酒店、加油站和娱乐场所，以及学校、公园、操场、图书馆和游泳池。1964 年的法案和它之前的那些法案不同，它有执行的可能性，因为它规定，政府资金可以从任何不服从它的计划中扣留。它创立了平等就业委员会，以确保国内不再有对种族、肤色、性别、宗教以及原国籍的任何歧视。枷锁已经解除，但是争取完全平等的斗争却远没有结束。

20 世纪 60 年代发生在美国的民权运动是非裔美国人的历史与食物的重要转折点：它不仅强调了食物在非裔美国人文化中的重要性，还把非裔美国人在全国的饮食中扮演的重要角色放到了前沿、中心的位置。在格林斯伯勒静坐的第二天，有一张令人难忘的照片，上面四个年轻人布莱尔、麦凯恩、麦克尼尔和里士满坐在柜台前；柜台的另一边是一个服务生，他也是非裔美国人，处在这样的位置，他似乎感到很羞愧；贴在墙上的菜单提供的是早年的简易快餐——三明治、夏威夷快餐[1]，还有甜点。从美食的角度看，它们并不值得为之而战。这是一个复杂的故事，它揭开了这个国家种族间相互影响的历史。许多南方白人虽然很满足于被非裔美国人——这些人担任餐厅厨师、家庭用人或是午餐柜台的柜员——伺候，但并不准备与这些人分享柜台与

1. 夏威夷快餐：包括两勺米饭、通心粉沙拉和各类配菜，有烤猪肉、韩式烤肉、炸鸡排、铁板牛肉和鲯鳅鱼，是本地特有的主食。

餐桌。几个世纪以来南方种族矛盾的内在荒谬性的象征，在这张捕捉了时代变革时刻的照片中表现得淋漓尽致。

当静坐活动在南方展开之时，全国各地正在策划的民权非暴力抵抗活动将非裔美国人和他们的食物带到了更多的人面前。厨房餐桌和黑人餐厅，连同所有教派的教堂，都成了这场运动的策划地点。在这些地方，北方白人自由主义者来到了南方参加静坐，后来又参加了自由乘车者运动、选民登记运动和抗议游行，对许多人来说，他们是第一次尝到了美味可口的传统非裔美国菜。回家后，他们冒险走入黑人社区，寻找那些提供同样菜肴的餐厅，他们也让传统的黑人饮食进入了主流文化。非裔美国人传统饮食的普及与非裔美国团体对种族、自我与日俱增的自豪感正在携手并进。

对于年轻的一代来说，民权运动演变成了黑人权力运动，与黑人有关的东西和在奴隶制下幸存的文化越来越让人感到骄傲。与之同步的，是想要更多了解黑人的经历、感受黑人之间的民族团结感的渴望。在 20 世纪 60 年代早期，这种自豪感表现在一场被称为“灵魂”的运动中。关于“灵魂”一词的起源，人们已经费了不少笔墨，因为这个词与非裔美国人在美国的经历有关，而且几乎可以肯定，会有更多的笔墨继续为之流淌。但是 20 世纪 60 年代创造了一片天地，在那里，许多人生命中第一次对非裔美国人在美国的特殊经历感到明显的自豪。“灵魂”一词最先是用来在黑人中间建立一个文化共同体的，比如“灵魂兄弟”和“灵魂姐妹”。它最初用来在抗争中表示亲切感，很大程度上就像“兄弟”和“姐妹”在几代人的黑人教会中一直是敬语一样。但是，和其他许多非裔美国文化的创新一样，这个词迅速被主流文化吸收，很快市场上就有了“灵魂梳子”“灵魂T恤”“灵魂发型”“灵魂握手”[1]，当然还有“灵魂音乐”。“灵魂食物”一词可以追溯到那个时代，那时一切黑色的东西都有了灵魂，而这个词的使用标志着人们对非裔美国南方食物的态度发生了转变。

灵魂食物一直被定义为传统的非裔美国南方食物，因为它是在全国各地的黑人家庭和黑人餐厅里供应的，但是关于这一食物究竟是什么，人们存在着广泛的分歧。它仅仅是南方种植园喂给奴隶吃的，一种以猪肉和玉米粥为主，加上各种打猎或采集或偷来的东西来弥补它的单调的食物？它是传统上喂给奴隶吃的猪身上不怎么好的部位，比如猪肠、猪肚和猪蹄？而这种饮食口味是由那些离开南方去寻找工作的人带到北方的。它是哈莱姆租金派对上的人和那些在第二次世界大战期间去军工厂上班的人用以果腹的食物吗？它是那些在弗吉尼亚州火车站叫卖的服务员卖的炸鸡，还是那些移民去堪萨斯州和西部其他地方的人吃的盒装鸡肉？它是出现在非裔美国餐厅的上面浇了浓稠的棕色肉汁，或是配上了松软的玉米面包的焖猪排吗？

看来，灵魂食物源于一种无以名状的特性。它融合了对前人食物的怀念和自豪。以黑人那种“我是如何过来”的精神，灵魂食物回顾着过去，并标志着一种地道的味道和口感，而不仅仅是回应了美国剥夺公民权的历史。20世纪60年代，随着非裔美国人的历史被重写——不是像之前那样，伴随着公民权利被剥夺和被奴役的经历，带着耻辱

1. 灵魂握手：非洲式的握手法，包括用右手握手和将握柄移到拇指上。美国黑人接受了这个方式。

重写，而是带着骄傲重写——灵魂食物既是一种食物，也成为一种肯定。对很多人来说，啃筒骨，吃猪肠、芜菁和炸鸡变成了一种政治宣言。而那些20世纪早期就存在的非裔美国餐厅，有了越来越多的黑人和同情这场运动的人的光顾。在北方，光临灵魂食物餐厅的也包括思乡的南方白人，不时地还有白人自由主义者，他们想要尝一尝梅森—狄克逊线[1]以南的食物。

正如在非裔美国社会经常存在的情况那样，必须承认有一道烹饪的阶级分水岭。一边是那些渴望步入社会、想要效仿美国和欧洲主流饮食习惯的人，另一边则是那些吃更传统的非裔美国食物的人——那种饮食可以追溯到南方的奴隶食物。在20世纪60年代，以猪肉和玉米粥为主的灵魂食物变成了一种政治宣言，并且受到许多黑人中产阶级的拥护，他们之前曾经公开地回避它，认为它是昔日奴隶制的遗物。现在，它变得流行起来，甚至得到了赞美。

看看那一时期的烹饪书，就会发现这个词对人们的心灵，尤其是对人们的味觉产生了多么巨大的影响。大多数出版于20世纪60年代之前和21世纪初的非裔美国人的烹饪书都提到了南方种植园，或是食谱历史性的一面。书名有《种植园食谱》《梅尔罗斯种植园食谱》（民间艺术家克莱门汀·亨特对此做出了巨大贡献），以及全国黑人妇女理事会的《历史上的美国黑人食谱》。还有一些书冠上了当地有名的厨师或餐饮商的名字，比如《贝思·格兰特的烹饪书》，这本书在加

1. 梅森—狄克逊线：美国宾夕法尼亚州与马里兰州的分界线，1763—1767年由英国测量家查理斯·梅森和英国测量家、天文学家杰里迈·狄克逊共同勘测后确定。

利福尼亚州卡尔弗城出版，还有与之齐名的《莉娜·理查德的烹饪书》，该书在路易斯安那州的新奥尔良出版。这一趋势一直持续到20世纪60年代早期，其间出版的著作有《他毕生的成功餐饮服务中最棒的派对食谱》，由佐治亚州罗斯韦尔城的弗兰克·贝拉米撰写，还有在弗吉尼亚州安嫩代尔出版的《心善手巧：卢斯·L.加斯金斯的传统黑人菜谱集锦》。

到了20世纪60年代末、70年代初，灵魂食物已经有了强大的吸引力，名字里有“灵魂食物”的烹饪书层出不穷，包括鲍勃·杰弗里斯的《灵魂食物食谱》、哈蒂·莱因哈特·格里芬的《灵魂食物烹饪书》，还有吉姆·哈伍德和埃德·卡拉汉的《灵魂食物食谱》——都是1969年出版的。同年还出版了《帕梅拉公主的灵魂食物烹饪书》，作者是纽约城一家东村区餐厅的主人，这家餐厅是那些想要品尝“正宗”非裔美国人烹饪手艺的白人的朝圣地。

如果说民权运动开始于传统非裔美国烹饪书赞美蔬菜、奶酪通心粉、筒骨、猪肠和炸鸡的优点，那么它的结束则伴随着许多非裔美国人饮食习惯的转变。贯穿整个20世纪70年代，一直到20世纪末，糙米、熏火鸡翅、芝麻酱和豆腐也出现在了都市非裔美国人的餐桌上。这一迹象是对传统饮食的抗议，以及对它在健康和卫生方面认知局限性的抗议，无论这种局限是真实的还是想象的。造成这种抗议的其中一个原因是“美国黑人穆斯林”[1]的再度抬头。

1. 美国黑人穆斯林：20世纪30年代初美国黑人中的一个以伊斯兰教为旗帜的宗教政治组织。

美国黑人穆斯林发源于20世纪初，在以利亚·穆罕默德的领导下，20世纪60年代在全美范围内崭露头角。穆罕默德宣扬和平对抗并不是唯一的途径。在芝加哥、底特律和其他大城市地区，美国黑人穆斯林为民权运动的非暴力反抗提供了另一种选择，很多人觉得没必要这么温顺。他们宣扬了一种以非洲为中心的传统伊斯兰教的变体，并且提供了一种以家庭为本的文化，其中性别角色是明确界定的。早在1945年，美国黑人穆斯林就认识到了土地所有权和经济独立的必要性，并且在密歇根州购买了145英亩的土地。两年后，他们又在芝加哥开了一家杂货店、一家餐厅和一家面包房。该宗教的一个主要的信条就是避开白人强加的行为，他们管白人叫"蓝眼睛的魔鬼"。追随者要声明放弃他们的"奴隶名字"，通常用一个"X"来代替，而且他们要采取一种受到严格管制的生活方式，包括放弃吃那些给南方奴隶吃的传统食物。

美国黑人穆斯林的领袖以利亚·穆罕默德十分关心非裔美国人的饮食习惯，并在1967年为他的追随者出版了一本饮食手册，名为《怎样吃才能活》；1972年，他又出版了另一本《怎样吃才能活之二》。正如许多有关美国黑人穆斯林的内容一样，关于穆罕默德的理念和戒律，也有着很多的争议。这些理念和戒律结合了传统伊斯兰教的戒条，也掺杂了似乎是个人偏见的乖僻禁令。他强烈地反对传统非洲饮食，或者说他所谓的"奴隶饮食"。对于美国黑人穆斯林成员来说，酒精和烟草是禁止的，猪肉是尤其让人深恶痛绝的。以利亚·穆罕默德命令他的追随者：

> 不要吃猪——甚至都不要碰它。别再吃猪肉了，而你的生活会变得更宽广。远离祖母的老式玉米面包和黑眼豆，还有那些用泡打粉做的15分钟快手饼干。把酵母粉放进你的面包里，让它发酵膨胀，然后再烤它。吃喝是为了活下去而不是为了去死。

对传统穆斯林来说，猪肉是“haram”[1]，或者说是禁地。猪肉，尤其是那些不太好的部位，是喂给非裔美国奴隶吃的主要肉类。对美国黑人穆斯林的成员来说，任何形式的猪肉都是令人讨厌的，同样遭人嫌的还有用猪肉调味的羽衣甘蓝或黑眼豆。拒绝以猪肉和玉米为主的传统非裔美国人的饮食，是对其危害非裔美国人健康的控诉，但也间接承认了它能够引起大多数黑人的文化共鸣这一事实，尽管这种共鸣是源于奴隶制的。禁止食用猪肉是一种强有力的宣言，但这个组织真正的标志性食物是豆沙派——一种用海军豆做的甜馅饼，以利亚·穆罕默德认为它易于消化。穿着深色服装、戴着领结的教徒把它和美国黑人穆斯林的报纸《穆罕默德讲话》放在一起叫卖，用兼顾精神与味觉的方式传播组织的福音。

在以利亚·穆罕默德和他的大将马尔科姆·X[2]、路易斯·法拉罕的领导下，美国黑人穆斯林在20世纪60年代和70年代成为一股强大的

---

1. **haram：伊斯兰教徒女眷居住的内室、闺房。**

2. **马尔科姆·X：也译为马尔科姆·艾克斯，早年曾是个不学无术的街头混混，后来在监狱中自学并加入黑人穆斯林组织，1952年出狱后，积极参加传教活动，号召美国黑人信奉伊斯兰教，遵照先知的圣训以求得解放；与南部的马丁·路德·金并称为20世纪中期美国历史上最著名的两位黑人领导人。与金的非暴力斗争策略形成鲜明的对照，X主张通过以暴力革命的方式获取黑人的权利。**

力量，在全国有了数不清的成员。

20 世纪 60 年代中期是美国国内与国际局势动荡的时期。1963 年肯尼迪总统被刺杀一事打开了潘多拉的魔盒。1965 年，马尔科姆 · X 被刺杀，还发生了瓦茨暴动[1]。1967年，巴比 · 肯尼迪[2]遇刺。1968年，马丁 · 路德 · 金遇刺，全国各地都发生了暴乱。因为黑人越来越拒绝接受几个世纪以来的既定状况，这个国家的种族转型就在黑人和白人之间前所未有的冲突中发生了。随着对非裔美国人历史越来越多的认识，以及民权运动带来的种族自豪感，人们想要了解更多非裔美国人的经历，想要得到更多黑人与世界各地斗争中的团体联系的信息。

作为民权运动的成果，全国以白人为主的学校纷纷录取了少量的黑人，这个数字还在增加。从 1950 年到 1969 年，人数增加了 100%，这引发了对黑人研究的呼吁。1968 年，旧金山州立大学成为美国第一所成立黑人研究科系的高等学府。对非裔美国人历史制度化的研究，与一场发展中的文化民族主义运动齐头并进，这场运动在各个领域推崇非裔美国人的文化，并且帮助人们提高了对非洲世界的认知，因为更多的非裔美国人开始和国际有了接触。

这种和国际的接触变得越来越重要，1954 年布朗诉教育委员会案的裁决不仅激励了在美国的那些人，还向生活在世界各地不同国家的

---

1. 瓦茨暴动：1965年 8月 11日，洛杉矶市警察以车速过高为由，逮捕了一名黑人青年。事件发生后，该市瓦茨区的黑人与警察发生冲突。在斗争中黑人曾进入了当地一家枪支店，夺取了 2000 多支枪和大批军火，同军警展开了连续 10 天的战斗，开创了美国黑人在抗暴斗争中拿起枪支进行战斗的第一个范例。

2. 巴比 · 肯尼迪：即罗伯特 · 弗朗西斯 · 肯尼迪，来自马萨诸塞州的美国政客，第 35 任美国总统约翰 · 肯尼迪的弟弟，俗称“Bobby”（巴比）。

殖民主义和帝国主义之下的有色人种发出了战斗的号召。这一仗打赢了，而且在美国使用的方法为许多人提供了独立的指南。事实上，许多在加勒比海地区和非洲大陆成为独立运动领袖的那些人都曾经在美国留学。如果 1960 年那张四个年轻人坐在午餐柜台前的照片概括了早期的民权运动，那么 1957 年的一张肯特公爵夫人和穿着肯特布[1]衫的克瓦米 · 恩克鲁玛[2]在加纳的独立庆典上跳舞的照片，则视觉化地记录了非洲人走向独立运动的开始。

与美国争取基本民权的斗争同时进行的，还有加勒比海地区和非洲大陆的民权斗争，在那些地方，为争取自治权和治理自己国家的能力而进行的斗争持续到了 20 世纪 60 年代。非洲与加勒比海国家独立的时间，和非裔美国人走向完全平等的进程是相互呼应的。1957 年加纳的独立——它是黄金海岸上的前英国殖民地，以及 1958 年几内亚从法国手中获得的动荡的独立，开启了一连串的独立日。1960 年大量前法属殖民地独立，塞内加尔、科特迪瓦、乍得、加蓬、马里、马达加斯加、尼日尔、多哥、贝宁和上沃尔特纷纷降下了三色旗，骄傲地升起了它们自己的国旗。同年，尼日利亚从英国独立。这张地图逐渐从大英帝国的粉和法兰西帝国的蓝，转变成了许多新的国家。非洲人、加勒比海地区的人，以及非裔美国人跨越政治分歧与文化冲突，彼此

---

1. 肯特布：加纳阿散蒂人的一种皇家织物，肯特布是一种非洲丝绸织物，只在极为重要的场合穿。

2. 克瓦米 · 恩克鲁玛（1909－1972）：加纳国父，非洲民族解放运动的先驱和非洲社会主义尝试的主要代表人物，是泛非主义、泛非运动和非洲统一的主要倡导者，非洲统一组织和不结盟运动的发起人之一，深受非洲人民尊敬。1957 年领导加纳成为撒哈拉沙漠以南非洲第一个获得独立的国家。

相望，发现一个国际的共同体正在诞生。

食物是帮助他们跨越文化鸿沟的关键之一。随着越来越多的文化民族主义者开始去其他非洲人后裔生活的国家旅行和参观，他们也带回了可以加入菜单和节庆活动的食谱。尽管20世纪20年代，哈莱姆的街头小贩会贩卖一些大蕉、根茎类蔬菜等非洲和加勒比海地区的传统食物，但是这段时间，它们基本上从非裔美国人的市场中消失了。到了20世纪60年代，真正的薯蓣、野芋、箭叶黄体芋和水芋出现在全美各地以西印度群岛人和非洲人为主的社区。这些社区的存在是因为《1965年移民法案》放宽了限额，向更多的移民开放了美国的边境，允许更多来自非洲偏远地区的人移民。

20世纪60年代中期是一个越来越国际主义的时期，而非裔美国人团体的自我意识也日渐觉醒。1966年，由文化民族主义者、黑人研究倡导者罗恩·毛拉·卡伦加创造的宽扎节，标志着另一个转折点。卡伦加以传统东非丰收节为灵感，创造了一种去宗教化的七日庆典活动，他设计了丰富的仪式，用以鼓舞和团结非裔美国人。这一年终节日起源于“Nguzo Saba”，或者说七项原则，卡伦加用它来颂扬团结、自主、集体工作与责任、合作经济、目的、创造力和信念这七项美德。与它的泛非洲的灵感相一致的是，宽扎节用斯瓦希里语（非洲统一的语言）作为其官方语言。这个节日并没有类似感恩节的火鸡或圣诞节的鹅肉那样的食物设定，但是宽扎节的七个晚上的仪式自始至终都用到了食物的象征：美洲土著的玉米穗被放在宽扎节的餐桌上，用来代表每个家庭的孩子，而一篮象征丰饶的水果是传统餐桌中央必不可少的装饰。

宽扎节的最后一天，也就是元旦，要举办卡拉姆宴，这个宴会的举办是为了纪念过去和现在的非裔美国人团体，向非裔美国人的长老和社会活动家致敬，也向非洲人和非裔美国人的祖先致敬。传统上这一天要以集体聚餐来收尾，人们会带来用家庭食谱制作的菜肴，或是来自各地非裔侨民的食物。卡伦加的书中没有提供食谱，但是像"Kawaida rice"这种有很多蔬菜的糙米饭，对于那些早期和他一起庆祝节日的人来说，已经成为一个传统。全国各地的宽扎节都呈现了非洲大陆、加勒比海地区，甚至南非的菜肴，也有红薯派、炸鸡、绿叶菜和其他传统南方非裔美国人的特色菜。

20世纪60年代后期至70年代初期，越来越多的非裔美国人选择庆祝宽扎节，这是他们对自己非洲根源认识日益加强的一部分表现。和平队[1]以及黑人与白人教会不断的传教活动将非裔美国人送到了非洲大陆，使他们对非洲侨民有了更广泛的认知，也拓宽了美食的地平线，促进了人们对共同的烹饪基础的认知。在大一些的城市和大学城里，西非辣椒炖肉饭[2]和加纳花生炖鸡伴随许多传统美味开始出现在餐桌上。

然后，在1977年，作者亚历克斯·哈里出版了家族史小说《根》，随后根据它拍摄了电视短剧，这让很多非裔美国人对自己和对非洲的看法有所改变。许多黑人受到《根》的激励，踏上前往非洲大陆的朝

1. 和平队：美国政府为在发展中国家推行其外交政策而组建的组织，由具有专业技能的志愿者组成。

2. 西非辣椒炖肉饭（West African jollof rice）：西非的一道经典菜肴，每个地区都有自己的变化，肉类可以包括鱼肉、牛肉、羊肉或鸡肉，有时候是素食。"jollof rice"专指只舂一遍的大米。

圣之旅，希望找到他们自己出身的源头。(和电视短剧的播出不谋而合的是，一个旅游组织开始提供前往达喀尔、塞内加尔的旅行路线，价格是 299 美元，这个价格对许多从来没去过非洲大陆的人来说是可以负担得起的。) 他们大批地登上飞机，在大西洋的另一边，发现非裔美国文化与他们的祖籍地有数不尽的联系。其中一个主要的联系就是西非的食物。他们去了菜市场，认出了几百年来与非裔美国人生活息息相关的那些东西——秋葵、西瓜和黑眼豆。他们品尝了味道相似的食物，了解到非裔美国人饮食中那些基本食材，如花生、辣椒和绿叶菜等新的烹饪方法。在塞内加尔，他们品尝了洋葱柠檬味的鸡肉亚萨和作为国菜的“thieboudienne”[1] (鱼米饭)；在加纳，他们尝到了香辣花生酱炖菜；在尼日利亚，他们品味了叫作“akara”的黑眼豆煎饼。非裔美国人开始了解到他们熟悉的食物与非洲大陆西部的食物在烹饪方面的联系。

这一新知在大众中传播开来，作为非裔美国人的先锋，烹饪书的作者们采取了更加国际化的方式，并且在他们的作品中反映了非裔移民的理念。瓦塔·梅·斯玛特·格罗夫纳的《烹饪的共鸣》(又名《一位吉奇[2]姑娘的旅行笔记》) 和海伦·门德斯的《非洲传统食谱》，这两本书不仅着眼于传统的美国南方食物，还放眼世界各地非洲侨民的烹饪方式，除了传统南方菜之外，还包含了非洲大陆和加勒比海地区的

1. thieboudienne：萨赫勒地区的一道传统菜肴、塞内加尔的主食，用鱼、大米和番茄酱在一个锅中烹制而成，被认为是国菜。

2. 吉奇：(俚语) 指美国南方黑人。

菜谱。

然而，非洲、非洲侨民和他们的食物只是不断扩大的非裔美国人烹饪样貌的一部分；那一时期的烹饪书也证实了非裔美国人对于“该吃什么，以及该怎么吃”有着各种各样的态度。比如 1974 年的《迪克·格雷戈里的自然饮食：与大自然母亲一起烹饪》，作者是同名的喜剧演员；还有 1976 年的《心灵相通：一本灵魂素食食谱》，作者是加利福尼亚州圣巴巴拉的玛丽·凯斯·伯吉斯。在诺尔玛·让·达登和卡罗尔·达登的《勺子面包[1]和草莓酒：一个家庭的食谱和回忆录》这样的书中，还是会写到传统南方食物。除了食谱和回忆录之外，一些书也用到了《根》中所普及的家谱研究，1978 年达登姐妹精心制作了一本烹饪书，通过食物讲述了她们的家庭故事，同时也展现了非裔美国人食物的多样性。

20 世纪 70 年代以前，非裔美国人的食物还可以粗略地以阶层划分。上流社会吃的是更受欧洲影响的饮食，而底层的饮食则包括了那些南方种植园的奴隶食物。其次是地域性的差异。南方总是占据着餐桌的主导地位，可是那些生活在北方和西部的人也有他们自己的饮食习惯，比如偏爱土豆而不是米饭，或者比较喜欢吃牛肉而不是更传统的猪肉。

不过，在 20 世纪 70 年代，所有的预设都被打破了。当然，很多非裔美国人依然坚持吃南方的传统食物。可是经过几十年的民权运动，

---

1. 勺子面包：一种以玉米粉为主料的潮湿点心，在美国南部的一些地区很流行。虽然被称为面包，但它在口味上更接近许多美味的布丁，如约克郡布丁。

以及对非洲大陆及其移民认识的不断提高，全国各个阶层有越来越多的黑人开始吃多样化的食物，而这一饮食反映了一种对非洲根源和与全世界连接在一起的骄傲感，这一认知是最近才有的。这一时期非裔美国人的饮食继续推崇传统食物，它也包括了迪克·格雷戈里倡导的素食，考虑到了以利亚·穆罕默德和美国黑人穆斯林的饮食问题，也反映了非裔侨民的国际多样性，甚至认可了当下的饮食潮流。简而言之，在20世纪70年代，非裔美国人的饮食风味开始改变，这种饮食以猪肚和羽衣甘蓝为荣，甚至容许西非的“富富”，加勒比海地区的卡拉萝[1]、糙米甚至是芝麻酱的加入。正如罗莎·帕克斯坐在蒙哥马利公交车上，一举改变了美国公众的面貌一样，在厨房餐桌边、在城市飞地的黑人餐厅里的民权工作者，以及北卡罗来纳的午餐柜台前的那四名学生，也改变了非裔美国人的饮食面貌，并使其摆脱了孤立的状态。黑人食物日益丰富的多样性使其不再被隔离在只属于黑人的菜单上，而是正大光明地出现在了美国人的餐桌上。

1. 卡拉萝：一道很受欢迎的加勒比海蔬菜菜肴，其主要成分是一种本地绿叶蔬菜。

你就是你所吃的东西：政治化的食物

“白人专用”的可口可乐机器

20 世纪 70 年代是一个方方面面都充满意识形态的年代。一个人穿什么——是大喜吉装[1]、三件套西装，还是夹克衫——微妙地传达了某种观点。对女性而言，穿长裙还是短裙，留爆炸头还是直发，都有

1. 大喜吉装：一种色彩鲜艳的宽松的套头男装，最常见于西非国家，并且广泛流行于欧美等国的黑人群体。

着重大的意义。一个人吃的东西也同样充满了政治隐喻。和不同政治派别的朋友吃一顿饭可能会踩雷，因为有很多饮食方面的条条框框。

美国黑人穆斯林成员用他们的领结和熨烫过的西装来表明身份。从他们的饮食上也同样可以认出他们：他们一点儿猪肉也不沾。这是一种高度条理化的饮食之道，尽管他们的饮食被认为比新近得名的“灵魂食物”更健康，但仍保留了传统非裔美国人的某些口味——甜腻的点心和煮到软烂的蔬菜。酒精也是禁止的，而点心多半是豆沙派——这是教派的标志之一。

穿大喜吉装的文化民族主义者的饮食是多元化的，还融合了国际风味。放在他们蜡染桌布上的葫芦碗、木雕碗里的菜肴，可能是西部非洲的辣椒炖肉饭，可能是加勒比海地区被称作“卡拉萝”的海鲜炖绿叶菜，可能是路易斯安那州的“菲雷”秋葵汤，还有可能是新发明的健康饮食中的某个菜——有着一个真实或是虚构的非洲名字。任何东西都可能出现在他们的餐桌上。

走向富裕的中产阶级继续吃以欧洲风味为主的食物，并且争相模仿詹姆斯·比尔德、茱莉娅·查尔德和格雷厄姆·科尔每周通过电视节目《奔驰的美食家》带给大众的烹饪风尚。勃艮第牛肉[1]、惠灵顿牛排[2]和奶酪火锅是派对上常见的食物。在私下场合或是在自己和朋友家

1. 勃艮第牛肉：也称为法式红酒炖牛肉，是用加有洋葱、蘑菇和萝卜佐料的红葡萄酒所炖成的牛肉块（约3厘米见方），是法式名菜，最早从法国的勃艮第地区传出。

2. 惠灵顿牛排：这道经典华丽的牛排是英国有名的菜肴，俗称“酥皮焗牛排”。上好的菲力牛排，大火煎上色，包上一层有鹅肝酱的蘑菇泥，再包一层火腿后，用酥皮包裹并刷匀蛋黄液，入烤箱焗熟。

里，他们可能会大吃特吃猪肠或是西瓜，但是他们不会在公开场合这么做，除非为了表明他们在饮食上和别人团结一致。

非裔美国人的传统南方菜——炖秋葵、黄油豆[1]、猪排和炸鸡——也在餐桌上保留了一席之地。这些是南方乡下人的食物，也是那些想要表明他们与民权运动中更传统的一方站在一起的北方人和运动积极分子吃的食物。对一些人而言，它们仍然是每日膳食的重头戏，但是对大多数人来说，它们已经变成了家庭聚会和星期天晚餐的节日饮食。

那些没有特别忠诚于某个派别的人则想吃什么就吃什么，或是吃任何放在他们面前的东西。他们的餐桌可能会被南方炸鸡和加勒比豌豆饭压得吱吱作响，或是摆放着家里最精致的瓷器，里面装着猪肠和各种蔬菜。烹调方式上的灵活性催生出了变色龙一般的应变能力，来应对饮食潮流和政治观点的变化。

到了20世纪70年代末，食物和非裔美国人生活的各方面一样，都变成了身份的战场。那一时期饮食与政治立场的多样性以及它们各自的饮食限制很难令人驾驭，不止一位用餐者对此感到困惑。餐桌政治的战争是很激烈的，那些无意间跨过了饮食分水岭的人不但会遭到排斥，还通常伴随着消化不良。不过，那些新的食物和它们带给非裔美国人烹饪辞典的许多菜式不仅扩大了非裔美国人的口味，使非裔美国世界的饮食习惯变得全球化，也为20世纪最后几十年和21世纪口味混杂的非裔美国人铺平了道路。

1.　黄油豆：也就是利马豆。

■ CHAPTER 10

WE ARE THE WORLD

第十章

天下一家

在不断扩大的黑人世界中立足，并且连接起一个完整的非洲烹饪圈

作者在巴西巴伊亚州的一个坎东布莱之家里用餐

纽约，布鲁克林，贝德福－斯都维森。

我曾经在这个社区生活超过二十年。在动荡的 20 世纪 60 年代，这里被标记为美国国内非裔美国人的贫民区之一。巴比·肯尼迪支持的贝德福－斯都维森修复公司致力于促进非裔美国人自有住房，并且鼓励黑人在社区内创业，贝德福－斯都维森从该公司注入的资金和利息中受益。我来得晚了十年左右，错过了第一波住房补贴及其核心的精神领袖。当时，我被一栋砖房吸引，它诱使我偏离了我那格林尼治村的公寓和“那个女孩”[1]式的都市生活。这栋房子有着独特的开放式格局以及充足的娱乐空间，让我印象深刻的是，它奇迹般地拥有着大

1. 《那个女孩》：一部 1966 年至 1971 年在美国广播公司播出的情景喜剧，剧中主角安·玛丽是一位有抱负（但只是偶尔受雇）的女演员，她从家乡纽约州布鲁斯特搬来，试图在纽约市大展拳脚。

量空间，可以容纳我的数千本烹饪书以及我不断增加的收藏。这个社区正在发生变化，但我希望在我的“保护色”之下，自己能不费吹灰之力地驾驭离开曼哈顿的生活方式所带来的改变。

我没有意识到自己已经被宠坏了。在我投入布鲁克林的怀抱时，我已经写了两本烹饪书并且是一等一的美食爱好者。就像许多其他美食家一样——后来人们这样叫我们——我对烹饪的领悟发生在法国，我曾在那里生活了两年。在之前居住的村子里，我习惯去巴尔杜奇[1]买新鲜的农产品，它就在我公寓的拐角上；我也习惯了杰斐逊市场的肉类柜台，那儿稍微有点儿远；在我住处的街角还有一家很有氛围的法国肉铺，卖小羊排和包装漂亮的新鲜法式肉酱，好像是从左岸运来的。

在新家的社区超市中，我遭遇的是不怎么新鲜的蔬菜，而且多数是大众化的蔬菜——绿叶菜、芜菁、胡萝卜、西蓝花、花椰菜、马铃薯和洋葱。没有蘑菇，没有花叶生菜，也没有四季豆。沙拉蔬菜只有球叶莴苣，水果我只能在苹果、香蕉、橙子中挑选，偶尔能看到几只砢碜的梨子。像夏天新鲜的覆盆子和春天的芦笋那样的时令蔬果已经一去不复返了。（我深知这一点，我不会以为能侥幸发现一棵蕨菜或是洋姜。）肉类柜台也同样令人失望：大多是猪肉和鸡肉，而牛排似乎总是切得太薄，羊肉是看不到的，取而代之的是各种加了亚硝酸盐的包装午餐肉。这里有一排又一排的罐装蔬菜、包装食品、含糖麦片，还有果汁含量很少的果汁饮料。真正让人吃惊的是，这里的食物价格和

1. 巴尔杜奇：美食爱好者市场，是美国的一家特色美食零售商，拥有六家杂货店。公司总部位于马里兰州的日耳曼镇。

曼哈顿最好的商店里的一样高，甚至更高！餐厅的选择也同样很有限。没错，鱼市里有可口的炸鱼三明治，还有一家西印度群岛熟食店，但是除了中餐外卖店之外，只有三种选择：麦当劳、汉堡王、肯德基。这是我第一次真正了解美国餐饮方面的种族隔离。我很快就了解到非裔美国人，或者说事实上是主流之外在贫民区购物的所有人，买到的是以一等价格出售的次等食品，以及快餐连锁店的食物，而那时“食物正义”这个词还远没有普及。我们被困在过度加工的食品、低质量的肉类和二三流的农产品之中。这个教训我是不会忘记的。

然而，也并不是所有事都那么糟糕，贝德福－斯都维森也有优点。我隔壁的几个家庭和两个街区外的富尔顿街那乡村般的氛围让我振奋。我喜欢这样的场景：夏日的周末，会有一位绅士把车停在我家对面，打开后备箱卖西瓜，我很喜欢他的招牌，上面写着：“西瓜，和你的女人一样甜。”这个地方让我想起我成长的20世纪50年代，而不是80年代。

住在格林尼治村时，每当我想吃羽衣甘蓝，或是想要买些黑眼豆来做“跳跃约翰”的时候，我都得上市郊的哈莱姆去。不只是我，大多数哈莱姆居民、各地美国黑人和许多南方白人都认为“跳跃约翰”是新年必备菜。而在布鲁克林就不用这么麻烦了，我住处的超市就常年卖这些非裔美国人的东西，菜贩还供应非裔美国人的南方季节性特产，比如新鲜花生。而菜贩没有的东西则可以在停泊于大西洋大道旁的卡车上找到，充满干劲的人从北卡罗来纳州运来香肠、蔬菜、红薯等，卖给那些仍旧想吃南方家乡食物的人，他们的生意很好。附近还有许多西印度群岛居民，因此除了基本的美国农产品外，当地蔬菜铺还有芋头、大蕉、芒果（应季），以及各种各样的根茎类蔬菜——野芋、薯蓣、木薯，货架上还有成排的特立尼达咖喱粉、巴巴多斯红糖，还有一缸缸的盐渍鳕鱼和腌猪尾巴。收银台上的小盒子里装着新鲜的百里香枝条，还有苏格兰帽辣椒[1]，它们是许多加勒比海食物中必不可少的调料。这座城市其他地方的人眼中的异国情调，成为我的日常。

在这个街区居住的二十多年里，我目睹了这个地方和我常去的超市的改变。在21世纪的头十年里，我所在的街区变得中产化了，但还不至于让它失去非裔美国社区的本色，至少在未来几年内是如此。然而，食品领域正在迅速演化。我现在可以买到中国菜、印度菜和日本料理的外卖。一座清真寺的边上发展起了一个欣欣向荣的塞内加尔街区，那里开了几家小餐馆，向出租车司机和喜欢猎奇的当地人出售名为“thieboudienne”的鱼米饭和鸡肉亚萨。人们甚至骄傲地吹嘘几年前开业的“Applebee”餐厅。我常去的超市也焕然一新。那里仍然有大量的猪肉和鸡肉，以及薄薄的牛排，但是所售商品也体现出了非裔美国人新的饮食习惯和街区的阶级升级。农产品柜台现在供应丰富的新鲜沙拉菜：芝麻菜、法式沙拉菜、小菠菜、什锦生菜，还有羽衣甘蓝、芋头和无头甘蓝。我甚至能找到晒干的番茄和四季豆。面包店里有新鲜出炉的可颂面包和磅蛋糕，还有贝果面包。我可以找到玉米饼和春卷皮，还有麦草保健饮品和芝麻酱。货架上仍然有含糖麦片和罐装食品，但是也放上了希腊酸奶、豆奶，甚至还有豆腐。

---

1. 苏格兰帽辣椒：所有辣椒中最辣的一种，斯科维尔的等级在15万左右，在精心培育的样本中可以上升到30万。它们主要用于拉丁美洲菜肴的烹饪。

我所在街区超市的变化，最能反映非裔美国人饮食习惯在20世纪最后几年到21世纪初的转变。传统南方以猪肉和玉米为主的饮食习惯仍被保留了下来，但它们逐渐变成了许多家庭的节庆食物，在星期天、节假日或是家庭聚会上才吃。黑人中产阶级持续增加，社会地位上升后的非裔美国人吃的食物范围更加广泛。20世纪60年代的烹饪探索将非洲和加勒比海的菜肴加入了这份菜单中。

黑人世界也得到了扩张。"美国黑人"一词不再单独指来自南方的人，也包括了从加勒比海地区、中南美洲和非洲大陆来的人。所有人都从他们的家乡带来了各自的食谱，丰富了这张菜单。这些菜肴补充了传统南方的特色菜和烹饪方式，而黑人和全国其他地区的人每周都会从茱莉娅·查尔德和格雷厄姆·科尔等明星的电视节目中学到那些食谱。今天在一个非裔美国人的派对上，你可能会发现叫作"acarajé"的巴西炸豆饼，旁边是牙买加肉饼，或是起源于印度的被叫作"channa"的特立尼达人的烤鹰嘴豆，或是炸鸡和一堆绿色蔬菜，你懂的。饮料可能是塞内加尔的玫瑰茄胭脂酒、用顶级威士忌调制的南方薄荷茱莉普[1]、圭亚那朗姆酒加姜汁汽水，或是淳厚的加州梅洛红葡萄酒。食物的选择范围之广超乎你的想象。在21世纪的餐桌上，非裔美国人就像其他美国人一样，他们吃各种各样的美食。真的可以说，在餐桌上，我们吃遍了整个世界。

1. 薄荷茱莉普：此款鸡尾酒是一种喝后能消除口中苦味的甘甜饮料。其语源为阿拉伯语。它诞生在美国南方，属于夏季饮用的鸡尾酒。

ı◇ı◇ı◇ı

到了 20 世纪 70 年代，这场持续几个世纪的战斗似乎已经结束，就算不是彻底胜利，那长久以来播下的完全平等的种子也终于发了芽。黑人已经取得了进步，但是仍有障碍要克服，仍然有收获要去取得。尽管罗纳德 · 里根总统和他的继任者乔治 · H. W. 布什的施政纲要比较保守，但他们仍然让黑人进入了政府的高层。黑人也继续在地方和州一级取得政治成就。1964 年，全国只有 103 名黑人成为官员，到了 1994 年，人数已接近 8500 人，有 400 个美国城市的市长曾是黑人，包括纽约和华盛顿特区。政治活动家杰西 · 杰克逊在 1984 年竞选总统，他的竞选纲领是将对黑人、贫困白人和其他少数族裔的关切结合起来。他的彩虹联盟是在草根战略的基础上建立起来的，那是他在民权运动中与金博士共事时学到的。1984 年他落选了，但表现得不错，当他 1987 年第二次竞选总统时，他在民主党总统初选中获得了三分之一的选票。

黑人的收获不只体现在政治上，非裔美国人在商业、体育和其他许多领域都取得了长足的进步。《本质》和《黑人企业》等黑人杂志追随约翰 · 约翰逊开创的道路，将各行各业成功黑人的事迹展现给黑人和白人读者，与其他出版物上有关失业和家族性自主神经功能障碍[1]的标题形成了对比。这些杂志包括新企业家的文章、书评、社会评论，

1. 家族性自主神经功能障碍：一种常染色体隐性遗传的自主神经功能障碍。

以及黑人作家、艺术家和商人的深度访谈，还有关于旅行、红酒和食物的专栏。后者是不可或缺的，因为这个国家也随之发生了变化。20世纪60年代，经过詹姆斯·比尔德和茱莉娅·查尔德那样的电视大厨的熏陶，国内经历了一场烹饪革命。到了20世纪70年代末、80年代初，食物已经成为这个国家的核心文化力量之一。

讽刺的是，美国越来越关心的食物大部分都是不新鲜的，也未必是营养的，但它们很容易买到，也很便宜。随着这一时期女性进入职场的人数创下纪录，食物的便捷性日益重要。早餐可以在麦当劳买到，午餐是汉堡王，而晚餐则从肯德基外带回家。20世纪80年代的家庭生活也发生了变化，越来越多的美国人住进了独户的住宅，他们吃的是加工食品或是快餐。即使在小家庭仍然占主导的家庭里，家庭聚餐也成为过去时。一家人不同的作息时间意味着人们在看电视、聊电话，或是做别的事情时，会按照他们自己的时间安排抓到什么就吃什么。他们经常抓到的就是快餐，仅1993年，美国人就吃掉了290亿个汉堡！快餐连锁店扩张了，同样扩张的还有美国人的腰围。不足为奇，肥胖症成为这个超级大国日益关心的问题，美国医学会关于胆固醇水平和垃圾食品对健康的危害报告引起了人们的警觉。穷人和工人阶级，就像我在布鲁克林的那些邻居一样，正在变得越来越肥胖，越来越不健康，其原因就是转基因食品、加工食品和快餐。

在烹饪分水岭的另一边，这个国家的精英人士则在顶级餐厅里吃着奢华的美食，那些餐厅也遍地开花。全国各地富有的食客们品尝到了一种新式美国菜，它的灵感来自地方特色美食。美国成了国际上的餐饮目的地之一，而旧金山和纽约正在发展成人们追捧的美食胜地。

新式美国菜成为一个口号，而像纽约的拉里·福吉恩、波士顿的贾斯伯·怀特、圣达菲的马克·米勒和加州伯克利的爱丽丝·沃特斯这样的美国大厨，都在大力倡导美国各地的地方风味。他们将这些食物呈现给了最上层的公众，而在这个国家，几乎有三分之一的食物花销都花在了餐厅用餐上，无论是上流餐厅还是底层餐厅。那些只在电视上看到过名流富豪生活方式的人，想要在他们越来越精致的家庭厨房里复刻同样的菜肴，每年出版的上千本烹饪书可供他们选择。另一些人则只是坐在电视机前，调到某个烹饪电视节目——这些节目如雨后春笋般涌现——然后一边大口咀嚼他们的汉堡包或是肯德基炸鸡，一边梦想着别的美味佳肴。

社会各个阶层的人被一批名厨所吸引——他们是用食物创造财富的厨师。可是，非裔美国人，自这个国家开始建立以来就在家庭、餐馆里辛苦劳动的人，却又一次站在了新的致富机遇的边缘。有一个人几乎就要成功了，他是一名认真努力的25岁年轻黑人厨师，在曼哈顿市中心一家名叫“奥帝恩”的餐厅里发明了新派烹饪[1]菜肴。这名厨师叫帕特里克·克拉克，他在20世纪80年代引起了大家的注意。他热情澎湃地全身心投入他的职业。怀着年轻人的激情与好奇，他能连续数小时地谈论他的烹饪理念，他也确实这么做过。

克拉克是第二代厨师，他的父亲曾经在餐厅联合集团做过厨师。那个年代，黑人工作辛劳，名声却不大。在家时，他从小吃的是传统

1. 新派烹饪：一种法国烹饪流派，使用清淡的调味料，并试图将食物的天然风味表现出来，而不是大量使用黄油和奶油。

南方特色菜，像是焖猪肉和炸鸡，但是通过他父亲的职业，他也接触到了一些别的菜。他在纽约技术学院接受培训，并且在法国的尤金妮－莱斯－贝恩斯[1]当学徒，师从米歇尔·杰拉德——“清淡菜”（新派烹饪的分支）的创始人之一。作为一名受过正规训练、有着卓越烹饪谱系的黑人厨师，他随时准备享受名利双收的待遇。

克拉克进入纽约餐饮业的时候，精致的食物是富人们的社交消遣，而城市里到处都是提供各种食物的昂贵餐厅。在奥帝恩餐厅的第一篇评论文章中，他被《纽约时报》授予了两颗星。他很快就成为这座城市最受尊敬的大厨之一，并且巧妙地提升了自己的烹饪技艺，将非裔美国人世界的一些南方风味带到了美国的地方菜肴中，而那些地方菜是国内各地的厨师们重新发现的。克拉克的烹饪王国不断扩大，到20世纪80年代中期，他被任命为卢森堡咖啡馆的主厨，这是奥帝恩的店主基思·麦克纳利开的第二家餐厅。

尽管克拉克得到了同行的称赞，也得到了媒体的赞誉，但他想要的是其他主厨都享有的唯一的成功标志——自己的企业。1988年，他找到了赞助人，开了自己的餐厅——大都会餐厅。这是一次耗资巨大的努力。不幸的是，它刚好在1987年股市崩盘后开业。大都会餐厅是为高速发展的80年代而建，它的定价是天价，而开销也水涨船高。在新的经济形势下，它注定无法生存。1990年克拉克关闭了餐厅。然后，他搬到了洛杉矶并且成为比切餐厅的主厨，那是一家意大利餐厅。

---

1. 尤金妮－莱斯－贝恩斯：法国西南部新阿基坦朗德省的一个公社，以拥有一个温泉度假村和三家餐厅而闻名，这三家餐厅都属于厨师米歇尔·杰拉德。

但是这座城市的名流文化和过分挑剔的用餐风气并不合克拉克的胃口，逗留了两年后，他又回到了东海岸，这一次他去了华盛顿特区。在那里，他成为海－亚当斯酒店的主厨，克林顿是那里的常客。1994年，白宫主厨皮埃尔·钱布林退休后，克拉克的名字列在了克林顿白宫主厨的备选短名单上。克拉克本可以成为第一位正式的非裔美国白宫主厨，可他却没有答应。活动家和民权领袖预料到伴随这个职位而来的荣誉，对他拒绝这个职位感到很难过，可是克拉克的立场很坚定，他说，尽管这份工作有很高的威望，但是他对海－亚当斯忠心不二，并且他担心这份工作会让他丧失个性和创造的灵活性。但是，1995年克拉克离开海－亚当斯，回到了纽约，在那里，他成为绿苑酒廊的主厨。克拉克的承诺从未完全兑现。1998年，他因充血性心力衰竭去世，年仅42岁。

这是一个令人震惊的消息，黑人烹饪世界至今仍在惋惜，因为，尽管黑人为白人精英做菜已经有几百年之久，但是克拉克似乎是第一个即将进入21世纪超级明星主厨最高领域的黑人。尽管克拉克也意识到这份荣誉，但他不希望被按照种族归类。“我认为自己是一名厨师。而媒体则认为我是一名出色的黑人厨师。”他大胆地说。然而，他依旧敏锐地觉察到他的根基和他的过去。在绿苑酒廊，他安装了第一个烧烤架，并且根据他在家庭餐桌上学到的菜肴，给菜单上增加了经典非裔美国南方风味的菜品。更重要的是，克拉克还在业余时间大力指导年轻黑人学生的厨艺，并且与不同组织合作，为他们筹集奖学金。他的一生短暂，在事业的黄金时期戛然而止，这让他失去了许多同辈人后来取得的荣誉。帕特里克·克拉克真正的名望来自同辈厨师对他的尊敬，来自他工作过的不同餐厅的食客们的喜悦之情，来自新一代年轻黑人主厨对他绵绵不绝的敬意，他是他们的“北极星”。

克拉克是一名超级明星主厨，但他的大部分职业生涯都在别人的餐厅里工作。残酷的现实是，即使在高歌猛进的90年代，拥有一家餐厅仍然十分困难：成本高得令人望而却步；很难找赞助人；银行对于非裔美国厨师的贷款通常都很谨慎，人们仍然认为他们只知道如何烹饪经典南方黑人的那些菜肴。在20世纪90年代，开一家餐厅需要的不只是托马斯·唐宁或巴尼·福特富有创意的创业精神。似乎当烹饪行当变成一份光荣的职业而不只是一份服务工作的时候，黑人通过食物获得名声和财富的日子也就终结了。

1994年，《纽约》杂志的餐厅评论家盖尔·格林写了一篇名为《当今灵魂食物》的文章，它标志着非裔美国人食物的多样化传统进入了下一个阶段。出人意料的是，这一时期非裔美国食物的三种开创性的声音均来自女性，她们几十年前就开始了烹饪之旅，她们是来自纽约、南卡罗来纳州和佐治亚州的艾德娜·刘易斯，来自纽约的西尔维娅·伍兹，以及来自新奥尔良的利娅·蔡司。

艾德娜·刘易斯是一位出生于弗吉尼亚州的文静女士，她高贵的气质和对于新鲜食材与最佳口味毫不妥协的坚持，让她成为20世纪末非裔美国美食界的女性前辈。这名20世纪90年代的超级巨星却出生于1916年弗吉尼亚州的弗里敦，这似乎有些奇怪，她还是一名被解放的奴隶的孙女。但是，尽管刘易斯的烹饪生涯开始得很早，但她在20世纪90年代才达到了职业的巅峰。在弗里敦的孩童时代，她被食物的香气所吸引，那些食物是她和她的家人自己种植、采收的，而几十年后，她的这些味觉记忆也启发了她的烹饪。刘易斯说："孩提时代，我以为所有东西都是好吃的。长大后我才发现食物的味道是不一样的，所以我将以毕生的精力去重新找回那些往昔的美味。" 16 岁的时候，刘易斯搬到了纽约，她做过许多不同的工作，直到 1949 年她找到了自己的事业，成为曼哈顿尼克尔森咖啡厅的厨师，那是一家类似俱乐部的小餐厅。这家由古董商约翰·尼克尔森开的餐厅成为当时波希米亚人的聚集地，很快"艾德娜小姐"就开始为田纳西·威廉姆斯、戴安娜·弗里兰[1]、马龙·白兰度、杜鲁门·卡波特及其他当时的文人雅士烹饪新鲜可口的乡村菜肴。

和之前的许多人一样，刘易斯因为给白人做菜而声名鹊起，而她工作的环境很少有黑人敢涉足。然而，尽管她做的或许是看似简单的烤鸡、浇了柠檬酱的波士顿生菜沙拉、高卢贻贝配香草饭，或是芝士舒芙蕾，但总是受到弗吉尼亚州家乡风味的启发，要用到新鲜的食材，以及久经考验的烹饪技巧。20 世纪 50 年代，刘易斯离开了尼克尔森咖啡厅，并在其他很多地方做专业厨师。她逐渐脱离了日益壮大的烹饪主流。取而代之的，她从事写作、在自然历史博物馆工作，并且成为曼哈顿每年第九大道美食节上的固定成员，那是早年的一个庆祝城市食物多样性的节日。然而，食物一直都是一种驱动力，到了 70 年代，刘易斯的简历上又可以加上"烹饪书作者"的身份了。她的《艾德娜·刘易斯的烹饪书》于 1972 年出版，1976 年她又出版了《乡村

1. 戴安娜·弗里兰：著名时尚专栏作家、编辑，曾任 *Vogue*、《时尚芭莎》杂志时尚编辑及纽约大都会博物馆服饰研究院顾问。

烹饪风味》，1988 年出版了《追求美味》。每个人都盛赞她一直推崇的季节性新鲜食材的优点。

尽管刘易斯早就为烹饪界专家所熟知，但是她在 20 世纪 90 年代才加入烹饪巨星的行列，当时她退休后被请出来，担任布鲁克林著名的盖奇与托勒餐厅的主厨。在这家可以追溯到 19 世纪最后几十年的点煤气灯时代的餐厅里，刘易斯用她巧手烘烤的玉米面包和饼干，以及她制作泡菜和调料的巧思，再次让纽约人惊叹，而那些都是南方餐桌不可或缺的一部分。

20 世纪 90 年代中期，刘易斯离开了纽约，但是她仍继续烹饪事业，开始是在北卡罗来纳州的教堂山，然后是在南卡罗来纳州低地郡的米德尔顿种植园。在每个地方，她都坚持使用简单处理的新鲜食材，这是主要的原则。整个 90 年代，事实上直到她 2006 年去世，刘易斯一直是烹饪界的一员，她说话总是带着安静的权威。身着非洲织布的裙子、举止高贵的她，获得了荣誉和奖项，并且成为最引人瞩目的非裔美国厨师之一。许多年来，她只坐火车出行，她更喜欢自己出生的那个时代的步调，而不是这个广受好评的时代的节奏。晚年，刘易斯找到了一名学徒——年轻的南方白人厨师斯科特·匹考克，他也是她的灵魂伴侣。颇具争议的是，他们在一起生活，在一起做菜，并且合作完成了她的最后一本书《南方烹饪的礼物》，这部著作试图弥合南方黑人和白人不同烹饪风格之间的鸿沟。刘易斯的菜品代表了非裔美国人烹饪的一个侧面——强调最新鲜可得的当地原材料，以及对简单食材的精心料理。灵魂食物的复兴将传统饮食重新带回到餐桌上，而后来的新灵魂运动会将两种趋势结合起来。

在20世纪大部分时间里，美国几乎每一座大到有一个中心城区的城市都有自己的“灵魂食物”餐厅。90年代中后期，这些为黑人开的餐厅仍然占据着黑人社区最重要的地位，它们门庭若市，生意兴隆，给它们的所有者带来了名誉和财富。它们中的许多都是最早的一批黑人餐厅浪潮的幸存者，在大迁徙时期和民权运动时期发展兴旺起来，成为它们所在社区的标志。它们都提供了一种传统食物的味道：桌上面包篮里的玉米面包、早餐吃的热饼干，餐桌调味品中还有一瓶细长瓶的辣椒酱。

哈莱姆的西尔维娅餐厅就是其中之一。几十年来它一直为哈莱姆居民所熟知——和其他现在已经消失的灵魂食物餐厅，如威尔士和科普兰一样——它在20世纪90年代开始崭露头角，如今可以说是世上最著名的灵魂食物餐厅。和艾德娜·刘易斯一样，西尔维娅·伍兹是一个旧式的人——她是另一代人中的幸存者，她的职业在21世纪获得了新的生命力。西尔维娅·伍兹自称是“灵魂食物女王”，在民权运动动荡的那几十年，她在哈莱姆开了西尔维娅餐厅。这是一个黑人创业成功的经典故事，反映了早期那些黑人餐饮企业家的成功之路。伍兹一路从女服务员做到简餐店店主，再到餐馆老板，最后成为餐饮大亨。这一切都要从1954年说起，当时她在一家当地小餐馆得到了一份工作。伍兹工作很努力，做这份工作做了八年，加上小餐馆老板的一次投资失败，最后她得到了这家餐厅的所有权。它最初只有一个柜台，加上几个卡座。

1962年，西尔维娅餐厅开业，供应美国南方传统的猪肉、蔬菜、玉米面包和炸鲶鱼。它生意很好，并成为哈莱姆的地标。在《纽约》

杂志的餐厅评论家盖尔·格林提到它之后，它变成了游客中最出名的非裔美国餐厅，那些游客甚至从巴西、日本等地远道而来。即使在今天，也仍有数以百计的旅行团坐着旅游巴士来品尝她的非裔美国菜。星期天的福音早午餐特别热闹，它将非裔美国人的早餐——如粗玉米粉、香肠——与黑人教堂振奋人心的音乐结合在一起，这个地方不仅挤满了带着相机、想要领略非裔美国文化的游客，也遍布着虔诚的哈莱姆本地人。所有的菜单上都有蔬菜配猪排、炸鸡配玉米面包，这些都是非裔美国人食物的图腾。

凭借格林和其他记者为之带来的名声，矮小的伍兹成为美国大部分地区灵魂食物的象征，没有人比她自己对这一成功更为惊讶的了。但她确实成功了。她戴着一顶厨师帽的脸蛋，现在出现在一系列西尔维娅产品上，像是黑眼豆和羽衣甘蓝罐头，这些商品在全美超市都能买到。如今，这家蓬勃发展的企业不仅包括这家哈莱姆的餐厅和一条全国范围的西尔维娅食品生产线，还包括一家提供全方位服务的宴会厅和若干本烹饪书。

如果说西尔维娅·伍兹是纽约的“灵魂食物女王”，那么利娅·蔡司则是新奥尔良的“克里奥尔美食皇后”。和伍兹一样，蔡司也是个乡下姑娘，是另一个时代的幸存者。她同样去了大城市，在食品服务行业找了一份工作。但是她们的故事在这里分了岔，因为蔡司遇见并嫁给了音乐家埃德加·杜奇·蔡司二世，他的父母在黑人的特雷梅社区拥有一家面向本地顾客的餐厅。蔡司设想的是一个更大、更正式的场所，就像她曾经在法语区工作过的白人机构那样。最初，她更改了菜单，从原本只卖三明治扩大到了在午餐时间卖热的饭菜给黑人，因为市内逐渐取消了种族隔离，黑人可以在办公室上班。她开始时只是女主人，但很快她就重新装修了餐厅，并最终成了店里的厨师。五十年后，白发苍苍、活力充沛的她依然在厨房中工作，而杜奇·蔡司餐厅（依旧是一家家族经营的餐厅）已经发展成为新奥尔良的地标。蔡司曾经服务过共和党和民主党的总统，也曾经在她位于特雷梅富有艺术气息的餐厅里目睹过名流显要和臭名昭著的人士前来品尝“mamère's”螃蟹汤和其他菜肴。尽管蔡司天生对烹饪有着巨大的好奇心，是一位创新的厨师，但是她同时也是一名传统主义者。星期一总是有红豆米饭，星期五总是有鱼。一年一度的圣星期四[1]都会有一群人来喝上一碗秋葵香草汤，这是一种克里奥尔的斋菜，用的是奇数种类的蔬菜（9种、11种或是13种）——有一些是商店里买的，比如羽衣甘蓝和无头甘蓝，有些是采摘来的，比如两耳草——加上香肠和火腿一起制作而成。杜奇·蔡司餐厅推崇克里奥尔的烹饪方式，而她的菜单也透露出非裔美国文化的复杂性和烹饪多样性。菜单不仅提供炸鲶鱼和桃子酥皮馅饼，还提供诸如粗玉米粉配烤肉[2]、海鲜秋葵汤，还有什锦饭[3]这样独一无二的新奥尔良菜。

西尔维娅餐厅和杜奇·蔡司餐厅的成功还在继续，但是到了20世

---

1. 圣星期四：基督教纪念“最后晚餐”的节日。以圣餐礼作为体现耶稣仁爱的爱宴，以濯足礼来仿效耶稣的谦卑和无私。

2. 粗玉米粉配烤肉：一道起源于新奥尔良的菜肴，是克里奥尔人的传统食物，通常用于早餐或早午餐。烤肉可以是各种肉类，传统上是牛肉。值得注意的是，这里的烤肉不是烤的，而是油炸或煎的。

3. 什锦饭：一种用大米、虾、牡蛎、火腿或鸡肉烹制而成，并用调味品和香料调味的美国路易斯安那州的克里奥尔菜，源自西班牙大锅饭。

纪末，许多其他的经典灵魂食物餐厅却不得不关门大吉。对高脂肪、高卡路里的传统非裔美国人饮食习惯的健康考量，由中产阶级化带来的租金上涨，以及吃快餐长大的一代人对于传统非裔美国食物正宗口味的无知，都预示着它们的消亡。然后，在 1997 年，《烹饪之光》杂志将“灵魂食物”列为值得关注的烹饪潮流之一，一直在悄然进行的新灵魂食物运动也全面展开。很快，洛杉矶的乔治亚和哈特福德餐厅、康涅狄格州的萨凡纳餐厅等提供创意菜的高级非裔美国菜餐厅繁荣发展了起来。同年出版了一本名为《满足你的灵魂》的非裔美国餐厅、非洲餐厅和加勒比海餐厅的指南书，书中列出了全美超过 250 家餐厅。纽约是美食中心，在哈莱姆外有许多高档黑人餐厅，其中很多都是黑人名流开的，比如“吹牛老爹”肖恩 · 约翰 · 库姆斯的贾斯汀餐厅，歌手尼克 · 阿什福德和瓦莱丽 · 辛普森开的甜糖酒吧。还有很多别的餐厅，比如摩城咖啡馆、灵魂咖啡馆、麦加餐厅和鲨鱼酒吧等，在这些地方，新贵的“布皮士”（晋升上流的黑人职业人士）在下班后聚在一起喝酒厮混。这些新灵魂餐厅都利用了非裔美国人对过去传统食物的怀旧之情，但是它们也都对当下烹饪习惯的改变和对健康的关注表示赞同。它们展示了非裔美国烹饪的创新，也成为新一波餐饮企业家的孵化器。

这一风尚的先行者之一是前模特 B. 史密斯。1986 年，她在纽约的剧院区边上开了一家与她同名的餐厅。这是一场赌博，但是这里迅速成为黑人专业人士的老巢，那是该市极少数几个能让他们像普通人一样聚会的地点。在酒吧的推动下，这家餐厅兴旺起来，最终搬到了几个街区外更大的场所。菜单上的菜重现了早期南方的美食，比如油炸绿番茄、蟹肉糕、奶酪通心粉，还有红薯泥，它还受到了加勒比海地区的影响，有木豆米饭，还有油炸大蕉。与它们一起端上餐桌的还有咖喱椰子牡蛎配椰子芥末酱、名为“Swamp Thang”的经典卡津海鲜汤，还有一种用鲜虾、扇贝和小龙虾做的炒菜，配上第戎芥末酱，盛在绿叶菜上。史密斯越来越成功。有着模特的优雅举止的她，成为那一时期完美的跨界餐饮偶像。最终她追随玛莎·斯图尔特的脚步，走出这个虚拟的“厨房”，成为一个品牌的象征，她或许是所有餐饮企业家中最成功的一位。史密斯在媒体上深受喜爱，她的努力非常成功，她写了与烹饪和生活方式有关的图书，拥有自己的电台节目，还是她自己的电视系列节目的主持人。她的“B. 史密斯时尚家居系列”在全国各地的“Bed Bath & Beyond”商店销售，她成为许多产品的代言人，现在拥有三家同名的餐厅。

20 世纪 90 年代早期，当比拉[1]咖啡馆在市中心开业时，B. 史密斯餐厅已经开业若干年了。但是，比拉咖啡馆是非裔美国人的一个新的美食尝试——它将非裔美国人的食物和充斥着黑白商贾名流的环境结合起来。它也开在市中心，就在哈莱姆区外，它提供了一份菜单，上面的食物被亚历山大·斯莫尔斯称为“南方的复兴”，这些食物是这家餐厅背后不可抗拒的吸引力之所在。它的装修风格类似小酒馆——瓷砖地板、奶油色和白色的墙壁、入口处立着锃光发亮的木吧台，这家有着 80 个座位的小店没有任何迹象表明它的种族渊源。然而，装饰

1. 比拉：以色列的别名。

墙面的那些照片巧妙地做到了这一点，它们展示了黑人游玩的样子，其中一张照片上的一些黑人在巴黎的一辆汽车里，背景是凯旋门！这里的菜单与众不同：羽衣甘蓝裹鸡肝馅饼、芝士酱通心粉、炸散养仔鸡配菰米饼，还有低地郡豆煮玉米。这是非裔美国人的地盘，它敢于“挑明”，或是狡猾地评论美国人对灵魂食物的态度和对黑人餐厅的期许。尽管菜单很时髦，但是有很多菜，比如海鲜螃蟹秋葵汤配“hush puppies”[1]（狗狗球），都以近乎经典的方式呈现了卡罗来纳州的低地风味。

比拉咖啡馆的一部分魅力在于它可以观察人。斯莫尔斯曾是一位歌剧演员，他将比拉咖啡馆当作自己的私人沙龙，这个地方吸引了一大批黑人名流，从歌剧演员凯瑟琳·巴特尔到作家托尼·莫里森，他们都给这个地方带来了一种与世纪之交相称的浮华感。1998年，在20世纪结束前，比拉咖啡馆歇业了，但是斯莫尔斯又开了另外两家餐厅：甜心奥菲利亚餐厅和鞋盒咖啡馆，后者是一家位于中央车站的可堂食、可外卖的餐厅。但是这两家店都无法与比拉咖啡馆的激情与活力相提并论，令人遗憾的是，“911”事件后，餐厅恐惧症的余波暂时地终结了斯莫尔斯的餐饮帝国。

而在市郊的哈莱姆，另一位前模特诺尔玛·让·达登则拿下了她的阵地。二十年前的1978年，她和妹妹卡罗尔·达登合著了《勺子面包和草莓酒》，这是后民权时期最早的几本黑人烹饪书之一。这是一

1. hush puppies：一种用玉米粉面糊做成的小巧可口油炸的圆球。它经常作为海鲜和其他油炸食品的配菜。

本交织着回忆录、奇闻轶事和菜谱的趣味盎然的书，通过她们爱做也爱吃的食物，讲述了她们的家族好几代人的故事。这本书配上了家庭相册，讲述了在《根》主导的时期那些引人入胜的家庭故事，它很快成为非裔美国人的经典之作。在这本书成功的基础上，达登也在20世纪80年代开始建造她的帝国。1983年，她成立了勺子面包餐饮服务公司，并且成为哈莱姆最知名的餐饮服务商。她为《考斯比一家》[1]的电视剧片场供餐，也让市郊住宅区的派对人士吃得心满意足。餐饮服务的成功让她在1998年开了一家叫作“玛米小姐的勺子面包”的餐厅。这家餐厅位于曼哈顿西边，从哈莱姆过去和从市中心过去都很方便。玛米小姐的勺子面包餐厅很成功，2001年，第二家餐厅——莫德小姐的勺子面包餐厅诞生了。

达登的努力，和史密斯与斯莫尔斯一样，在非裔美国烹饪分水岭的两边都发挥了作用。她的餐厅的菜单仍然沿袭了传统的南方菜肴——粗玉米粉、糖渍薯蓣、香蕉面包布丁、羽衣甘蓝、奶酪通心粉、焖猪排、北卡罗来纳烤肉，还有被《纽约邮报》誉为全市最好的炸鸡。她供餐的菜单上提供传统非裔美国经典菜，但也有更国际化的选项，包括鹅肝慕斯配鹰嘴豆薄片搭配黑莓酸辣酱、火腿或火鸡配小饼干加蜂蜜芥末酱、味噌煎扇贝、塔吉锅炖羊肉，以及玉米面包填鸡配迷迭香肉汁。然而，在甜品中南方风味又出现了，比如迷你桃子酥皮馅饼配奶油、薄荷，红薯挞、红薯舒芙蕾和红丝绒蛋糕。这个组合很适合

---

1. 《考斯比一家》：也翻译为《考斯比秀》（1984－1992），是一部美国早期以家庭为题材的电视情景喜剧，由比尔·考斯比主演。

那些仍然想去灵魂食物餐厅的纽约人，即使这些餐厅的菜单上还有别的菜。

非裔美国烹饪风格的多样性和在新灵魂食物餐厅里，它们与来自其他地方的非洲侨民食物，以及与世界各地饮食的融合，成为20世纪最后十年和21世纪初非裔美国食物的特征。烹饪书对此大加颂扬，这些书持续大量出版，因为非裔美国厨师和主厨写书时会为家庭厨师重新创作他们最喜欢的菜肴。美食记者和营养师挑出了他们最爱的食谱，而食物历史学家则记录和追溯了非裔移民的一些食物的渊源和变种。烹饪书也记载了非裔美国人教堂的烹饪方式，并且详细记录了历史上黑人学院与黑人兄弟组织传承下来的食谱。南方非裔美国人食物地域性的一面被仔细研究，就如同对那些非洲大陆和遍布各地的移民食物的研究一样。阿拉巴马大学图书馆如今收藏了数千册非裔美国人的烹饪书，且以此为傲——这也证明了这一时期黑人美食作者的多产。

一些黑人大厨和一小撮黑人美食家——他们的人数越来越多——不但参与了主流的美食活动，还创办了自己的活动。比如乔·兰德尔的“传承的味道”，在活动上他们互相传授经验，分享食谱和灵感；还有21世纪前十年的中期连续举办了三年的“品味《乌木》”，它极力推崇黑人主厨，在活动中邀请公众品尝南非葡萄酒和黑人拥有的加州葡萄园里的葡萄酒，试吃来自全美乃至世界各地的黑人餐饮商与大厨带来的食物。其他活动，比如哈莱姆的“做菜的人”，让普罗大众对非裔美国人的家庭厨房正在发生什么，有了一个大致的了解。越来越多的非裔美国人开始进入烹饪学校，并且努力登上烹饪世界的顶峰。

但是，未来并不总是美好的。尽管机会越来越多，非裔美国菜也越来越受欢迎，但是相对来说，达到超级明星大厨级别的非裔美国人并不多。为什么非裔美国大厨那么少，这个问题引起了很多争论。许多人意识到，厨师这一角色对于被奴役了几百年的人来说并没有什么吸引力，那时厨师通常被看作低级的服务角色，报酬很低又没面子。烹饪学校的学费通常很昂贵，那些负担得起学费的人在毕业时却发现，尽管他们有能力，但是他们却常常被人排挤，而关于灵魂食物的争论仍然很激烈。黑人厨师乔·兰德尔，一位 43 岁的酒店和餐饮行业的资深人士说道："非裔美国大厨的一部分问题在于，人们认为我们只会做猪排和烤肉。"即使是帕特里克·克拉克，一位获得了梦寐以求的地位的人，也看到了年轻黑人厨师所面临的困境，尽管他表示他个人并没有遭遇过偏见。看来，虽然黑人厨师有着历史悠久的烹饪成就，但他们或许会再次受挫，无法像在经济方面的成功那样，在烹饪方面完全平等地抓住发财的机会。但是最后的一章还未完待续。

千禧年后，美食世界也在继续发展，变得更加复杂。食物正义成为一个重要议题，它致力于处理全世界贫穷国家以及住在贫困社区的人们所遭受的系统性美食权利剥夺的问题。对于新鲜的、时令的本地食材的迫切需求，让黑人与白人都来到了农贸市场，寻找由个人而非农商联合企业生产的新鲜食材。城市园艺激发了很多人的想象力，来自南方土地的黑人的后代如今在防火通道上采番茄，或是从窗台上的盒子里摘迷迭香。非裔美国人，就像国内所有人一样，继续吃各种食物，他们不仅吃传统非裔美国南方菜，也吃来自远方的非裔散居地和世界其他地方的食物。

来自非洲故土的新移民潮已经来临，他们开办餐厅，让我们重拾久违的故乡的味道。莫鲁·瓦塔拉在华盛顿特区做的菜，是从他科特迪瓦的祖母那儿学到的，而皮埃尔·提亚姆在纽约布鲁克林重新演绎了塞内加尔的经典菜肴；布莱恩特·特里在加利福尼亚的奥克兰发明了素食灵魂菜。全国范围内，非裔美国大厨都在创造出反映黑人文化经验总体面貌的食物：非洲的、南方的、加勒比海的，等等。看起来，我们似乎终于要产生自己的媒体巨星了。目前最有可能成功的四个人都代表了黑人多样性的不同方向，他们不太可能成为非裔美国人数百年之久的烹饪传统的旗手，他们分别是：一对夫妇、一位来自亚特兰大的前酒店主厨，还有一个在瑞典长大的埃塞俄比亚人。

帕特·尼利和吉娜·尼利夫妇是这些主厨中比较传统的。他们在1988年开始了成名之路，当时尼利四兄弟在孟菲斯市中心开了一家烧烤店，该市以烧烤而闻名。尼利的店生意兴隆，很快这个家族企业就开了三家店。《今日秀》的气象预报员兼美食评论家艾尔·洛克在一次节目中向全国报道了尼利兄弟的烧烤。2008年，帕特和吉娜在美食网上有了自己的电视节目——这是一个创造了马里奥·巴塔利、埃米尔·拉加斯和宝拉·迪恩这样的超级烹饪明星的有线电视媒体巨头。

《和尼利家在一起》巩固了他们在全美的声望，多亏了电视的力量，他们才成为可以说是全美最著名的非裔美国厨师。可是，他们的出名并非毫无争议。作为极少数全国性的非裔美国人烹饪节目之一，《和尼利家在一起》受到了密切关注，尤其受到黑人的关注。批评家的恶意充分说明了黑人烹饪世界已经变得多么复杂。节目的形式、制作的菜肴，以及帕特和吉娜做菜时的动作、谈吐都在烹饪网站上被人分析。在节目刚开播的时候，从做的菜到谈话的气氛，事无巨细的每一件事都让大多数观众感到愤怒。尤其遭人抨击的是一款用蛋糕糊、果冻、草莓和打发奶油制作的草莓蛋糕，同样被批评的还有这家人“又吵又闹”的举止。这对夫妻开玩笑的性暗示，以及吉娜·尼利的个人风格也备受攻击。非裔美国观众尤其关心，他们希望这个节目不要让人又回到对他们行为的刻板印象中，也不要让它成为非裔美国人复杂多样的生活方式和烹饪方式的一个代表。做出了一些改变后，如今《和尼利家在一起》依旧是美食网上最受欢迎的节目之一，实际上它也是面向美国电视观众为数不多的几个由黑人担任主厨的节目之一。

如果说尼利一家的食物是在重现非裔美国人往日的经典南方风味，那么 G. 加文的食物却是为看“TV One”的黑人观众设计的——那是一家 2004 年开播的黑人电视台，作为黑人娱乐电视台之外的另一个选择。加文在厨房里学习烹饪，一路从洗碗工做到了帮厨，再到助理厨师和更高级别。在欧洲的厨房待了两年后，他回到了美国本土，在亚特兰大和西海岸的酒店厨房、私人餐厅里工作。加文变得家喻户晓，且像巧克力焦糖布丁一样丝滑。他成为公众人物，在深夜脱口秀中出镜、赞助食品品牌的贸易，还成立了一个基金会，通过烹饪来教导年轻人自律。但是，加文的成功似乎还是受到了限制，并且也还不足以让他达到全国烹饪行家的地位。

大部分美国人，无论黑人还是白人，只要一提到“黑人明星厨师”，都会想到一个名字——且仅有这一个名字——马库斯·萨穆埃尔松。如果说尼利一家代表的是非裔美国菜的平民化水准，而 G. 加文代表的是黑人观众和食客越来越精致的品味，那么马库斯·萨穆埃尔松则是一个先行者，预示了非裔美国人不一样的未来。

21世纪第一个十年的末尾，非裔美国人呈现了史无前例的多元化。一位非裔总统进入了白宫。和这位总统一样，马库斯·萨穆埃尔松也是“非裔美国人”标签下新兴的和日益多元化的代表人物。他们代表的是新到来的人、最近的移民和他们的后代，他们和非裔美国人在这个国家的奴隶制历史，以及由此产生的饮食习惯并没有任何个人的联系。萨穆埃尔松出生在埃塞俄比亚，他被一个瑞典家庭收养，并被带去了瑞典的哥德堡，和妹妹在那里长大。传统上，猪肉和玉米粥被认为是奴隶和他们后代的口味，而他是在来美国做厨师之后才了解它们的。萨穆埃尔松接受的是标准的烹饪训练，最初，他在瑞典祖母的指导下开始做菜，她是一名专业厨师。后来，他在哥德堡烹饪学校里学习，最后在瑞士和奥地利完成了学徒培训。

和之前的帕特里克·克拉克一样，萨穆埃尔松很早就成名了。他1991年来到纽约，在白兰地餐厅的厨房里当学徒，在装修风格恍如极昼阳光地带的餐厅里，他将斯堪的纳维亚半岛那爽脆、清新的风味带给了纽约人。三年后，他成为餐厅的行政总厨，此后不久，他成为得到《纽约时报》三星评价的最年轻的厨师长。其他的荣誉也纷至沓来，2003年，他被詹姆斯·比尔德基金会评为纽约市最佳厨师。萨穆埃尔松来自一家瑞典餐厅，他不受就餐人群的种族偏见的束缚，因此他能够撒下一张更大的烹饪网。他的餐厅不仅供应他的瑞典家乡菜，还提供日料和美式的融合菜，以及非洲大陆的菜肴。

年轻有为、雄心勃勃、多才多艺的萨穆埃尔松还用英语和瑞典语写了几本烹饪书。第一本书《白兰地餐厅和新斯堪的纳维亚的风味》赞美了他第二家乡的食物。《品味之旅》出版于瑞典，详细介绍了萨穆埃尔松个人的美食之旅，而《街头小吃》则讲述了作为日常生活一部分的快餐小吃。在《美食家》杂志的要求下，萨穆埃尔松的烹饪之旅进一步展开，他首次回到了埃塞俄比亚。这是一次具有启发性和革命性的旅行。萨穆埃尔松重新认识了他出生的大陆，开始了征途，这种思绪在他的另一本书《一种新菜系的灵魂：非洲美食和风味的发现之旅》中达到了高潮。参加美国公共电视网的一档电视短剧、无数次出现在电视烹饪大赛和媒体美食活动中、与星巴克的咖啡交易、出版一本关于美国的新烹饪书《美国新餐桌》，还有为“美国在线”制作的一系列视频，这些都只是萨穆埃尔松长长的项目列表中的一部分，这些让他在21世纪第一个十年末尾成为美食领域最出名的非裔美国人。现在萨穆埃尔松已经完成了他的非裔美国烹饪之旅，并且于2010年10月在哈莱姆的第125大街开了一家专注于新鲜的当地时令菜的美式餐厅——红公鸡。它的选址是非裔美国人的象征，而名字则来自一家传奇的哈莱姆酒吧。这里不仅有最佳的地理位置，还有让哈莱姆闻名的非裔美国人的烹饪历史，菜单上主推了一些传统南方黑人菜肴，包括炸鸡、奶酪培根通心粉和面包布丁。这个烹饪圈是完整的。

传统非裔美国南方菜——让很多人从这个国家的奴隶制和它的创伤中幸存下来的猪肉和玉米——在铺着白色桌布和有着坑坑洼洼的福米加塑料桌面的餐厅里继续受人推崇。它们出现在传统的灵魂食物场所里，并且为黑人和白人厨师提供了连绵不断的主题，他们在这些主题上有许多的即兴发挥。在私人住宅里，它们作为祖母的食谱在星期天晚餐和家庭聚会上被分享。非洲故乡和它的侨民的口味也得到了充分体现，加纳花生炖鸡和加勒比豌豆饭成为新的经典菜。非裔美国菜已经进入一个充满了各种可能性和风味的世界。美国日益增长的文化多样性，以及所有美国人对各种饮食的好奇心，意味着我们每天都在品尝彼此的食物。菜单上很可能会有巴西风味的羽衣甘蓝，配上南方炸鸡，以及用刚摘下的传家宝番茄[1]做的沙拉，浇上酱油，撒上芝麻，再来点古巴的“yuca con mojo”[2]，甜品则是经典的柑曼怡舒芙蕾。

终于，我们似乎正在接近目标。当然，还有进步的空间。应该有更多的非裔美国人出现在电视上，展示我们美食烹饪的多样性。餐厅所有权仍然是一个问题，尤其是在经济困难的时期。毫无疑问，黑人烹饪才能的范围不应该受到限制，而应该得到承认。餐饮服务应该被重视，并被视为一条通往成功的历史性道路，尤其是对妇女而言。让我们最终超越“灵魂食物”的标签吧。我们走了很长的路，而剩下的都可以在美国丰富的美食世界中实现。我们的要求很简单，那就是承认我们在美国烹饪风貌的形成中所扮演的重要角色，让我们和美食界人士一起坐在成功的餐桌旁，并且真正开始过上锦衣玉食的生活。就我个人而言，我很期待。我都流口水了，我已经迫不及待了。

---

1. 传家宝番茄：通常被认为是老式的或“古董”的水果品种。它们是真正用种子种植、种子繁殖的，几百年来味道都没有变过，只在园艺爱好者中互相分享。

2. Yuca con mojo：一道古巴配菜，将木薯浸泡在大蒜、酸橙和橄榄油中制成。通常，腌料中会加入洋葱。也被称为古巴国菜之一。

尾声：最终的定义

在位于马撒葡萄园岛橡树崖的作者家中聚餐

非裔美国人对食物的热爱由来已久，这种喜爱在这个国家的历史上可能是无与伦比的。数个世纪以来，我们将非洲鲜活的味道带到了新大陆。我们津津有味地吃着（纽约医学会所说的）“肥肉”和“沙子”(grit)[1]，无论这指的是博洛尼亚香肠三明治，还是塞在工装裤兜里充当工人点心的花生馅饼，抑或是盛放在精美骨瓷中的一顿由猪肠和香槟组成的夜宵。我们中有些人喜欢在小酒吧里啜一口梅森瓶里的自酿威士忌，另一些人则优雅地翘起小手指，一边扇着扇子看着前廊里

1. grit：沙子，而“grits”指的是粗玉米粉、玉米粥。

的邻居，一边品尝薄荷冰茶或是冷饮。无论世道是好还是坏，食物都提供了交流和放松的时光。

它是我们生活中如此重要的一部分，以至于有时候像是有一位至高无上的神灵根据他喜欢的食谱创造了我们。满满一杯的玉米粉可以表明我们与美洲土著之间的联系，而一大匙的饼干面团则代表了美国南方的出身，一堆绿叶菜和若干秋葵荚则是我们的非洲根源，还有许多的糖浆让人回想起奴隶时期的苦难。一块腌制的背膘象征着我们对于万能的猪肉永恒的热爱，而一根烟熏火鸡翅则预示着我们更健康的未来。一把辣椒代表了不羁和鲁莽，而一大杯波旁威士忌会让它变得柔和，一小口玉米酒又让它有了后坐力。还有一些地域性的锦上添花之物，比如南卡罗来纳州的胡麻、一点儿新奥尔良的果仁糖，还有至少 12 种烧烤酱，都来上一点儿。一条炸鲷鱼，少许自制的斯卡珀农葡萄酒，再加上一大份叫作“爱”的秘制佐料，这个碗要满满地溢出来了。等充分调匀后，它可以烤、炙、烘、炸、炒，或是串烧。结果是为我们带来了从轻度烤炙到完全熟透的所有不同层次的风味。

我们现在是一个新的种族了。全世界——非洲、美洲、亚洲，等等，都来到了我们之中和我们的盘中。我们吃猪肚或腌肉、土豆或大蕉、红薯或薯蓣，或者全吃。我们的蔬菜是羽衣甘蓝或者卡拉萝，还有白菜，我们用它们搭配从蹄髈到熏火鸡翅再到豆腐的各种食物。我们品尝着陈酿的农业朗姆酒[1]，我们也依然知道如何一口闷掉一罐上好

1. 农业朗姆酒：由甘蔗汁蒸馏而来的烈酒，明显具有更多青草的特点，其生产地包括法属加勒比岛的马提尼克岛和瓜德罗普岛，以及巴西的卡沙夏。

的玉米酒，或是一杯卡沙夏[1]。

有了这样的开始，我们对食物有自己的看法也就不足为奇了。几百年来，我们一直说这是我们的方式，我们将对待食物和饮食的奇妙方式融入我们的日常生活中。一代又一代，我们都是一边摇着婴儿的摇篮，一边哼着“面包变短了”的童谣；对“猪肉”· 马卡姆[2]与“黄油豆和苏西”[3]的喜剧开怀大笑；跳着“蛋糕舞”，在“果冻卷”莫顿的音乐中用脚打着拍子，在点唱酒吧里跟着低级爵士乐肆意摇摆，跳萨尔萨舞跳得满头大汗，或是和朋友们坐下来“嚼肥肉”。我们曾为“厨房佬”感到忧郁，也曾寻找我们的“蜜糖派爱人”[4]，我们把他们称作“蜜糖”，并且希望像“丁香酒”那样被爱。当我们找到那个人时，我们会用“猪脚和一瓶啤酒”来庆祝，要么就是踢踢腿喊一句：“把拿破仑干邑拿来。”

简而言之，我们创造了自己的烹饪世界：在那里，一位壮硕的祖母掌管着厨房，蔬菜浓烈的芬芳混合着胡桃糖的甜蜜香气，而一大铁锅的秋葵汤吐出的泡泡点缀着她温柔的哼唱。在这个世界里，杰迈玛

---

1. 卡沙夏：巴西甜酒，用甘蔗酿制，类似朗姆酒的烈酒。虽然卡沙夏与朗姆酒都是以甘蔗为主原料酿造，但两者在原料的使用方法上还是有所不同。朗姆酒主要以糖蜜或蔗糖发酵而成；卡沙夏则是以甘蔗汁发酵、蒸馏，再置于木桶内熟成，所以甘蔗味十分香醇。

2. “猪肉”· 马卡姆：杜威 · 马卡姆的绰号，他是美国著名喜剧演员，绰号来自他的一段舞台表演，他在表演中自称“Sweet Poppa Pigmeat”（甜心猪肉大伯）。他有时在电影中被称为“猪肉 · 阿拉莫 · 马卡姆”。

3. 黄油豆和苏西：一个美国喜剧组合，由朱迪 · 爱德华兹和苏西 · 爱德华兹组成。他们的表演结合了婚姻争吵、滑稽的舞蹈和活泼的歌唱。

4. 蜜糖派爱人（*Sugar Pie Honey Bunch*）：1965 年由 Four Tops 为 Motown 厂牌录制的一首热门歌曲。

大婶[1]摘下了她的头巾，坐在桌旁，本叔叔低下头为食物祈祷；卢锡安[2]咖啡女士递过来盘子；而拉斯特斯，这个卖麦片粥的男人，一边喝着威士忌，一边对着卖香蕉的人高谈阔论。这是来自厨房的温暖，它由餐厅的礼仪和家庭的爱调和而成，这种爱跨越了血脉，延续了一代又一代。凭借着即兴创作的天赋，我们为世界带来了爵士乐、萨尔萨舞曲，还有伦巴、说唱和雷鬼，我们也用烹饪打开了通往一个国家的心灵、头脑和胃的道路。

---

1. 杰迈玛大婶：19 世纪的黑人说唱秀中有一名非裔美国人，他的一首歌谣叫作《杰迈玛大婶》。1889 年，一位面粉生产商借用了这个名字，给自己的煎饼粉起名为“杰迈玛大婶”。如今，“杰迈玛大婶”隶属于桂格麦片公司，是领先的煎饼粉品牌，也是糖浆和其他食品的品牌名。

2. 卢锡安：美国南部一系列饮料和包装商品的品牌，最著名的是卢锡安咖啡和冰茶。虽然大多数卢锡安产品遍布全美，但该品牌的知名度主要在美国南部。

食谱 RECIPES

秋葵酱

这一道简单素食版本的西非经典酱汁来自贝宁，在这个国家，曾经有很多人被装进奴隶船，运到了美国。在贝宁，这种酱汁会和碾碎的薯蓣或另一种传统淀粉类食物一起吃。在这里，它可以搭配米饭。

4 人份

1 杯[1] 水

约 450 克新鲜秋葵

1. 1 杯约 200 毫升。

2 个中等成熟度的番茄，削皮，去籽，粗略切一下

1 个哈瓦那辣椒，用叉子扎孔

适量盐和现磨黑胡椒

秋葵洗净，去蒂去尖，切成圈，将有瑕疵或是发硬的豆荚去掉。把秋葵、番茄、辣椒和水放进一个炖锅中加热煮沸。开中火，加盖儿焖大约 10 分钟，或者煮到秋葵可以用叉子戳透。等到辣度适合时，去掉辣椒。用盐和胡椒调味，趁热搭配米饭上桌。

——《非洲烹饪书：非洲大陆的风味》

鸡肉亚萨

这是我在非洲大陆吃到的第一道菜，而它也开启了我寻找烹饪所连接的旅程。

8 人份

⅓ 杯鲜榨柠檬汁

4 个大洋葱，去皮

适量盐和现磨黑胡椒

5 汤匙[1]花生油

1 个哈瓦那辣椒，用叉子戳几个孔

1 只（1 — 2 千克）的炸鸡，切成适当大小

½ 杯水

在前一天晚上，准备一份腌料，在一个深一点的盆中加入柠檬汁、洋葱、盐和黑胡椒，加上 4 汤匙花生油、1 个辣椒。当腌料达到预期的辣度后，去掉辣椒。把鸡块放进腌料中，盖上保鲜膜，放入冰箱冷藏一晚。

准备烹饪前，预热烤箱。把鸡块从腌料中取出，保留腌料。把鸡块放在烤架上，简单地烤一下，直到两面都微微发黄。把它们放在一边。用漏勺去掉腌料中的洋葱。在深平底锅中加入剩下的 1 汤匙花生油，加入洋葱，用中火把它们炒到发软，变得半透明。把剩下的腌料放入锅中，煮开。把鸡块放进去，加水充分混合。开小火，加盖儿焖 30 分钟，或者煮到鸡肉熟透。趁热搭配白米饭上桌。

——《非洲烹饪书：非洲大陆的风味》

1. 1 汤匙约 15 毫升或 15 克。

大米粥

这道菜很简单，就是将大米煮到浓稠变成粥，类似奴隶船上的米糊。加上糖和肉桂粉之后会更美味。在世界某些地方，大米粥被用作病人的饮食，或是早餐，还可以加上调料，做成甜的或者咸的。

2—4人份

3杯水

1杯大米

2茶匙[1]红糖，或者根据口味调味

在一个大锅中将水烧开。加入大米，加盖儿煮30—45分钟，直到大米变得浓稠。如有需要，可以加水。盛入碗中，撒上红糖。

1. 1茶匙约5毫升或5克。

玉米粥

玉米粥是南方殖民者从土著那里学来的一种玉米的烹调方式。

4 人份

4 杯水
2 汤匙黄油
1 杯带皮粗玉米粉
适量调味用的盐

在锅中加入水、黄油和盐，煮开。分次加入粗玉米粉，再次煮开，然后调小火炖煮。不时搅拌以防粘锅或形成膜，直到它变得光滑细腻，并且是你喜欢的稠度。大约要煮 25 分钟，但是很多人喜欢煮得更久。如果你想要这么做，可能要多加些水。

夏季南方豆煮玉米

东部沿海地区的部落吃各种各样的豆煮玉米。后来，这道菜被非裔美国人采纳并改造，加入了秋葵、番茄甚至黑眼豆等食材。这一道夏季豆煮玉米用到了秋葵、玉米和番茄。

6—8人份

6个成熟的大番茄，削皮，去籽，大致切碎

2杯新鲜玉米粒

约450克新鲜秋葵，去蒂，去尖，切成0.5英寸[1]的小圈

1个哈瓦那辣椒，戳几个孔（也可不戳）

1½水

把所有食材都放进一个中等炖锅，加入一杯半水。煮开后开小火，加盖儿，煮15分钟，直到充分混合煮熟。等到辣度适可，去掉辣椒。趁热装盘。

雪蛋

这是少数几个现存的早期非裔美国人的食谱之一。这份食谱因蒙蒂塞洛的厨师詹姆斯而闻名于世，据说是詹姆斯·海明兹发明的。

1. 1英寸等于2.54厘米。

将5个鸡蛋分离蛋清蛋黄，将蛋清打发到倒转容器也不会掉下来的程度。分次将1汤匙糖粉和½茶匙其他调味料加入其中（杰斐逊加的是橙花或玫瑰露）。

将2杯牛奶加入平底锅中，加入3汤匙糖，调味并慢慢煮开。将第一份混合物倒入牛奶中，煮至完全凝固。将它放在滤网上滤干。

将1个蛋黄打发浓稠，慢慢加入牛奶搅匀。加入一点儿盐。蛋奶糊一旦变稠，就用筛子过筛。把蛋白放入盘中，将蛋奶糊浇在上面。调入一点儿葡萄酒将会对风味有很大的提升。

——《托马斯·杰斐逊的烹饪书》

秋葵汤——一道西印度群岛菜

秋葵很早就成为普罗大众的饮食，这本出版于1824年的流行烹饪书中的炖秋葵（拼作“ocra”）就证明了这一点。

选择嫩秋葵荚，清洗干净，将它们放进平底锅中，加少许水、盐和胡椒，炖煮至发软，加上融化的黄油，一起装盘。它们十分有营养(原文如此)，易于消化。

——《弗吉尼亚家庭主妇》

秋葵汤

约2000克成熟的番茄去皮，将它们与等重的嫩秋葵混合，切成小块；将它们放入炖锅，不要加水，加入约115克黄油，根据你的口味加盐和胡椒，慢火炖煮1小时，然后过筛至汤碗中。将它端上餐桌，搭配薄脆饼干、吐司或者白面包。

——《肯塔基家庭主妇》

炸鲷鱼

在奴隶制时期，黑人利用他们仅有的自由时间来打猎和捕鱼，补充他们的伙食。鲷鱼是他们的锅中曾经出现的鱼类之一。它仍然是非裔美国人的炸鱼薯条和星期五晚餐的最爱。

6—8人份

12条中等大小的鲷鱼，洗净，去掉头部和鱼鳍

¼杯鲜榨柠檬汁

1汤匙煮海鲜的调料（seafood boil）

¼杯黄玉米粉

¼杯面粉

½ 杯蛋黄酱

适量炸鱼用的油

适量盐和现磨黑胡椒

将鱼放入一个大碗中，洒上柠檬汁。盖上盖子，静置。同时在铸铁煎锅内加热约 5 厘米高的油至 250℃。

等油温升高后，将煮海鲜的调料放入香料研磨机中打成粉，然后将它和其他材料在牛皮纸袋里混合。准备烹饪前，在鱼的两面都涂上厚厚的蛋黄酱，然后将鱼分次放入混合调料中，摇晃纸袋保证它充分裹上调料。

将鱼放入热油中，一次放几条，每一面炸 2 — 3 分钟，直到两面金黄。在纸巾上沥干，然后将它们放在一个加热过的盘子上。重复以上步骤，炸完剩下的鱼。立刻上桌。

——《受欢迎的餐桌》

红薯烧负鼠

1 只负鼠剥皮，去掉头和足。仔细清洗，里里外外抹上大量的盐。将负鼠放在一口深的锅里，加若干杯水，加盖儿炖煮至少 1 小时。然后在盐水中煮 8 个红薯，加入 2 茶匙黄油和 1 汤匙糖。将红薯放入负鼠锅中，在负鼠上放 6 片培根，上面撒上百里香和牛至，不加盖儿，放入 400℃的烤箱上色，不时刷一下油。

——《战争时期的美食》

卡拉

卡拉（calas）是一种炸米糕，可以追溯到西非的天国谷粒海岸。塞拉利昂和利比亚种植水稻的地区的瓦伊人参加了南方的奴隶普查。对他们而言，生的大米就叫作“kala”。对于西非的班巴拉族人而言，这个词的意思是“谷物的茎秆”，而对于南卡罗来纳州和佐治亚州低地郡的嘎勒人而言，“kala”的意思是大米。炸米糕曾经是新奥尔良街头的有色人种妇女叫卖的食物之一。

6 人份

2¼ 杯的冷水

¾ 杯生籼米

1½ 半干酵母[1]

½ 杯温水

---

1. 1 包干酵母约 7 克。

4 个鸡蛋，打匀

¾ 杯砂糖

¾ 茶匙盐

3 杯面粉

油炸用植物油

用于撒粉的细砂糖

将冷水和大米放入炖锅中，大火煮沸。开小火煮 25 — 30 分钟，或煮到大米软烂。沥干大米，放入碗中，用勺子背部将它压烂，放置一边晾凉。在另一个碗中加入温水，融化酵母，加入晾凉的米中。将混合物搅拌 2 分钟使其打入空气，然后用一块湿毛巾盖上碗，在温暖处发酵 3 — 4 小时。

准备炸米糕之前，在大米糊中加入鸡蛋、砂糖、盐和面粉。充分搅匀，盖上盖儿静置 30 分钟。在厚底锅中加热 10 厘米高的油至 375℃。在热油中舀入一汤勺面糊，炸到金黄。在纸巾上沥干，然后撒上糖粉，趁热装盘。

——《受欢迎的餐桌》

烤玉米

在奴隶制时期，烤玉米是一种传统的待客之道，当时它们是被放在火堆的余烬中烤的。今天可以在烧烤架上烤。

4 根玉米，去皮

适量盐、辣椒和黄油

把煤炭加热到发红，然后让它冷却下来。给烤架抹上油，将玉米放在上面。烤 5 — 7 分钟，不停翻动，让它们烤到轻微焦黄，但不要每一面都烤焦。立刻上桌。

狗娘养的炖菜

“狗娘养的炖菜”是一道牛仔们喜欢的菜，是用动物的下水和边角料做的。这是放牧者难得的享受，因为只有在刚宰杀完动物之后才能吃到。

8 人份

约 45 克牛颈肉，切小块

1 颗牛心，剁碎

1 个牛脑

约 340 克骨髓肠，切小块

约 150 克小牛肝，剁碎

1 茶匙盐

3 瓣蒜，切碎

5 个墨西哥辣椒，去蒂，去籽，切碎

4 汤匙番茄酱

6 杯牛肉汤

适量水

适量盐和胡椒

在一个大汤锅中加入前 8 种食材，加水没过。炖 6 — 7 小时，直到肉煮熟煮烂。不时查看炖锅，如有需要可加水。

将番茄酱加入牛肉汤中搅匀，然后倒入炖锅中。炖煮 10 分钟。检查一下调味，如喜欢可加盐加胡椒。

——改编自得克萨斯烹饪网，

http://www/texascooking.com/recipes/sonofagun_stew.htm

腌西瓜皮

这道经典南方小菜让人想起那些白手起家、独具匠心的人。这份食谱和我弗吉尼亚州的琼斯祖母做的腌菜很像。

大约能做 2000 毫升

9 杯西瓜皮，切成 2.5 厘米宽的块状

½ 杯盐

2 夸脱[1] 加 2 杯水

1¾ 杯的苹果醋

½ 杯意大利香醋

2 杯黑糖

1 个柠檬，切成薄片

2 根肉桂，压碎

1 茶匙丁香

2 茶匙捣碎的多香果

切掉西瓜的绿皮，去掉红色的果肉，只保留薄薄一层。把准备好的果皮放入一个大碗中，用盐和 2 夸脱水制成的卤水浸泡一夜。

制作腌菜前沥干西瓜皮，用清水洗净，再次沥干。将西瓜皮放入一个大的非反应性[2] 平底锅，加水没过，炖煮 15 分钟，直到能用叉子戳透。将剩下的材料，包括余下的 2 杯水，放入另一个非反应性平底锅中，将它们煮沸。然后调小火煮 15 分钟，或者直到它变成薄薄的

1. 1 夸脱等于 1.136 升。

2. “反应性”和“非反应性”指的是制造锅或碗的金属类型。铝、铸铁和铜都是“反应性的”，不锈钢、陶瓷、玻璃和有搪瓷涂层的金属炊具都是“非反应性的”。

糖浆。

滤出西瓜皮，加入糖浆中，继续煮至西瓜皮变得半透明。将西瓜皮放入高温消毒的罐子中，用未经过滤的糖浆没过它，然后按照正确的装罐程序进行密封。如果没有吃完的话，可以存放几个月。

——《马撒葡萄园岛的餐桌》

猪脚

猪脚没有多少肉，只有骨头和筋，但是对于那些喜欢这道非裔美国人传统美食的人来说，啃骨头上的肉、品尝有嚼劲的猪皮是一种享受。

4—6人份

6—8只猪脚，切开
2片月桂叶
6颗干胡椒，压碎
½杯苹果醋
适量辣酱

用一把锋利的小刀刮去猪脚上的毛（比较顽固的毛要用火燎，或者从皮上割掉）。将猪脚放进一口大汤锅中，以水没过，煮开。让猪脚沸煮 3 — 5 分钟，然后倒掉水和浮沫。冲洗猪脚和锅。将猪脚重新放入锅中，再次加水没过。放入月桂叶、干胡椒和苹果醋。将汤汁煮沸，然后开小火煮 2.5 — 3 小时，或者一直煮到猪肉开始脱骨。取出猪脚，沥干，放入一个浅盘中，趁热上桌，配上你喜欢的辣酱。

——《受欢迎的餐桌》

炸鸡

这是我母亲版本的经典南方菜。

4 — 6 人份

1000 — 1500 克炸鸡，切成块

½ 杯面粉

¼ 杯白玉米面

1½ 汤匙贝尔调味料[1]

油炸用的植物油

---

1. 贝尔调味料：贝尔是美国历史最悠久的调味品、香料和混合馅料供应商。

适量盐和现磨黑胡椒

将鸡块洗净，用纸巾吸干水分。将剩下的食材放入一个牛皮纸袋中摇晃混合均匀。将鸡块分次放入纸袋，摇晃并确保每一块都充分裹上调料。在铸铁锅中将油温加热到350℃。将鸡块放入锅中炸，不要加盖儿，炸15—20分钟，翻面，炸到焦黄。用叉子戳一下鸡块，检查是否熟透，汁水必须干净而没有血丝。取出鸡块在纸巾上沥干。可以趁热吃，也可以温热时吃，或者放至室温。

注：传统上鸡块是放在牛皮纸袋中，而不是放在纸巾上，但后者也没问题。

——《受欢迎的餐桌》

芝士通心粉

这是一道经典的非裔美国菜。它有着比人们通常以为的更深远的烹饪渊源，它甚至出现在其他非裔侨民定居的地方，比如巴巴多斯，在那里它被称为通心粉派。

将通心粉切成段放入煮沸的盐水中。不要加盖儿，煮20—30分钟，然后沥干水分。在一个涂了黄油的布丁盘中交替铺上通心粉和搓碎的芝士，每一层撒上一点儿胡椒、盐和融化的黄油。最上层铺上芝士，用全脂牛奶打湿，放入中等温度的烤箱（180℃ — 190℃）烤至浓棕色。

——《鲁弗斯·埃斯蒂斯的好吃的》

豆沙派

这道菜是豆沙派的变种。这个版本是我的朋友夏洛特·里昂斯给我的，她是《乌木》杂志的美食编辑。

可做一个 9 英寸的派

一个 9 英寸的饼皮，烤 10 分钟，冷却待用

2 罐（约 500 克）北方大豆，沥干水分

3 颗鸡蛋，稍稍打匀

1¼ 杯糖

¼ 杯无盐黄油[1]

1 茶匙香草精

1. 1 杯黄油约 227 克。

1 茶匙肉桂粉

1 茶匙现磨肉豆蔻

½ 茶匙现磨多香果

1 茶匙泡打粉

⅓ 杯炼乳

预热烤箱到 180℃。将沥干水分的豆子放入碗中，用电动搅拌器打至顺滑。加入鸡蛋、糖、黄油、香草精和香料。在另一个碗中，加入泡打粉、炼乳，然后倒入豆子糊。充分搅打豆子糊，然后倒入烤好的饼皮中。烤 50 分钟，或者烤到它变硬。冷却后上桌。

——《受欢迎的餐桌》

焖猪排

传统猪排里的肉汁才是关键。在这份食谱中，肉汁几乎是炖的，并加入了丁香、肉桂和多香果调味。

4—6 人份

6 根（2.5 厘米厚的）中段猪排

3 汤匙培根酱

1 个柠檬，切薄片

2 个中等大小的洋葱，切薄片

1 个小青椒，去籽，切成圈

1 个小红椒，去籽，切成圈

1 个成熟的大番茄，去皮，去籽，大致切一下

1 杯水

2 汤匙蒸馏白醋

一小撮丁香碎

一小撮肉桂粉

一小撮多香果碎

一小撮芹菜籽

一小撮辣椒粉

2 汤匙糖

适量盐和现磨黑胡椒

在厚底煎锅中，将蘸了培根酱的猪排煎至棕色。加上柠檬、洋葱和青椒红椒圈，继续翻炒。在一个小碗中，混合番茄、水、醋和调料、糖、盐和胡椒，直到它们变成浓稠的酱汁，然后浇在猪排上。盖上锅盖儿，用文火焖煮猪排 45 分钟，或者直到它变得软烂、番茄酱汁变得像肉酱那样浓稠。

——《受欢迎的餐桌》

巴西炖绿叶菜

在 21 世纪，我们了解到，并不是所有的蔬菜都会和培根酱、蹄髈煮在一起。这是蔬菜搭配黑豆餐[1]——一道巴西国菜的做法。这些绿叶菜可能是无头甘蓝或是羽衣甘蓝，或是二者兼而有之，但是我更喜欢用羽衣甘蓝。

4—6 人份

约 1000 克新鲜的嫩羽衣甘蓝

3 汤匙橄榄油

8 瓣大蒜，或者根据口味添加，切碎

1—2 汤匙水

适量辣酱

羽衣甘蓝彻底洗净，将菜叶叠在一起。将叶子紧紧卷起，横切成细丝（法国人把这种做法叫作“en chiffonade”）。在一口大的厚底煎锅中将油温加热到五成热以上，然后放入大蒜，搅拌到它轻微发黄。加入甘蓝丝，翻炒 5 分钟，炒到叶子变软，但不变色。加入 1 汤匙或 2 汤匙水，加盖儿，调小火，继续烹煮 2 分钟。搭配你喜欢的辣酱趁热上桌。

——《品味巴西》

1. 黑豆餐：巴西的招牌菜，将黑豆与各式各样的烟熏干肉以小火炖煮而成。

哈里斯奶奶的绿叶菜

我的祖母哈里斯在这份食谱中用到了不止一种蔬菜。她在更经典的羽衣甘蓝外，还准备了一些芥菜和芜菁叶。它们棒极了。

6 人份

约 2000 克羽衣甘蓝、芥菜和芜菁叶的混合绿叶菜

8 片培根

6 杯水

适量盐和现磨黑胡椒

上桌调料：

辣酱

洋葱碎

意大利香醋

将绿叶菜洗净，摘掉发黄的或有瑕疵的叶子，然后沥干水分，切掉中间的厚茎，将叶子撕成一口大小的碎片。将培根片放入大的厚底平底锅中，用中火将它们煎至半透明，直到锅底已经有一层培根渗出的油脂。加入绿叶菜和水，中火煮开。将火关小，继续烹饪，加盖儿，煮到绿叶菜软烂——大约 2 小时。加入盐和胡椒调味。

趁热上桌，配上辣酱、洋葱碎和意大利香醋。

注：在美国南方一些地方，厨师会在绿叶菜中放一点儿糖。我祖母则不放。

大蒜、迷迭香和薰衣草风味羊腿配香辣薄荷酱

这道菜最近可能常出现在我的派对或星期天晚餐的餐桌上。

6—8人份

2000—2500克羊腿
6瓣蒜
1茶匙半干薰衣草
1汤匙新鲜百里香
2汤匙海盐
2汤匙混合胡椒粒
1汤匙迷迭香
1汤匙普罗旺斯香草

预热烤箱到450℃。去掉羊腿上多余的脂肪，然后在羊皮上切15个左右的口子。将大蒜、百里香放入小粉碎机，打成厚的糊状。在每一个羊腿的切口中都放入一点儿糊状物。将剩余的干的材料放入香料

研磨机中，磨成粗颗粒。将香料粉涂满羊腿。将羊腿放在烤架上，放进烤盘，再放入烤箱。450℃烤15分钟，然后调低到350℃继续烤1小时，或者用肉类温度计测试，烤到内部温度140℃时是三分熟，150℃时是五分熟，全熟是160℃（烤制时间根据羊腿形状和烤箱温度会有所变化）。等烤完后，让肉静置15分钟，然后平行骨头切割成长条，趁热配上薄荷酱（如下）上桌。

薄荷酱

1罐薄荷酱

1个小的墨西哥辣椒，或者根据口味添加，切碎

2汤匙黑朗姆酒

在小锅中加入薄荷酱、墨西哥辣椒和朗姆酒，中火加热，不时搅拌，直到酱汁变热。趁热倒入船形调味碟，搭配羊肉上桌。

——《马撒葡萄园岛的餐桌》

致谢 ACKNOWLEDGMENTS

《大餐》这本书在我脑海中已经构想了十几年，因此不可能一一感谢对它做出贡献的每个人，也无法细数他们的名字。你知道我说的是谁，也请了解我非常感谢我们进行过的对话、一起吃过的饭、持续的电话沟通等。我还必须感谢所有在我之前进入食品历史研究领域的那些人，尤其是在非裔美国人食物的历史领域的先驱们，我只是这个链条上的一环而已。

不过，有一些人还是必须公开道谢的，我想要对那些帮助我完成研究的人表示深深的感谢：简 · 布拉德福德、帕特丽夏 · 霍普金斯、丹尼尔 · 哈默、乔治亚 · 查德维克、约翰 · T. 埃奇、诺福莱特 · 布朗、尼沙尼 · 弗雷泽、雪莉 · 桑兹、苏珊 · 塔克、卡伦 · 利瑟姆，还有图书管理员和研究助理、书店店主、明信片摊主、古董商、同事等。感谢所有过去和现在的编辑，他们让我成为一名更好的作者：朱迪思·科恩、帕姆·霍尼格、西德尼·迈纳、比尔·勒布朗、罗伯特·克里斯格、大卫·约翰逊、奥黛丽·彼得森，还有科丽·布朗和泽斯特日报网（zesterdaily.com）的大伙儿。

还要感谢我跨越多个大陆的大“家庭”，他们不仅滋养了我的身体，也在我写这本书的时候滋润了我的心灵，包括纽约的简·丹尼尔斯·李尔和山姆·李尔、伊莱恩·格林斯坦和何塞·梅迪纳、杰奎琳和比尔·里维斯、瓦妮莎·阿布库苏摩及其家人、威廉·弗里曼、谢赫·乌马尔·提亚姆及其家人、马卡来·费伯·卡伦和里柯·卡伦、伊薇特·伯吉斯·波尔辛及其家人、玛莎·梅·琼斯、托马斯·杰恩和瑞克·埃里斯、汤姆·吉布森、琳达·科恩、什哈·达拉尔及其家人、瓦苏·瓦拉丹，还有我的朋友、顾问和恬静的导师玛雅·安杰卢。还要向艾迪·加西亚致敬，他是一位出色的邮递员，还有我的邻居佩恩·霍尔一家，尤其是茱莉娅“小姐”，她是我的猫的新干妈。皇后学院和迪拉德大学的朋友和同事们让我受益匪浅，尤其是两校各自的校长，吉姆·穆斯肯斯和玛瓦林恩·休斯，还有南希·科姆利、弗兰克·富兰克林、迈克尔·考斯威尔、里基·里卡迪、丹尼尔·泰勒、托尼·金、大卫·V. 泰勒、贝蒂·帕克·史密斯、杰瑞·沃德、盖尔·鲍曼、泽娜·艾泽布和科特尔·克拉克。在新奥尔良，要感谢科斯塔一家、盖尔·麦克唐纳、利娅·蔡司及其家人、洛里斯·埃里克·艾利及其家人、罗恩和南希·哈瑞尔、米切尔和乌里克·让·皮埃尔、安和马特·克尼格斯马克及其家人、利兹·威廉姆斯、达芙妮·德文、约翰·巴蒂、波比·图克、肯·史密斯、西蒙和雪莉·冈宁、迈克尔·萨迪斯基、纳丁和西蒙·布莱克、普莉希拉和约翰·劳伦斯，还有新奥尔良历史收藏馆的团队，科里·穆迪、帕特里克·邓恩，以及卢库勒斯的女士们——罗伯塔、丽贝卡和米歇尔——他们都帮助我，鼓励我，也在我疯魔的过程中吃了苦头。查尔斯顿的工作人员，包括米切尔和兰德尔、基特和玛丽、尼克尔·格林、卢·哈蒙德、伊丽莎白和保罗·基奇，他们总能让我微笑。马撒葡萄园岛的人们，奥利弗·汤姆林森、克伦·托伦森、米琪和福利普、格雷琴·塔克·安德伍德、马德龙·斯坦特·吉贝尔和罗恩·吉贝尔、薇薇安·道格拉斯“阿姨”、查莱恩·亨特·高特尔和罗恩高特尔、郝丽·纳德尔、道格·贝斯特、朗达·康利、大卫·阿玛拉、安妮·帕特里克、达里尔·亚历山大、罗恩和宝拉、罗恩和安妮，还有布利策一家，当我太过认真的时候，他们会把我拖走，让我远离电脑。

还要感谢那些让我品尝到我祖先的食物，并促使我走上这趟旅程的人：在贝宁，要感谢科马克罗、霍埃马沃和格里莫家族，尤其感谢西奥多拉、提奥菲勒·琳达、阿兰、伊夫斯、瑟奇、艾美、艾伯特、克里斯托、亚力克西和鲍比；在塞内加尔，要感谢安娜·卡马拉和尼克尔·恩多戈·酷儿——这对失散已久的姐妹最近又重回故土了；我在老工程师白宫[1]的精神家园依然继续支持着我，尤其是梅·塔塔、辛哈、葛松妮和贝洛。远近的朋友们都参与了这个项目，比如彼得·帕特特、帕特里克·威尔森、帕特里克·劳伦斯和诺艾尔、约翰·马

1. 老工程师白宫（Casa Branca do Engenho Velho）：巴西巴伊亚州萨尔瓦多市的一座烛光神庙，它的遗址由圣乔治老工程师协会维护。它建于 1830 年，是巴伊亚州首府有记载的最古老的非洲—巴西祭祀场所，可能也是巴西最古老的祭祀场所。

丁·泰勒、玛丽赛尔·普雷西拉、朱迪思·卡尼、黛比博士、弗里茨·布兰克、威廉·沃伊思·韦弗和玛莎·罗斯·舒尔曼，我也同样感谢他们。总有一些人会被我无意间忘记，如果你是那个人，请相信那不是因为我不知感恩。如果没有“我的”宇宙每天的支持，我就不可能完成这些。

最后，万分感谢我的经纪人苏珊·金伯格，她不知疲倦地工作，让这本书一切顺利；还有她的助理贝萨妮，她总是能从文字和电话中认出我；还有新来的嘉丽，她提醒我“不要着急”。感谢布卢姆斯伯里团队的所有人——出版商乔治·吉布森，他让我和凯西·贝尔登搭档；感谢迈克·奥康纳，他给予了理解；感谢萨布丽娜·法伯，她掌管着钱袋；感谢彼得·米勒和乔纳森·克罗博格，他替这本书做宣传；劳拉·菲利普斯，她让这本书继续向前走；感谢我的文字编辑莫林·克里尔，以及特别感谢凯西·贝尔登，她从编辑成为朋友，在这个项目中，即使在我自我怀疑时，她依然相信我。她每天都鼓励我，经常纠正我，给我建议，最终才让这本书面世了！

在写作这本书的三年间，我似乎已经脱离了自己的生活——

我要对那些想念我的人说一句

——我又回来了！

我要告诉那些支持我的人

——我的感激之情无以言表！

对那些沿途出现过，或是一再出现的人，我要说

——欢迎来到我的世界！

非裔美国人烹饪书选

SELECTED AFRICAN AMERICAN COOKBOOKS

（按时间顺序排列）

- 《家仆指南》（*The House Servant's Directory*），又名《给私人家庭的忠告：含仆人的工作安排和执行的说明……及主要供家仆使用的100多种实用菜谱》（*A Monitor for Private Families: Comprising Hints on the Arrangement and Perf or Mance of Servants' Work . . . and Upwards of 100 Various and Useful Recipes, Chiefly Compiled for the Use of House Servants*），罗伯特·罗伯茨（Roberts, Robert）著；1827年，波士顿：门罗和弗朗西斯出版社。

  这是第一本非裔美国作者的著作，其中含有食谱。这本书给那些想从事管家一职的年轻人的建议十分精彩。

- 《一本家庭烹饪书》（*A Domestic Cook Book: Containing a Careful*

Selection of Useful Receipts for the Kitchen by Malinda Russell a Free Woman of Color)，马林达·罗素（Russell, Malinda）著；1866 年，密西西比州，波波县。

这是第一本非裔美国作者的烹饪书。值得注意的不仅是它的年代较早，还有其中的各色食谱。

- 《费希尔太太所知道的古早南方烹饪》（*What Mrs. Fisher Knows About Old Southern Cooking, Soups*），阿比·费希尔（Fisher, Abby）著；1881 年，旧金山：妇女合作印刷办公室。

很长一段时间，这本书被认为是第一本非裔美国人的烹饪书，这本书中提供了一些经典南方菜的食谱，以及各种各样的调味品。现在可以买到已故烹饪历史学家凯伦·赫斯做了大量笔记的复刻版本。

- 《鲁弗斯·埃斯蒂斯的好吃的》（*Rufus Estes' Good Things to Eat, As Suggested by Rufus: A Col lection of Practical Recipes for Preparing Meats, Game, Fowl, Fish, Puddings, Pastries, Etc*），鲁弗斯·埃斯蒂斯（Estes, Rufus）著；1911 年，芝加哥：富兰克林出版社。

这是第一本由非裔美国厨师写的烹饪书，书中提供了一系列复杂的食谱，也为厨房女佣提供了建议，且简单介绍了埃斯蒂斯的生活。

- 《对任何厨师都易如反掌——一个有色女性的肯塔基烹饪书》(*Cook Book: Easy and Simple for Any Cook, by a Colored Woman*),W.T. 海耶斯太太(Hayes, Mrs. W. T. Kentucky)著;1912 年,圣路易斯:汤姆金斯出版社。

  这本书提供了许多南方经典菜食谱,还有一些厨师的迷人照片。

- 《105 种不同的花生做法》(*105 Different Ways to Prepare the Peanut for the Table*),乔治·华盛顿·卡佛(Carver, George Washington)著。

  这个书名说明了这本小册子的全部内容,它也是卡佛传记中的附录。

- 《莉娜·理查德的烹饪书》(*Lena Richard's Cook Book*),莉娜·理查德(Richard, Lena)著;1939 年,新奥尔良:罗杰斯出版社。

  这本书是第一位拥有自己的电视节目的黑人女性写的。它提供了南路易斯安那州的克里奥尔食谱,以及更传统的经典菜食谱。

- 《与美食的约会:一本关于美国黑人食谱的烹饪书》(*A Date with*

a Dish: A Cookbook of American Negro Recipes)，弗蕾达·德奈特（DeKnight, Freda）著；1948 年，纽约：赫米蒂奇出版社。

这本书的作者是《乌木》杂志的第一任美食编辑，书中有 20 世纪中期版本的非裔美国人经典菜。这本书好几次再版，并且仍在以《乌木烹饪书》的名字出版。

- 《怎样吃才能活》（*How to Eat to Live*），以利亚·穆罕默德（Muhammad, Elijah）著；1967 年，芝加哥：伊斯兰二号穆罕默德清真寺。

美国黑人穆斯林的领袖给出了自己关于营养和健康的观点。第二部出版于 1972 年。

- 《帕梅拉公主的灵魂食物烹饪书》（*Princess Pamela's Soul Food Cookbook*），帕梅拉公主（Princess Pamela）著；1969 年，纽约：新美国图书馆出版。

这本平装书的作者是纽约东村区一家流行的灵魂餐厅的老板，这家餐厅是这个时代的缩影。

- 《星期二的灵魂食物烹饪书》（*The Tuesday Soul Food Cookbook*），《星期二杂志》（*Tuesday Magazine*）；1969 年，纽约：班特姆出版社。

这本汇编作品是由一个面向黑人读者的星期日副刊的编辑编纂的。

- 《烹饪的共鸣》(*Vibration Cooking*)，又名《一位吉奇姑娘的旅行笔记》(*The Travel Notes of a Geechee Girl*)，瓦塔·梅·斯玛特·格罗夫纳（Grosvenor, Verta Mae Smart）著；1970 年，纽约州，花园城：道布尔迪出版社。

  这位美国国家公共广播电台的评论员的作品有三个版本，讲述了她在非洲侨民居住地的旅行和她遇到的食物。

- 《非洲传统食谱》(*The African Heritage Cookbook*)，海伦·门德斯（Mendes Helen）著；1971 年，纽约：麦克米伦出版社。

  这是第一本将非洲、加勒比海地区和美国南方食物联系起来的著作。

- 《艾德娜·刘易斯的烹饪书》(*The Edna Lewis Cookbook*)，艾德娜·刘易斯（Edna Lewis）和伊万杰琳·彼得森（Evangeline Peterson）著；1972 年。

  “艾德娜小姐”的第一本烹饪书，开始介绍她关于新鲜和时令食物的理论。

- 《勺子面包和草莓酒：一个家庭的菜谱与回忆》（*Spoonbread and Strawberry Wine: Recipes and Reminiscences of a Family*），诺尔玛·让·达登（Darden, Norma Jean）和卡罗尔·达登（Carole Darden）著；1978年，纽约：道布尔迪出版社。

用趣闻逸事、照片和食物的形式讲述达登一家的故事。

- 《上帝的食物》［*Onj E Fun Ori Sa*（*Food for the Gods*）］，加里·爱德华兹（Edwards, Gary）和约翰·梅森（John Mason）著；1981年，纽约：约鲁巴神学档案部。

这部私人出版的作品研究的是约鲁巴宗教中献给众神的仪式祭品，以及伏都教中献给洛阿[1]的祭品。这是第一部研究新大陆的非洲宗教中的食物的著作，很多非裔美国艺术家也正在参与其中。

- 《克利奥拉的厨房：一位厨师的回忆录，以及伟大的美国食物的八十年》（*Cleora's Kitchens: The Memoir of a Cook and Eight Decades of Great American Food*），克利奥拉·巴特（Bulter, Cleora）著；

---

1. 洛阿：Loa或lwa，是海地伏都教和路易斯安那伏都教的灵魂，是邦迪（来自法语“Bon Dieu”，意思是“好上帝”）——至高无上的创造者，但远离世界——和人类之间的中间人。洛阿本身并不是神。然而，与圣徒或天使不同的是，他们不是简单的祈祷对象；人们会招待他们。他们每个人都是不同的存在，都有自己的个人喜好，需要不同的神圣节奏、歌曲、舞蹈、仪式符号和特殊的服务方式。

1985 年，俄克拉何马州，塔尔萨：橡树议会出版社。

在这本回忆录和食谱中，一位家庭厨师讲述了 20 世纪饮食潮流的变迁。

- 《美国黑人烹饪的方方面面》(*Aspects of Afro-American Cookery*)，霍华德 · 佩奇（Paige, Howard）著；1987 年，密歇根州，绍斯菲尔德：方面出版社。

  这是一部在非裔美国人烹饪历史上经常被人忽略的早期作品。

- 《简单易行的素食主义：一本写给黑人的入门书》(*Vegetarianism Made Simple and Easy: A Primer for Black People*)，尼娅 · 康多（Kondo, Nia）和扎克 · 康多（Zack Kondo）著；1989 年，华盛顿特区：努比亚出版社。

  这本书通俗易读。

- 《杜奇 · 蔡司烹饪书》(*The Dooky Chase Cookbook*)，利娅 · 蔡司（Chase, Leah）著；1990 年，路易斯安那州，格雷特纳：佩利肯出版社。

  克里奥尔烹饪皇后提供了她的餐厅里最受欢迎的菜，还附上记录了它的著名艺术作品的照片。

- 《黑人家庭聚会烹饪书：菜谱和食物的回忆》(*The Black Family Reunion Cookbook: Recipes and Food Memories*)，全国黑人妇女委员会（National Council of Negro Women）著；1991年，孟菲斯：贸易商出版社。

  许多非裔美国妇女俱乐部的相关组织联合起来，让这本书成为有史以来最畅销的非裔美国人烹饪书。

- 《宽扎节：非裔美国人庆祝文化和烹饪的节日》(*Kwanzaa: An African American Celebration of Culture and Cooking*)，埃里克·柯佩琪（Copage, Eric）著；1991年，纽约：奎尔－威廉·莫罗出版社。

  宽扎节越来越流行，这本书是第一批赞美这一非裔美国人节日的作品之一。

- 《B. 史密斯如何招待朋友和为他们做饭》(*B. Smith's Entertaining and Cooking for Friends*)，芭芭拉·史密斯（Smith, Barbara）著；1995年，纽约：工匠出版社。

  这位前模特、现任餐厅老板和企业家出色地撰写了这本娱乐与生活方式的著作，书中奢侈地用四色照片作为插图，描绘了理想环境中的非裔美国人。

- 《如果我会烹饪/你知道上帝会烹饪》(*If I Can Cook/You Know God Can*)，诺扎克 · 尚格（Shange, Ntozake）著；1998 年，波士顿：比肯出版社。

  诺扎克·尚格也是著名戏剧《彩虹艳尽半边天》的作者。

- 《素食主义者的灵魂厨房：新鲜、健康、有创意的非裔美国人菜谱》(*Vegan Soul Kitchen: Fresh, Healthy, and Creative African-American Cuisine*)，布莱恩特 · 特里（Terry, Bryant）著；2009 年，马萨诸塞州，剑桥：达 · 卡波出版社。

  书名说明了一切，这位自称生态厨师和食物正义活动家的作者正在引领未来的道路。

扩展阅读书目 FURTHER READING

下面列出的这份书单是我在创作《大餐》时的一些参考书目，它绝不是详尽无遗的。更完整的清单发布在我的网站 www.africooks.com 上。

Abrahams, Roger D. Singing the Master: *The Emergence of African American Culture in the Plantation South.* New York: Pantheon, 1992.

Banks, Katherine Bell, with Robert C. Hayden. *William E.B. Du Bois: Family and Friendship: Another Side of the Man.* Littleton, MA: Tapestry Press, 2004.

Bascom, Lionel, ed. *A Re nais sance in Harlem: Lost Essays of the WPA, by Ralph Ellison, Dorothy West, and Other Voices of a Generation.* Cambridge, MA: Bascom, 2007.

Beckles, Hilary McD., and Verene A. Shepherd. *Trading Souls: Europe's Transatlantic Trade in Africans*. Kingston: Ian Randle, 2007.

Berlin, Ira, et al. *Free at Last: A Documentary History of Slavery, Freedom, and the Civil War.* NewYork: New Press, 1992.

Berlin, Ira, and Leslie M. Harris, eds. *Slavery in New York.* New York: New Press, 2005.

Berzok, Linda Murray. *American Indian Food.* Westport, CT: Greenwood, 2005.

Blassingame, John W. *The Slave Community: Plantation Life in the Antebellum South.* New York: Oxford University Press, 1979.

Boilat, Abbé David. *Esquisses Sénégalaises.* 1853. Dakar: Karthala, 1984.

Bolster, W. Jeffrey. *Black Jacks: African American Seamen in the Age of Sail.* Cambridge, MA: Harvard University Press, 1997.

Bower, Anne L. *African American Foodways: Explorations of History and Culture.* Urbana: University of Illinois Press, 2007.

Boyd, Herb, ed. *The Harlem Reader: A Celebration of New York's Most Famous Neighborhood from the Renaissance Years to the 21st Century.* New York: Three Rivers Press, 2003.

Buckingham, J. S. *A Journey Through the Slave States of North America.* 1842. Charleston, SC: History Press, 2006.

Burnside, Madeline, and Rosemarie Robotham. *Spirits of the Passage: The Transatlantic Slave Trade in the Seventeenth Century.* New York: Simon & Schuster, 1997.

Campbell, Edward D. C. Jr., and Kym S. Rice, eds. *Before Freedom Came: African-American Life in the Antebellum South.* Richmond and Char-lottesville, VA: Museum of the Confederacy and the University Press of Virginia, 1991.

Carney, Judith. *Black Rice: The African Origins of Rice Cultivation in the Americas.* Cambridge: Harvard University Press, 2001.

Carney, Judith, and Richard Nicholas Rosomoff. *In the Shadow of Slavery: Africa's Botanical Legacy in the Atlantic World.* Berkeley: University of California Press, 2009.

Carretta, Vincent. *Equiano the African: Biography of a Selfmade Man.* Athens: University of Georgia Press, 2005.

Chesnais, Robert. Introduction. *In Louis XIV: Le Code Noir.* Paris: L'Esprit Frappeur, 1998.

Clinton, Catherine. *Tara Revisited: Women, War and the Plantation Legend.* New York: Abbeville, 1995.

Confederate Receipt Book: A Compilation of Over One Hundred Receipts, Adapted to the Times. Athens: University of Georgia Press, 1960.

Conneau, Theophilus. *A Slaver's Log Book;* Or, *20 Years Residence in Africa.* Introduction by Mabel M. Smythe. 1853. Englewood Cliffs, NJ: Prentice Hall, 1976.

Coules, Victoria. *The Trade: Bristol and the Transatlantic Slave Trade.* Edinburgh: Birlinn, 2007.

Covey, Cyclone, ed. *Cabeza de Vaca's Adventures in the Unknown Interior.* Translated by Cyclone Covey. Albuquerque: University of New Mexico Press, 1983.

Crew, Spencer, and Cynthia Goodman. *Introduction. In Unchained Memories: Readings from the Slave Narratives*. New York: Bullfi nch, 2002.

Curtin, Philip D. *The Atlantic Slave Trade: A Census*. Madison: University of Wisconsin Press, 1969.

Davis, William C. *A Taste for War: The Culinary History of the Blue and the Gray*. Mechanicsburg, PA: Stackpole, 2003.

Delcourt, Jean. *La turbulente histoire de Gorée*. Dakar: Clairafrique, 1982.

Dodson, Howard, and Sylviane Dioup. *In Motion: The African American Experience*. Washington, D.C.: National Geographic, 2004.

Dow, George Francis. *Slave Ships and Slaving*. 1927. Mineola, NY: Dover, 2002.

Du Bois, W.E.B. *The Philadelphia Negro: A Social Study*. 1899. Introduction by Elijah Anderson. Philadelphia: University of Pennsylvania Press, 1996.

Eden, Trudy. *The Early American Table: Food and Society in the New World*. DeKalb: Northern Illinois University Press, 2008.

Ellison, Ralph. *Invisible Man*. 1947. New York: Modern Library, 1994.

Eltis, David. *The Rise of African Slavery in the Americas*. Cambridge: Cambridge University Press, 2000.

Equiano, Olaudah. *The Interesting Narrative of the Life of Olaudah Equiano; or, Gustavus Vassa, the African, Written by Himself*. Edited by Paul

Edwards. Harlow, Essex: Longman, 1988.

Estes, Rufus. *Good Things to Eat as Suggested by Rufus.* Chicago, 1911. Reprinted as *Rufus Estes' Good Things to Eat: The First Cookbook by an African American Chef.* Mineola, NY: Dover, 2004.

Feest, Christian F. *The Cultures of Native North America.* Cologne: Konemann, 2000.

Ferloni, Julia. *Marchands d'esclaves de la traite à l'abolition.* Paris: Editions de Conti, 2005.

Fowler, Damon Lee, ed. *Dining at Monticello: In Good Taste and Abundance.* Monticello, VA: Thomas Jefferson Foundation, 2005.

Frank, Andrew K., ed. *The Routledge Historical Atlas of the American South.* New York: Routledge, 1999.

Gallay, Alan. *The Indian Slave Trade: The Rise of Empire in the American South, 1670–1717.* New Haven, CT: Yale University Press, 2002.

Gates, Henry Louis, and Nellie Y. McKay, eds. *The Norton Anthology: African American Literature.* New York: W. W. Norton, 1997.

Gatewood, Willard B. *Aristocrats of Color: The Black Elite, 1880–1920.* Bloomington: Indiana University Press, 1993.

Genovese, Eugene. *Roll, Jordan, Roll: The World the Slaves Made.* New York: Vintage, 1976.

Gomez, Michael. *Exchanging Our Country Marks: The Transformation of African Identities in the Colonial and Antebellum South.* Chapel Hill: University of North Carolina Press, 1998.

———. *Reversing Sail: A History of the African Diaspora.* Cambridge: Cambridge University Press, 2005.

Goings, Kenneth W. *Mammy and Uncle Mose: Black Collectibles and American Stereotyping.* Bloomington: Indiana University Press, 1994.

Gordon-Reed, Annette. *The Hemingses of Monticello: An American Family.* New York: W. W. Norton, 2008.

Greene, Harlan, Harry S. Hutchins Jr., and Brian E. Hutchins. *Slave Badges and the Slave-Hire System in Charleston, South Carolina, 1783–1865.* Jefferson, NC: McFarland, 1998.

Hall, Martin. *African Archaeology.* Cape Town: David Phillip, 1996.

Harris, Jessica B. *The Africa Cookbook: Tastes of a Continent.* New York: Simon & Schuster, 1998.

———. *Iron Pots and Wooden Spoons: Africa's Gifts to New World Cooking.* New York: Atheneum, 1989.

———. *A Kwanzaa Keepsake.* New York: Simon & Schuster, 1995.

———. *The Welcome Table.* New York: Simon & Schuster, 1995.

Hashaw, Tim. *The Birth of Black America: The First Africans and the Pursuit of Freedom at Jamestown.* New York: Carroll & Graf, 2007.

Hess, Karen. *The Carolina Rice Kitchen: The African Connection.* Columbia: University of South Carolina Press, 1992.

Hilliard, Sam Bowers. *Hog Meat and Hoecake: Food Supply in the Old South, 1840–1860.* Carbondale: Southern Illinois University Press, 1972.

Hine, Darlene Clark, William C. Hine, and Stanley Harrold. *The African*

American Odyssey. 3rd ed. Upper Saddle River, NJ: Pearson, Prentice Hall, 2006.

Holdredge, Helen O'Donnell. *Mammy Pleasant.* New York: G. P. Putnam's Sons, 1953.

Horton, James Oliver, and Lois E. Horton. *Slavery and the Making of America.* New York: Oxford University Press, 2005.

Hudson, Lynn M. *The Making of "Mammy Pleasant": A Black Entrepreneur in Nineteenth Century San Francisco.* Urbana: University of Illinois Press, 2003.

Hughes, Langston. *The Langston Hughes Reader: The Selected Writings of Langston Hughes.* New York: Braziller, 1958.

Hurmence, Belinda. *Before Freedom, When I Just Can Remember.* WinstonSalem, NC: John Blair, 1989.

Johnson, Charles, Patricia Smith, and the WGBH Series Research Team. *Africans in America: America's Journey Through Slavery.* New York: Harcourt Brace, 1998.

Jones, Evan. *American Food: The Gastronomic Story.* New York: Dutton, 1975.

Joyner, Charles. *Down by the Riverside: A South Carolina Slave Community.* Urbana: University of Illinois Press, 1984.

Katz, William Loren. *The Black West: A Documentary and Pictorial History.* Garden City, NJ: Anchor, 1973.

——— *The Black West.* 3rd ed. Seattle: Open Hand, 1987.

Kemble, Frances Anne. *Journal of a Residence on a Georgian Plantation in 1838–1839.* Edited by John A. Scott. Athens, GA: Brown Thrasher, 1984.

Kimball, Marie. *Thomas Jefferson's Cook Book.* Charlottesville: University Press of Virginia, 1976.

King, David. *First People.* London: Dorling Kindersley, 2008.

Klapthor, Margaret, et al. *The First Ladies Cook Book: Favorite Recipes of All the Presidents of the United States.* New York: Parents' Magazine, 1969.

Latrobe, Benjamin Henry Boneval. *Impressions Respecting New Orleans: Diary and Sketches, 1818–1820.* Edited by Samuel Wilson. New York: Columbia University Press, 1951.

Latrobe, John H. B. *Southern Travels: Journal of John H. B. Latrobe.* Edited by Samuel Wilson Jr. New Orleans: Historic New Orleans Collection, 1986.

Leckie, William H. *The Buffalo Soldiers: A Narrative of the Negro Cavalry in the West.* Norman: University of Oklahoma Press, 1967.

Linck, Ernestine Sewell, and Joyce Gibson Roach. *Eats: A Folk History of Texas Foods.* Fort Worth: Texas Christian University Press, 1989.

Littlefi eld, Daniel C. *Rice and Slaves: Ethnicity and the Slave Trade in Colonial South Carolina.* Urbana: University of Illinois Press, 1981.

Luchetti, Emily. *Home on the Range: A Culinary History of the American West.* New York: Villard, 1993.

Mannix, Daniel P., in collaboration with Malcolm Cowley. *Black Cargoes: A History of the Atlantic Slave Trade.* New York: Viking, 1962.

Marseille, Jacques, and Dominique Margairaz, eds. *1789: Au jour le jour.*

Paris: Albin Michel, 1988.

Martin, Judith. *Star-Spangled Manners: In Which Miss Manners Defends American Etiquette (For a Change)*. New York: W. W. Norton, 2003.

McInnis, Maurie D. *The Politics of Taste in Antebellum Charleston.* Chapel Hill: University of North Carolina Press, 2005.

McMillin, James A. *The Final Victims: Foreign Slave Trade to North America, 1783–1810.* Columbia: University of South Carolina Press, 2004.

Newman, James L. *The Peopling of Africa: A Geographic Interpretation.* New Haven, CT: Yale University Press, 1995.

Oliver, Sandra. *Food in Colonial and Federal America.* Westport, CT: Greenwood, 2005.

Phillipson, David W. *African Archaeology.* 2nd ed. Cambridge: Cambridge University Press, 1995.

Phipps, Frances. *Colonial Kitchens, Their Furnishings, and Their Gardens.* New York: Hawthorn, 1972.

Plasse, Jean Pierre. *Journal de bord d'un négrier: Adapté du français du XVIIIe par Bernard Plasse. 1762.* Marseilles: Le Mot et le Reste, 2005.

Randolph, Mary. *The Virginia House-wife. 1824.* Washington, D.C. Reprinted as *The Virginia House-wife with Historical Notes and Com-mentaries by Karen Hess.* Columbia: University of South Carolina Press, 1984.

Rawley, James A. *The Trans-Atlantic Slave Trade.* New York: W. W. Norton, 1981.

Rediker, Marcus. *The Slave Ship: A Human History.* New York: Viking,

2007.

Rowley, Anthony, ed. *Les Français à table: Atlas historique de la gastronomie française.* Paris: Hachette, 1997.

Schenone, Laura. *A Thousand Years over a Hot Stove: A History of American Women Told Through Food, Recipes, and Remembrances.* New York: W. W. Norton, 2003.

Schneider, Dorothy, and Carl J. Schneider. *Slavery in America: An Eyewitness History.* New York: Checkmark, 2007.

Schwarz, Philip J. Slavery at the Home of George Washington. Mount Vernon, VA: Mount Vernon Ladies Association, 2001.

Shaw, Thurstan, et al. *The Archaeology of Africa: Food, Metals and Towns.* London: Routledge, 1993.

Sloan. Kim. *A New World: England's First View of America.* Chapel Hill: University of North Carolina Press, 2007.

Stanton, Lucia. *Free Some Day: The African American Families of Monticello.* Monticello, VA: Thomas Jefferson Memorial Foundation, 2000.

——— . *Slavery at Monticello.* Monticello, VA: Thomas Jefferson Memorial Foundation, 1996.

Stoney, Mrs. Samuel G. *The Carolina Rice Cook Book.* N.p., n.p., 1901. Reprinted in 1992 in The Carolina Rice Kitchen by the University of South Carolina Press with an introduction by Karen Hess.

Survey Graphic: Harlem, Mecca of the New Negro. March 1925. Reprint by Black Classic Press, Baltimore, MD.

Svalesen, Leif. *The Slave Ship Fredensborg.* Kingston: Ian Randle, 2000.

Swanton, John R. *The Indians of the Southeastern United States.* Smithsonian Institution Bureau of American Ethnology Bulletin 137. Washington, D.C.: U.S. Government Printing Office, 1946.

Taylor, Susie King. *Reminiscences of My Life in Camp with the 33rd U.S. Colored Troops, Late 1st South Carolina Volunteers.* Boston, 1902. Reprinted as *Reminiscences of My Life: A Black Woman's Civil War Memoirs.* Edited by Patricia W. Romero. New York: Markus Wiener, 1988.

Taylor, Yuval, ed. *I Was Born a Slave: An Anthology of Classic Slave Narratives.* Vol. 2. Edinburgh: Payback, 1999.

Thomas, Hugh. *The Slave Trade: The Story of the Atlantic Slave Trade, 1440–1870.* New York: Simon & Schuster, 1997.

Thornton, John. *Africa and Africans in the Making of the Atlantic World, 1400–1800.* 2nd ed. Cambridge: Cambridge University Press, 1998.

Thoronborough, Emma Lou. *The Negro in Indiana Before 1900: A Study of a Minority.* Bloomington: Indiana University Press, 1985.

Tibbles, Anthony, ed. *Transatlantic Slavery: Against Human Dignity.* London: Her Majesty's Stationery Office, 1995.

Vlach, John Michael. *Back of the Big House: The Architecture of Plantation Slavery.* Chapel Hill: University of North Carolina Press, 1993.

Ward, Andrew. *The Slaves' War: The Civil War in the Words of Former Slaves.* Boston: Houghton Mifflin, 2008.

White, Deborah Gray. *Ar'n't I a Woman: Female Slaves in the Plantation*

South. New York: W. W. Norton, 1985.

Wilson, Charles Regan, ed. *The New Encyclopedia of Southern Culture.* 12 vols. Chapel Hill: University of North Carolina Press, 1989, 2006.

Wood, Peter H. *Strange New Land: Africans in Colonial America.* New York: Oxford University Press, 2003.

Wright, Louis B. *The Cultural Life of the American Colonies.* 1957. Edited by Henry Steele Commager and Richard Brandon Morris. New York: Dover, 2002.

Yetman, Norman R., ed. *Voices from Slavery: 100 Authentic Slave Narratives.* 1970.

Life Under the "Peculiar Institution": Selections from the Slave Narrative Collection. Mineola, NY: Dover, 2000.

Zimmerman, Larry J. *American Indians: The First Nations—Native North American Life, Myth and Art.* London: Duncan Baird, 2003.

译后记 POSTSCRIPT

一趟美食的寻根之旅

对于一个普通游客，了解一个陌生地方最好的方式，莫过于深入当地的菜市场中做一趟田野调查。本书的作者杰西卡 · B. 哈里斯正是这么做的，她本人便是一位资深美食家兼厨师，而她深入菜场和厨房中的探索进行得更加深入，她要从她出生、长大的美国的饮食和菜谱中，去追寻那条独属于她的种族谱系线索——关于非裔美国人的历史。

通常人们会觉得，美国是一个缺乏饮食文化的国家，一想到美式美食，脑海中就会浮现出炸鸡、汉堡、可口可乐，即使世界各地的餐馆已经开遍了美国，但还是很少有人能说出地道的美国本土菜系。

而作者正是要提醒我们：在美国的饮食传统中有一支重要的力量，那就是非裔美国人的烹调文化，它随着 17 世纪贩奴运动的兴起而被带到了新大陆，在这片土壤上扎根、生长，并且长久地改变了美国人的胃。

非洲饮食在美国往往被视为边缘或者沦为街头小吃的等级，但美国人或许没有意识到，他们日常吃的许多食物，都是来自非洲的饮食传统和灵感，比如炸鱼、新奥尔良烤翅、烤红薯、秋葵汤、西瓜，尤其是猪肉。

在吃猪肉这件事上，非洲人似乎和中国人有着某种相似性，他们非常爱吃猪肉，也很善于烹饪猪肉，并且不会浪费猪身上的任何一个部位：猪肠、猪肚、猪头肉，对于一个非洲人来说都是珍馐美食，这些不被白人尊重的部位，其实才是猪身上的精华呢！

无怪乎有“High on the Hog”这么一句俚语，意思是由于巨大的财富或经济保障而舒适或奢侈地生活。这多么像中国汉字里的“家”字——屋顶下有猪，就是一种安稳幸福。

这本书是关于非裔美国人的饮食文化的，更是通过美食将我们带入一趟遥远而漫长的历险旅程。这趟旅程充满了艰辛，它横跨了数个世纪，也横跨了非洲和美洲之间浩瀚的大西洋；它饱含着早期奴隶的血泪和抗争，也记录了黑人民权运动的波澜壮阔；它经历了南方种植园的兴旺，也见证了奥劳达·埃奎亚诺那样的奇幻人生。

当年，白人将看似未开化的、一无所有的非洲人带去了陌生的世界，而那些非洲人却凭借生存的本能和智慧，将非洲的食物嫁接到了新大陆之上，从而创造了遍地开花的非洲—美国饮食文化。而这一文化又创生了无数的非裔烹饪精英和企业家，他们靠着一手烹饪的绝活儿，闯进了上流社会，闯进了总统的厨房，开创了辉煌的事业，达到了人生巅峰……像这样的故事，书中不胜枚举。但是凝视这些优秀的非裔厨师，作者哈里斯还发现了另一个事实，那就是尽管获得了巨大的成功，他们最渴望的东西仍旧是和数百年前的祖辈所渴望的一样——自由和故乡。

作者追溯这趟旅程，就像回溯自己的祖辈和过往，尽管她一直都是土生土长的美国人，但是她的血液里却流淌着非洲的基因，她的舌尖上依然保留着非洲大陆的味觉记忆。

在翻译这本书的时候，我时常被作者牵引，走进西非的某个早晨的菜市场，听到了熙熙攘攘的叫卖声；来到马撒葡萄园岛的餐厅，闻到户外烤架上嘶嘶作响的烤肉香味；徜徉在开满三角梅的戈雷岛上，听见海风吹拂海浪的宁静之声……那是一个存在于远方，却又实实在在的世界，它或许并不那么遥远，当我们品尝到一种熟悉的食物的滋味时，就会立刻回到故乡。这本书也是如此，当我们跟随着作者的脚步，循着味觉的诱惑开始这趟旅程的时候，一个陌生而遥远的非裔移民世界，便向我们敞开了。

翻译完这本书，我尝试去找一家本地的非洲菜餐厅，感受一下非洲菜的魅力。可惜偌大的上海并没有一家真正的非洲菜餐厅。但是转念一想，满大街快餐连锁店里的美式炸鸡不就是来自非洲菜的灵感吗？还有我们餐桌上司空见惯的秋葵、西瓜，都是非洲的土产。它们已经遍及世界，与我们的味觉相融合，不再被单独意识到了。这就是饮食文化的魅力吧，正如作者说的，它连接起了世界。

部分配图版权声明

P167 Library of Congress, Rare Book and Special Collections Division, Alfred Whital Stern Collection of Lincolniana.

P175 African American trooper,10th U.S. Cavalry, with Native American, drawing by Frederic Remington (courtesy of the Library of Congress)

P204 Negro exodus, scenes on the wharves at Vicksburg, Mississippi (courtesy of the Library of Congress)

P211 African American women in cooking class at Hampton Institute in Hampton, Virginia (courtesy of the Library of Congress)

P249 Library of Congress, Prints & Photographs Division, photograph by Carol M. Highsmith [reproduction number, e.g., LC-USZ62-123456]

图书在版编目（CIP）数据

大餐：非裔美国人的饮食如何改变了美国 /（美）杰西卡·B. 哈里斯著；周萌译．—广州：广东人民出版社，2024.6

书名原文：HIGH ON THE HOG:A CULINARY JOURNEY FROM AFRICA TO AMERICA

ISBN 978-7-218-17341-2

Ⅰ．①大…　Ⅱ．①杰…　②周…　Ⅲ．①饮食－文化－美国　Ⅳ．①TS971.271.2

中国国家版本馆 CIP 数据核字（2024）第 011257 号

HIGH ON THE HOG: A Culinary journey from Africa to America

by Jessica B. Harris

DACAN:FEIYI MEIGUOREN DE YINSHI RUHE GAIBIANLE MEIGUO

大餐：非裔美国人的饮食如何改变了美国

[美] 杰西卡·B. 哈里斯　著　周萌　译

出 版 人：肖风华

责任编辑：熊　英
特约编辑：张丽娉　范亚男
责任校对：李伟为
装帧设计：唐　旭
责任技编：吴彦斌

出版发行：广东人民出版社
地　　址：广州市越秀区大沙头四马路 10 号（邮政编码：510199）
电　　话：（020）85716809（总编室）
传　　真：（020）83289585
网　　址：http://www.gdpph.com
印　　刷：广东鹏腾宇文化创新有限公司
开　　本：787mm × 1092mm　1/32
印　　张：11.625　　**字　　数**：250 千
版　　次：2024 年 6 月第 1 版
印　　次：2024 年 6 月第 1 次印刷
著作权合同登记号：图字 19-2024-009 号
定　　价：98.00 元

如发现印装质量问题，影响阅读，请与出版社（020-85716849）联系调换。

售书热线：020-87716172